Information

Lebende Strukturen sind zur Aufnahme, Verarbeitung und Abgabe von ***Informationen*** *befähigt. Die Reizaufnahme führt bei Lebewesen zur* ***Reaktion.***

Wechselwirkung

In Lebewesen oder Ökosystemen führen ***Ursachen*** *zu* ***Wirkungen.*** *Die Wirkungen verursachen ihrerseits wiederum* ***Rückwirkungen*** *und so weiter.*

Ebene (▸ Seiten 26–27)

Komplexe Strukturen *der Lebewesen sind immer aus kleineren und* ***einfacheren Strukturen*** *aufgebaut. Diese sind wiederum aus noch Einfacheren aufgebaut.*

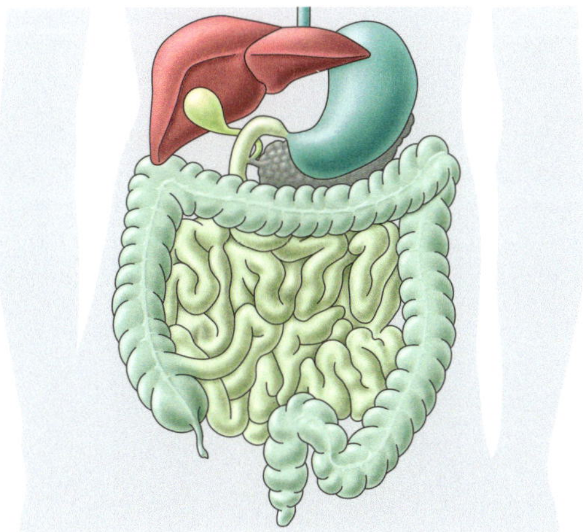

Stoff und Energie (▸ Seiten 30–31)

Alle Lebewesen sind aus Stoffen aufgebaut. Diese werden ständig aufgenommen, umgewandelt und abgegeben. Der ***Stoffwechsel*** *ist immer mit der Aufnahme, Umwandlung und Abgabe von Energie, dem* ***Energiewechsel,*** *verbunden.*

Biosphäre 7

Sachsen

Cornelsen

Biosphäre

Band 7 Gymnasium Sachsen

Herausgeber: Dr. Axel Goldberg, Leipzig

Autorinnen und Autoren:
Silke Bringezu, Leipzig; Dr. Axel Goldberg, Leipzig; Yvonne Hübner, Borna; Constanze Steinert, Lengenfeld

Beraterinnen und Berater:
Michael Riethmüller, Leipzig

Teile dieses Buches sind anderen Ausgaben der Lehrwerksreihe Biosphäre entnommen.

Autorinnen und Autoren dieser Ausgaben:
Astrid Agster; Stefan Auerbach; Dr. Werner Bils; Anke Brennecke; Frank Deutschmann; Anne-Kathrin Dierschke; Robert Felch; Franziska Hach; Angelika Huber; Lutz Jaeger; Dr. Horst Janz; Wolfhard Koth-Hohmann; Prof. Dr. Hansjörg Küster; Dr. Karl-Wilhelm Leienbach; Prof. Dr. Anke Meisert; Martin Post; Gabriele Rupp; Dr. Ulrike Schiek; Annegret Schlegel; Daniela Schmidt; Dr. Stephanie Schrank; Hans-Jürgen Staudenmaier; Dr. Matthias Stoll; Michael Szabados

Redaktion:
Martin Vatter

Designberatung:
Katharina Wolff-Steininger

Layoutkonzept, Umschlaggestaltung, Layout:
SOFAROBOTNIK GbR, Augsburg & München

Technische Umsetzung:
SOFAROBOTNIK GbR, Augsburg & München

Grafik:
Karin Mall, Berlin; Tom Menzel, Klingberg

Coverfoto:
Das Coverfoto zeigt eine lichtmikroskopische Aufnahme einer Grünalge (*Micrasterias furcata*)

www.cornelsen.de

1. Auflage, 1. Druck 2015

Alle Drucke dieser Auflage sind inhaltlich unverändert und können im Unterricht nebeneinander verwendet werden.

Druck: PHOENIX PRINT GmbH

ISBN 978-3-06-420165-1

PEFC
PEFC/04-31-1404

PEFC zertifiziert
Dieses Produkt stammt aus nachhaltig bewirtschafteten Wäldern und kontrollierten Quellen.

www.pefc.de

Pflanzliche und tierische Zellen 6

1 Lebewesen bestehen aus Zellen

Zellen – Grundbausteine des Lebens **8**
METHODE Mikroskopieren und Zeichnen 12

2 Pflanzen und Tiere sind aus Zellen aufgebaut

Pflanzen sind aus Zellen aufgebaut **14**
METHODE Herstellung eines mikroskopischen Präparats von Pflanzenzellen 18
METHODE Herstellung und Färbung eines mikroskopischen Präparats von Tierzellen 19

Bau der Tierzelle **20**

3 Wachstum und Zellteilung

Pflanzen und Tiere wachsen **22**
ERSCHLIESSUNGSFELD Ebene 26

4 Lebewesen ernähren sich

Lebewesen ernähren sich **28**
ERSCHLIESSUNGSFELDER Stoff und Energie 30

GRUNDWISSEN Pflanzliche und tierische Zellen 32

Bakterien und Viren 34

1 Bau und Lebensweise von Bakterien

Bakterien sind wichtige Lebewesen **36**

2 Viren

Viren als Krankheitserreger **42**
IM BLICKPUNKT MEDIZIN Influenza 44

GRUNDWISSEN BAKTERIEN UND VIREN 46

Blutkreislauf des Menschen und Immunbiologie 48

1 Herz-Kreislauf-System

Blut – Zusammensetzung und Aufgaben **50**

Herz – Struktur und Funktion **54**

Blutkreislauf **58**
IM BLICKPUNKT MEDIZIN Herzerkrankungen 62

2 Immunabwehr

Immunabwehr **64**

Immunisierung **68**
IM BLICKPUNKT MEDIZIN Blutgruppen 72
IM BLICKPUNKT MEDIZIN Allergien 73

GRUNDWISSEN Blutkreislauf des Menschen und Immunbiologie 74

Ernährung, Ausscheidung und Bewegung 76

1 Ernährung und Verdauung

Nahrungsmittel und ihre Inhaltsstoffe **78**

Gesunde Ernährung **84**

Verdauung von Kohlenhydraten **88**
METHODE Ein Protokoll erstellen 92

Verdauung von Eiweißen und Fetten **94**

Verdauung im Überblick **98**

2 Atmungssystem

Lunge – Atmung und Gasaustausch **100**
METHODE Arbeiten mit Modellen 106

3 Bau und Funktion der Haut

Die Haut **108**
IM BLICKPUNKT MEDIZIN Hautkrankheiten 110

4 Die Niere als Ausscheidungsorgan

Die Niere **112**

Dialyse und Organtransplantation **114**

5 Stütz- und Bewegungssystem

Knochen und Gelenke **118**

Muskeln **122**

6 Organsysteme im Überblick

Organe im Überblick **126**

GRUNDWISSEN Ernährung, Ausscheidung und Bewegung 128

Wahlpflichtbereiche 130

1 Ernährung und Persönlichkeit

Essstörungen ... **132**

2 Fitness und Gesundheit

Bewegung und Fitness ... **136**

3 Mikroben und ihre Bedeutung

Mikroben ... **140**

IM BLICKPUNKT EVOLUTION
Vom Einzeller zum Vielzeller 143

Aufgaben richtig verstehen – Aufgaben lösen ... **146**

Register ... **148**

Bildquellenverzeichnis ... **152**

Pflanzliche und tierische Zellen

1 **Lebewesen bestehen aus Zellen** 8

2 **Pflanzen und Tiere sind aus Zellen aufgebaut** 14

3 **Wachstum und Zellteilung** 22

4 **Lebewesen ernähren sich** 28

In diesem Kapitel beschäftigst du dich mit

- dem Bau der Zellen von Pflanzen und Tieren. Du erfährst, welche Aufgaben die verschiedenen Bestandteile einer Zelle haben.
- der Technik des Mikroskopierens. Du lernst, mit dem Mikroskop umzugehen und Teile von Pflanzen und Tieren so vorzubereiten, dass du ihre Zellen im Mikroskop untersuchen kannst.
- der Zellteilung. Du lernst die Vorgänge in den Zellen kennen, durch die Pflanzen und Tiere größer werden und wachsen können.
- der Spezialisierung von Zellen. Dabei erfährst du auch etwas über den Zusammenschluss von Zellen zu Organen.
- der Zellatmung. Du lernst, wie Pflanzen und Tieren energiereiche Stoffe für sich nutzbar machen.

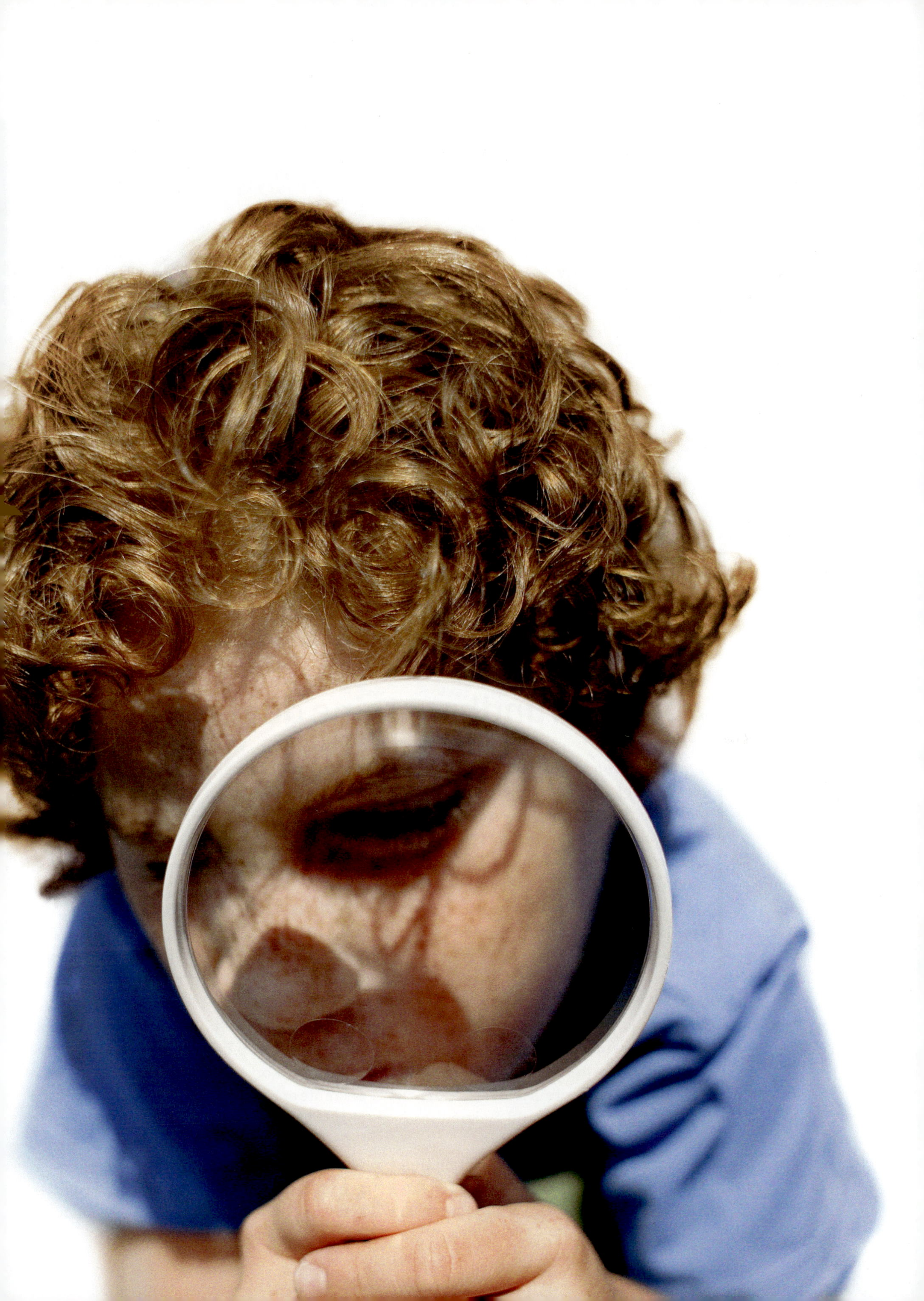

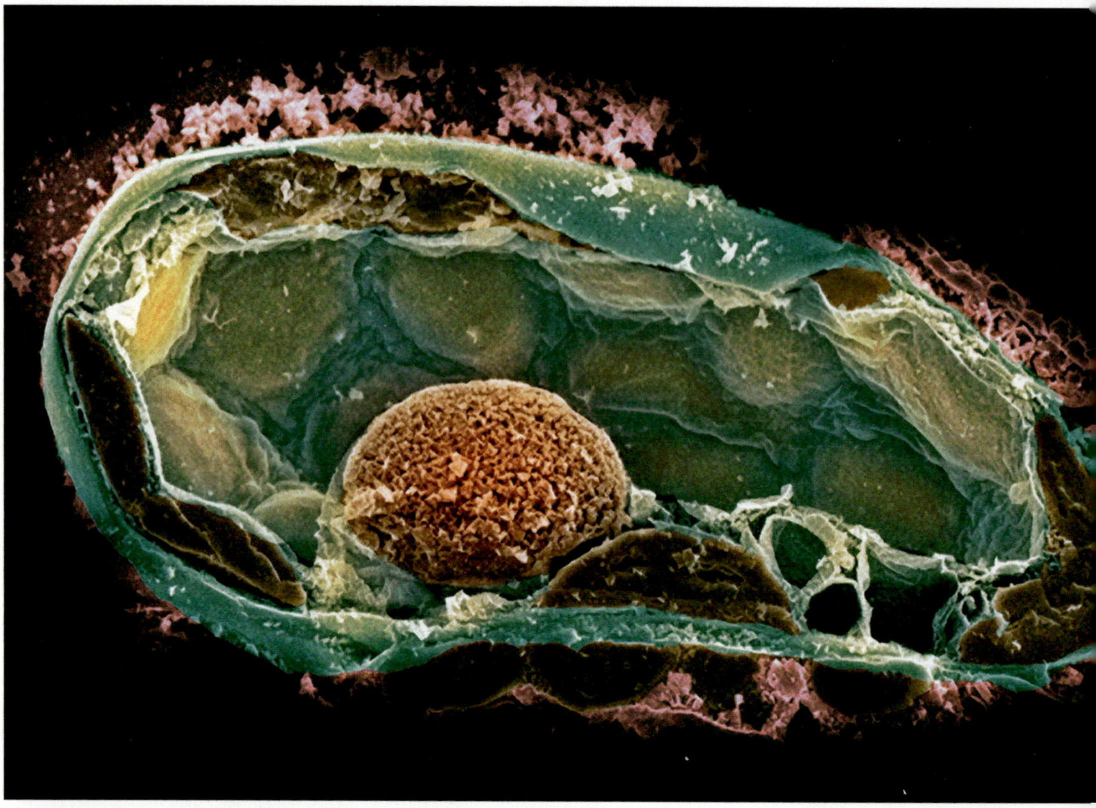

01 Elektronenmikroskopische Aufnahme einer Zelle der Garten-Erbse

Zellen – Grundbausteine des Lebens

Amöbe und Chlorella sind Lebewesen, die aus einer einzigen Zelle bestehen.

Von der Amöbe bis zum Elefanten, von der Chlorella bis zur Erbse: Die Lebewesen auf der Erde sind äußerst vielgestaltig. Aber trotz der Vielfalt im äußeren Erscheinungsbild, bestehen alle Lebewesen, wenn man ganz genau hinsieht, aus kleinen, universellen Einheiten.
Doch worum handelt es sich bei diesen Einheiten? Wie kann man sie sehen und wie sind sie gebaut?

MIKROSKOP · Damit man die kleinste Einheit des Lebens sehen kann, muss man die Lebewesen vergrößert betrachten. Als früheste und einfachste Form der Vergrößerung kannte man Lupen, sogenannte „Flohgläser", die zur Beobachtung von Flöhen und anderen Insekten dienten.
Aus der Idee, mehrere Linsen so miteinander zu kombinieren, dass ein weiter vergrößertes Abbild eines Objektes entsteht, wurden die ersten **Mikroskope** entwickelt. Heute gibt es neben den bekannten Lichtmikroskopen auch Elektronenmikroskope, die eine Abbildung von Objekten mithilfe von Elektronenstrahlen ermöglichen.

GESCHICHTE DER ZELLBIOLOGIE · Die Erfindung neuer optischer Geräte trägt zu großen Fortschritten bei der Erforschung der Lebewesen bei. Die Geburtsstunde der Zellbiologie lässt sich auf das Jahr 1665 datieren. Der englische Physiker Robert HOOKE untersuchte mit einem Mikroskop, das 30-fach vergrößerte, die Rinde von Korkeichen. In dünnen Schnitten erkannte er kästchenförmige Strukturen, „little boxes". Da ihn diese Kästchen an Bienenwaben erinnerten, bezeichnete er sie als „cells". HOOKE war außerdem der erste, der seine Beobachtungen in Zeichnungen festhielt. Etwa zur gleichen Zeit war es Antoni van LEEUWENHOEK durch

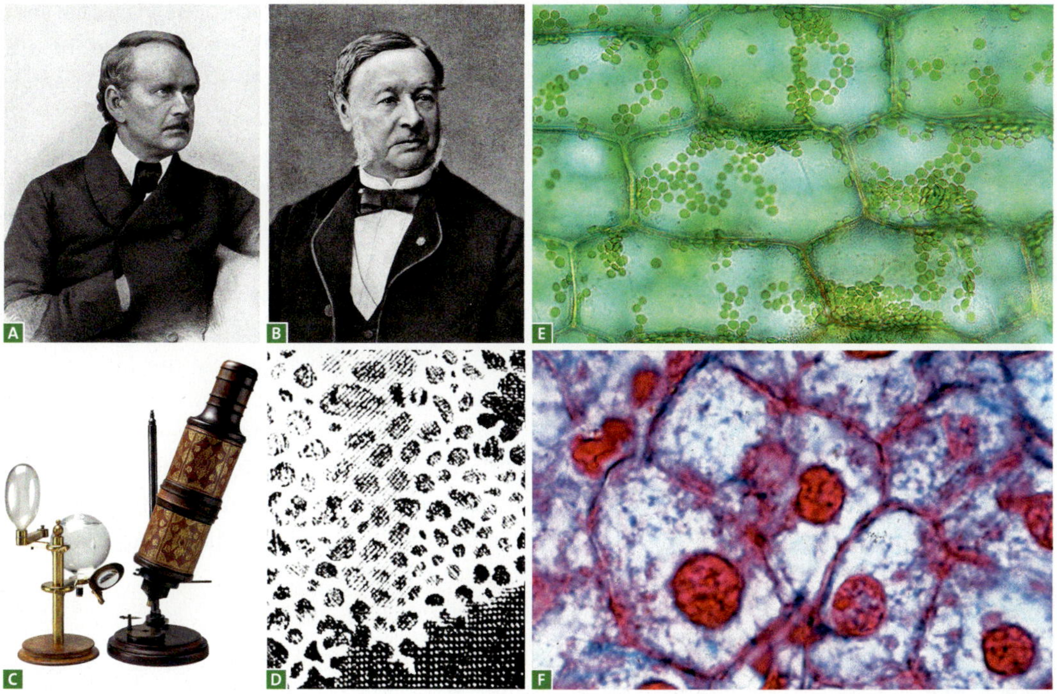

02 Zellbiologie:
A M. J. SCHLEIDEN,
B T. SCHWANN,
C HOOKE's Mikroskop,
D Zeichnung der Korkzellen von R. HOOKE,
E Pflanzenzellen (Zellen der Wasserpest)
F Tierzellen (Zellen der Leber einer Maus)

eine 200-fache Vergrößerung möglich, winzige Lebewesen in einem Wassertropfen zu erkennen. Diese Einzeller bestehen, wie ihr Name bereits sagt, meist aus einer einzigen Zelle.
In den folgenden 300 Jahren wurde die Zelle immer genauer erforscht. Zu einer entscheidenden Erkenntnis kamen die deutschen Forscher Matthias Jacob SCHLEIDEN und Theodor SCHWANN. Sie erkannten nicht nur, dass die Pflanzen, die Tiere und somit auch der Mensch aus Zellen aufgebaut sind, sondern kamen zu der Auffassung, dass die **Zelle der Grundbaustein aller Lebewesen ist.** Deshalb gelten sie als die Begründer der *Zelltheorie*.

PFLANZEN UND TIERE SIND AUS ZELLEN AUFGEBAUT · Betrachtet man Blätter einer Wasserpest unter dem Mikroskop, ist eine netzartige Struktur zu erkennen. Die einzelnen Einheiten haben ähnlich wie Mauersteine eine nahezu rechteckige Form und sind in versetzten Reihen angeordnet. Diese Einheiten nennt man **Pflanzenzellen.**
Auch bei Tieren und Menschen findet man Zellen. Die **Tierzellen** sind jedoch unregelmäßiger angeordnet. Die Grenzen zwischen den einzelnen Zellen sind undeutlicher als bei den Pflanzenzellen.

BAKTERIEN UND PILZE · Auch Bakterien und Pilze sind aus Zellen aufgebaut. Bakterien sind immer einzellige Lebewesen, während es bei Pilzen auch mehrzellige Arten gibt.

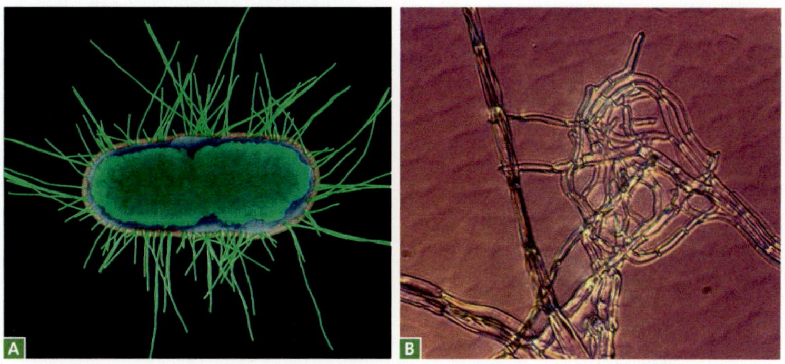

03 **A** Bakterienzelle,
B Pilzzellen

1 Begründe die Bezeichnung der Zelle als Grundbaustein des Lebens!

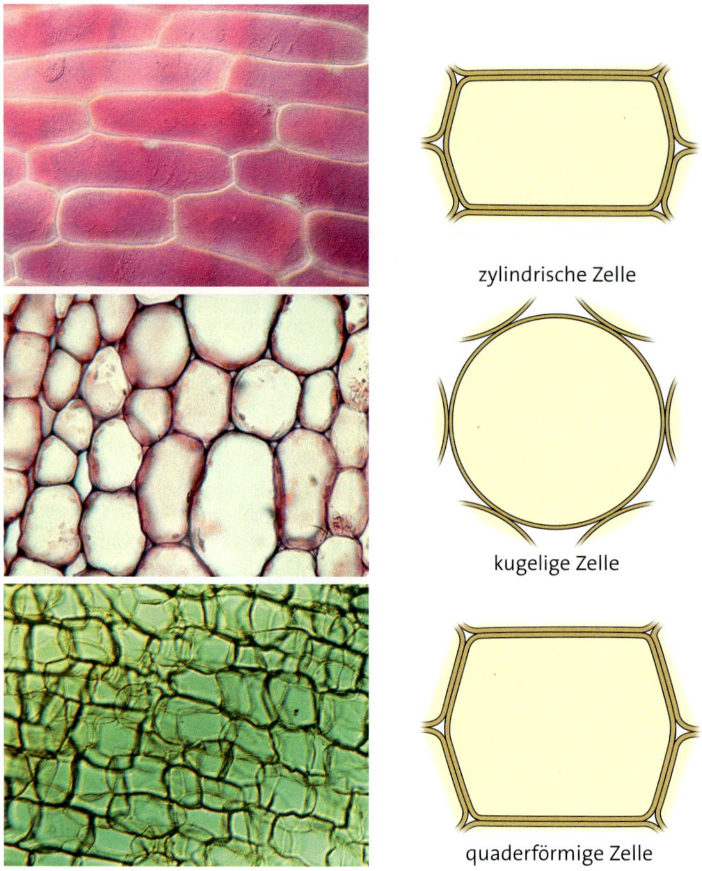

04 Formenvielfalt von pflanzlichen Zellen

FORMENVIELFALT UND GRÖSSE VON ZELLEN · In ihrer Form und Größe sind sowohl die Zellen von Tieren und dem Menschen als auch die Zellen der Pflanzen sehr verschieden.
Im mikroskopischen Bild erscheinen die Zellen flächig. Sie sind aber kleine Körper. Nach der **äußeren Form** sind die Zellen zum Beispiel quaderförmig, kugelig oder zylindrisch. Erhebliche Unterschiede gibt es auch in der **Größe der Zellen.** Da viele Zellen sehr klein sind, wird zum Angeben der Zellgröße die Maßeinheit Mikrometer verwendet. Ein Mikrometer ist der tausendste Teil eines Millimeters.
Pflanzliche Zellen haben in der Regel eine Größe von 10 bis 400 Mikrometer, tierische Zellen sind mit meist 10 bis 30 Mikrometern deutlich kleiner.

2 Beschreibe Unterschiede in der äußeren Form der dargestellten Zellen in Abbildung 04!

3 Stelle in einem Säulendiagramm die Größenverhältnisse der Zellen in Abbildung 05 dar. Wähle dazu einen geeigneten Maßstab!

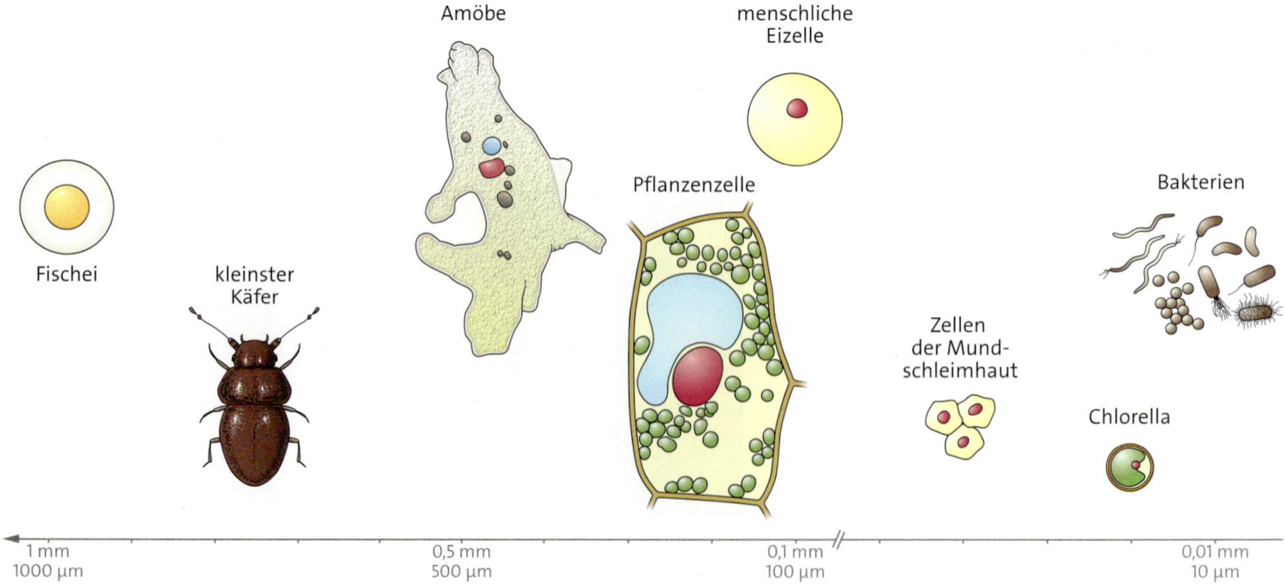

05 Größenvergleich verschiedener Zellen und Lebewesen

VERSUCH A ▸ Bau eines Einlinsenmikroskopes

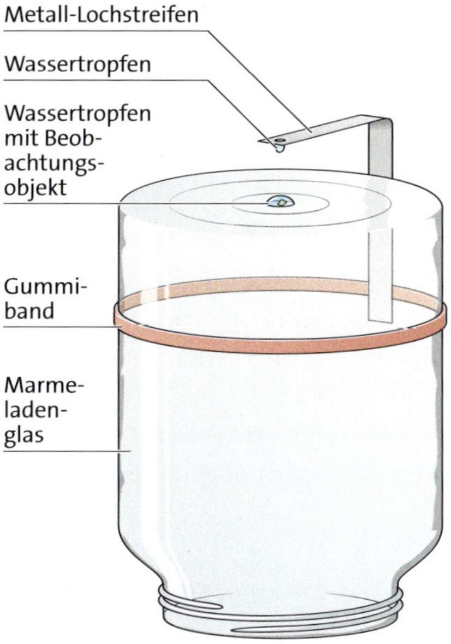

Material:
Marmeladenglas oder Becherglas, Metall-Lochstreifen aus einem Schnellhefter, Gummiband, Wasser, Mikroskop, Objektträger, Deckgläschen, Pipette, verschiedene Betrachtungsobjekte, zum Beispiel Zwiebelschuppenhaut

Durchführung:
Biege den Metall-Lochstreifen in der Mitte in einem rechten Winkel. Befestige den gewinkelten Streifen mithilfe des Gummibandes an dem umgedrehten Glas, wie es die Abbildung zeigt.
Tauche deinen Zeigefinger kurz in Wasser und übertrage den haftenden Wassertropfen in das Loch des Metallstreifens, der sich über dem Glas befindet. Gib ebenfalls auf den Boden des Glasgefäßes einen Tropfen Wasser. Lege in den Wassertropfen auf den Boden des Glases einen Ausschnitt der Zwiebelschuppenhaut. Betrachte das Objekt durch den Wassertropfen im Lochstreifen!

A1 Beschreibe deine Beobachtungen!

A2 Erkläre, wie du das Bild scharf stellen kannst!

A3 Betrachte nun einen Ausschnitt der Zwiebelschuppenhaut mit dem Lichtmikroskop! Fertige dazu ein Frischpräparat der Zwiebelschuppenhaut an! Beschreibe deine Beobachtungen und fertige eine Skizze der Zwiebelschuppenhaut an!

A4 Vergleiche in tabellarischer Form den Bau deines „Einlinsenmikroskopes“ mit einem Lichtmikroskop!

Hinweis: *Für das Anfertigen eines Frischpräparats der Zwiebelschuppenhaut kannst du Seite 18 im Lehrbuch zu Hilfe nehmen!*

VERSUCH B ▸ Untersuchung der Brennhaare einer Brennnessel

Wohl jeder hat mit ihnen schon Bekanntschaft gemacht. Die Inhaltsstoffe der Brennhaare der Brennnessel führen zu schmerzhaften Quaddeln auf der Haut. Jedoch nur die großen, ausgewachsenen Brennhaare brennen. Haare mit Köpfchen an der Spitze sind noch funktionsfähig. Haare mit abgebrochenem Köpfchen sind leer und brennen nicht mehr.

Material:
Mikroskop, Objektträger, Deckgläschen, kleines Becherglas mit Wasser, Pipette, Rasierklinge, Pinzette, Brennnesselpflanze

Durchführung:
Schneide mit der Rasierklinge vorsichtig mehrere der großen, mit bloßem Auge sichtbaren weißen Haare ab. Übertrage sie mithilfe der Pinzette in einen Tropfen Wasser auf den Objektträger. Lege ein Deckgläschen darauf.

B1 Betrachte die Brennhaare unter dem Mikroskop. Zeichne ein funktionsfähiges Brennhaar!

B2 Zeichne zusätzlich die Spitze eines funktionsfähigen und eines abgebrochenen Brennhaares bei stärkerer Vergrößerung auf ein weiteres Blatt!

A

B

B3 Stelle eine Vermutung über die Funktionsweise der Brennhaare der Brennnessel an!

METHODE

Mikroskopieren und Zeichnen

Aufbau des Mikroskops

Eines der wichtigsten Geräte der Biologen ist das Lichtmikroskop. Es liefert ein stärker vergrößertes und viel genaueres Bild als eine Lupe.

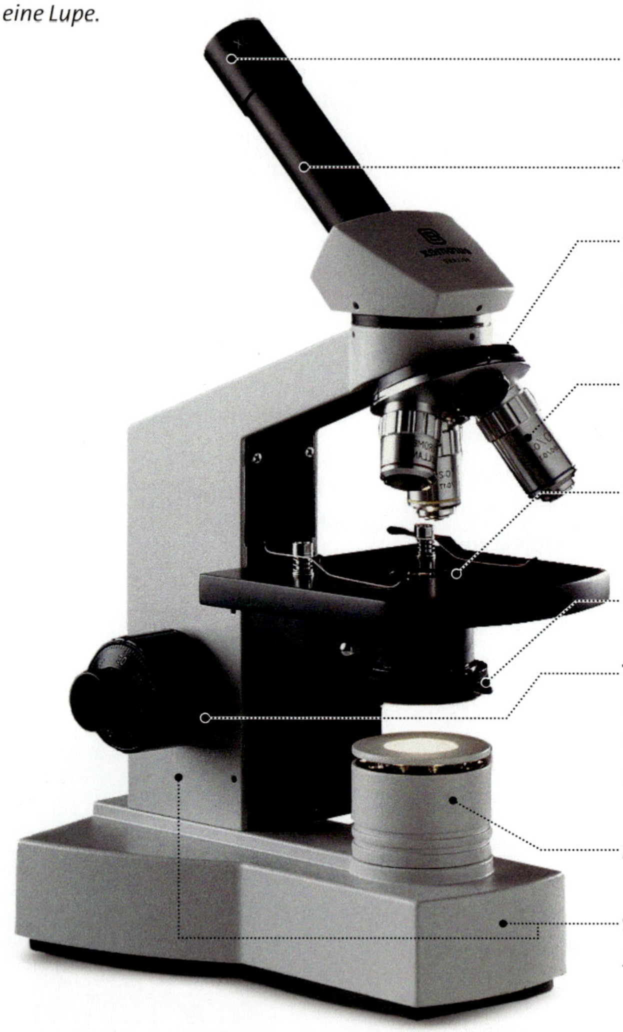

Okular: *vergrößert das Bild. Die Vergrößerung ist neben der Linse eingraviert.*

Tubus: *Röhre mit dem Okular am oberen Ende.*

Objektivrevolver: *Vorrichtung, um verschiedene Objektive mit unterschiedlichen Vergrößerungen über das Objekt zu stellen.*

Objektiv: *vergrößert das Objekt. Die Vergrößerung ist meistens seitlich eingraviert.*

Objekttisch: *Auflage für das Objekt. Das Objekt muss in den Lichtstrahl, über die Öffnung im Objekttisch gelegt werden.*

Blende: *reguliert die Helligkeit und den Kontrast des Bildes.*

Triebrad: *verändert den Abstand zwischen dem Objekttisch und dem Objektiv und stellt so das Bild scharf. Meistens ist ein Triebrad für die grobe und eins für die feine Einstellung vorhanden.*

Mikroskopleuchte: *durchleuchtet das Objekt.*

Stativ und Fuß: *Halterung für die Teile des Mikroskops. Am Stativ trägt man das Mikroskop beim Transport.*

01 Bau eines Lichtmikroskops

Damit das Objekt von Licht durchstrahlt wird, muss es dünn und durchsichtig sein. Aus dem gleichen Grund liegt es auf einer Glasplatte, dem ***Objektträger,*** *und wird oben von einem dünnen Glasplättchen abgedeckt, dem* ***Deckgläschen.*** *Das Bild des Objekts, das man durch das Okular sieht, ist seitenverkehrt und steht auf dem Kopf.*

Um zu berechnen, wie stark ein mikroskopisches Bild vergrößert ist, multipliziert man die Vergrößerung des Okulars mit der des Objektivs. Schulmikroskope vergrößern häufig mit einem 10-fachen Okular und einem 40-fachen Objektiv bis etwa 400-fach. Forschungsmikroskope erreichen eine bis zu 2000-fache Vergrößerung.

Bedienung des Lichtmikroskops

Um das Lichtmikroskop richtig nutzen zu können und um es dabei nicht zu beschädigen, muss man einige wichtige Regeln beachten:

*1) **Transport:** Trage das Mikroskop mit einer Hand am Stativ und mit der anderen unter dem Fuß.*

*2) **Vorbereitung:** Schließe die Stromversorgung an und schalte die Beleuchtung ein. Stelle durch Drehen am Objektivrevolver das Objektiv mit der geringsten Vergrößerung über die Öffnung im Objekttisch.*

*3) **Auflegen des Objektträgers:** Trockne die Unterseite des Objektträgers und lege ihn in den Lichtstrahl über die Öffnung im Objekttisch.*

*4) **Scharfstellen des Bildes:** Fahre mit dem Grobtrieb den Objekttisch möglichst nahe an das Objektiv heran. Kontrolliere dabei seitlich, dass das Objektiv den Objektträger nicht berührt. Schau dann durch das Okular und drehe gleichzeitig mit dem Feintrieb den Objekttisch so weit nach unten, bis du ein scharfes Bild siehst.*

*5) **Helligkeit und Kontrast:** Stelle mit der Blende die Helligkeit und den Kontrast so ein, dass möglichst viele Einzelheiten klar zu sehen sind.*

*6) **Suche geeignete Stellen:** Schau durch das Okular und verschiebe gleichzeitig den Objektträger, bis du einen geeigneten Bereich des Objekts gefunden hast. Berücksichtige dabei, dass das Bild seitenverkehrt ist und auf dem Kopf steht.*

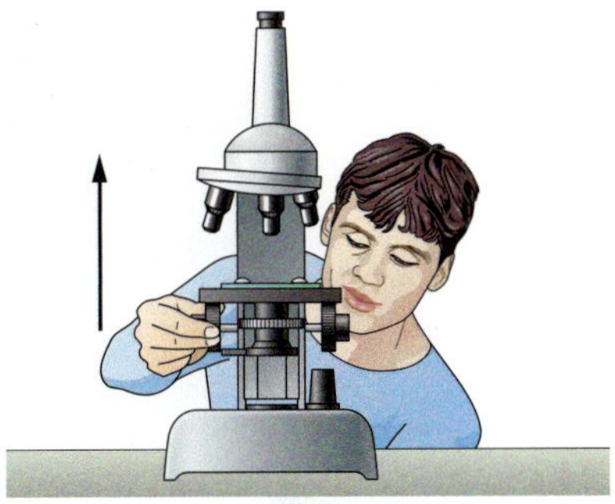

02 Herauffahren des Objekttisches

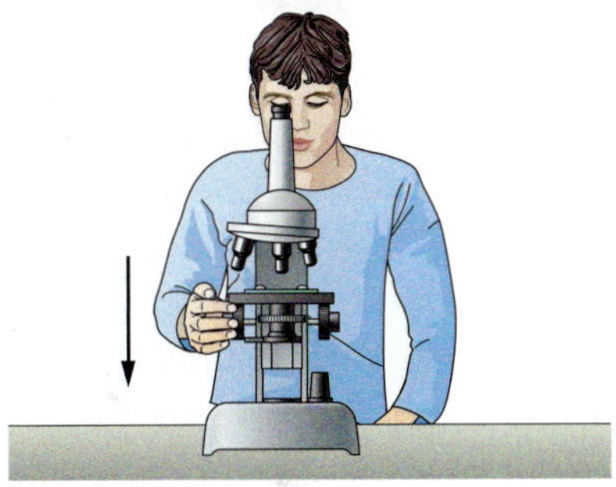

03 Scharfstellen des Bildes

Erstellung einer mikroskopischen Zeichnung

*Eine mikroskopische Untersuchung lässt sich häufig durch eine beschriftete **Zeichnung** besser sichern als durch eine Beschreibung. Für die Anfertigung von mikroskopischen Zeichnungen gelten folgende Regeln:*

1) Verwende weißes, unliniertes Papier und zeichne möglichst groß, mindestens eine halbe DIN-A4-Seite.

2) Zeichne nur mit Bleistift. Ziehe klare, durchgängige Linien.

3) Zeichne nur das, was du wirklich siehst und was dir wichtig erscheint.

4) Beschrifte die Zeichnung. Ziehe die Beschriftungsstriche mit dem Lineal. Achte dabei darauf, dass sie sich nicht kreuzen.

5) Gib oben auf der Seite an, welches Objekt dargestellt ist, die Vergrößerung, die Art der Vorbehandlung, zum Beispiel die Färbung, das Datum und deinen Namen!

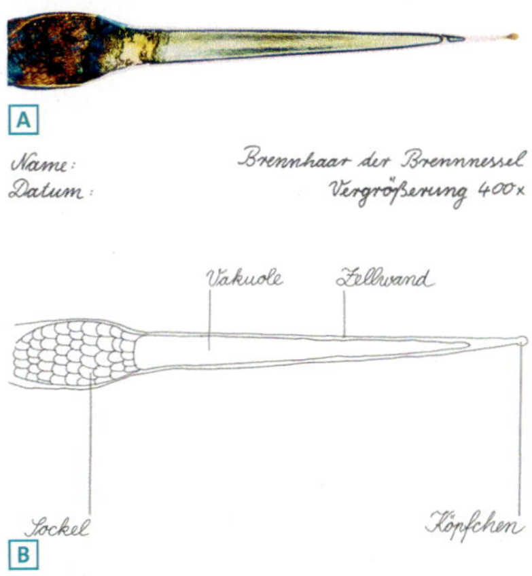

04 Brennhaar einer Brennnessel:
A mikroskopisches Bild, **B** Zeichnung

01 Wasserpest:
A Spross,
B lichtmikroskopisches Bild einer Zelle aus dem Laubblatt der Wasserpest bei starker Vergrößerung

Pflanzen sind aus Zellen aufgebaut

Laubblätter enthalten Chlorophyll, das sie für die Fotosynthese benötigen. Durch diesen Blattfarbstoff erscheinen die Blätter grün. Gegenstände aus unserem Alltag sind auf unterschiedliche Weise farbig: Lackierte Holzmöbel sind von einer farbigen Schicht umgeben. Bei durchgefärbten Kerzen ist hingegen das gesamte Material farbig. Doch wo befindet sich der Farbstoff in den Blättern?

BLÄTTER BESTEHEN AUS ZELLEN · Betrachtet man Blätter einer Wasserpest unter dem Mikroskop, ist eine netzartige Struktur zu erkennen. Die einzelnen Einheiten haben ähnlich wie Mauersteine eine nahezu rechteckige Form und sind in versetzten Reihen angeordnet. Diese Einheiten nennt man *Zellen.*

ZELLBESTANDTEILE · Eine genauere Betrachtung der Blattzellen zeigt, dass der grüne Farbstoff in kleinen kugel- bis linsenförmigen Körperchen vorliegt, den **Chloroplasten.** Chloroplasten stellen typische Bestandteile pflanzlicher Zellen dar, in denen mithilfe des Chlorophylls die Fotosynthese abläuft.

Zusätzlich zu den Chloroplasten lassen sich weitere *Zellbestandteile* erkennen. So weist jede Zelle eine relativ große, meistens kugelförmige, durchsichtige Struktur auf. Dies ist der **Zellkern,** der die Prozesse in einer Zelle steuert.

Zellkern und Chloroplasten sind Beispiele dafür, dass Zellen unterschiedliche abgegrenzte Räume aufweisen, die bestimmte Funktionen erfüllen. Die Umrandung der einzelnen Zellen stellt einen weiteren Zellbestandteil pflanzlicher Zellen dar, die **Zellwand.** Diese enthält Fasern aus Zellulose und verleiht den pflanzlichen Zellen Stabilität. Weiterhin fällt auf, dass sich die Chloroplasten der Blattzellen überwiegend in den Randbereichen befinden, während der innere Bereich farblos und strukturlos erscheint. Worauf diese Randlage der Chloroplasten zurückzuführen ist, ist an den Blattzellen der Wasserpest nur schwer erkennbar. Der größte Teil pflanzlicher Zellen wird von einem weiteren Zellbestandteil ausgefüllt, der **Vakuole.**

Diese Vakuole ist in den Zellen der Wasserpest farblos. Eine Detailansicht der Zellrandbereiche zeigt, dass die Vakuole von einem dünnen

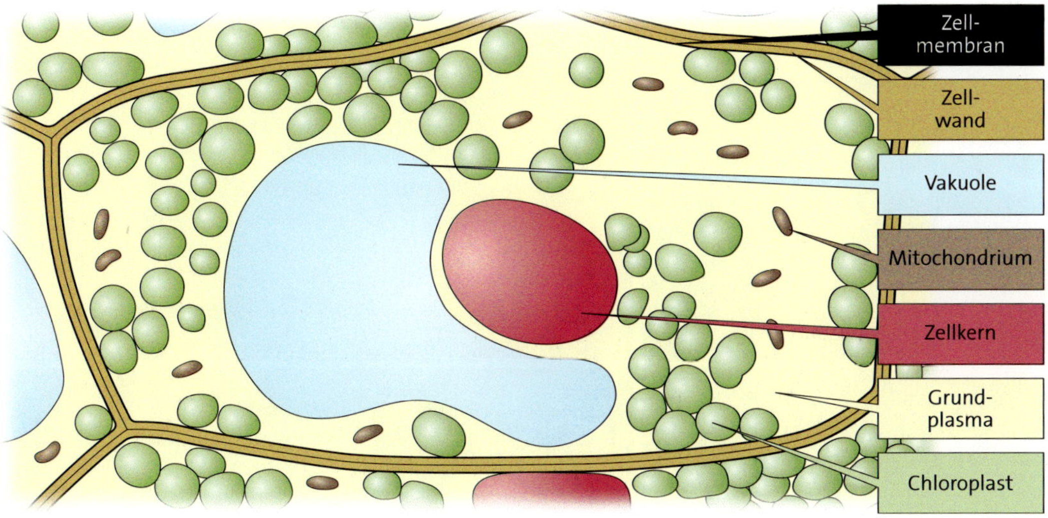

02 Schema des lichtmikroskopischen Bilds einer Pflanzenzelle

Häutchen umgeben ist. Dieses Häutchen nennt man **Vakuolenmembran.** Sie sorgt für die Abgrenzung zwischen dem Vakuoleninhalt und der Umgebung. Die Vakuole ist von einer Flüssigkeit umgeben, die die Grundsubstanz der Zelle darstellt und als **Grundplasma** bezeichnet wird. Im Grundplasma sind alle Zellbestandteile eingebettet. Zu ihnen gehören neben den Chloroplasten und dem Zellkern unter anderen die sehr kleinen **Mitochondrien.** Diese stellen der Zelle Energie für Lebensprozesse bereit. Man bezeichnet sie daher als „Kraftwerke der Zellen". Das Grundplasma ist nach außen von einer Membran umgeben, der **Zellmembran.** Sie liegt von innen der Zellwand an und ist daher im Lichtmikroskop nicht zu sehen. Alle Membranen in Zellen grenzen Räume voneinander ab. Sie sorgen aber auch für den Stoffaustausch zwischen diesen.

Der Blick durch das Lichtmikroskop zeigt stets nur eine Ebene innerhalb der Zellen scharf. Stellt man nacheinander auf verschiedene Ebenen scharf, sind teilweise unterschiedliche Zellbestandteile zu erkennen. Erst die Summe dieser Ebenen ermöglicht eine dreidimensionale Vorstellung des Aufbaus der Zellen.

1 Nenne die Funktionen der einzelnen pflanzlichen Zellbestandteile!

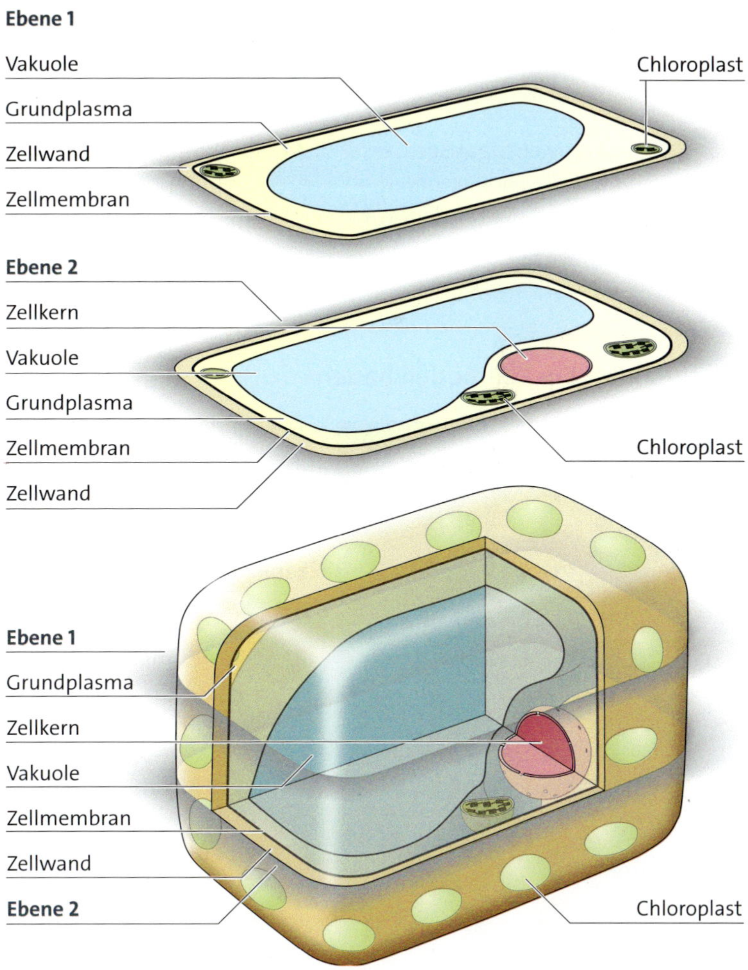

03 Zwei Ebenen einer Zelle und entsprechender dreidimensionaler Aufbau (Schema)

Material A ▸ Jede Zelle ist anders

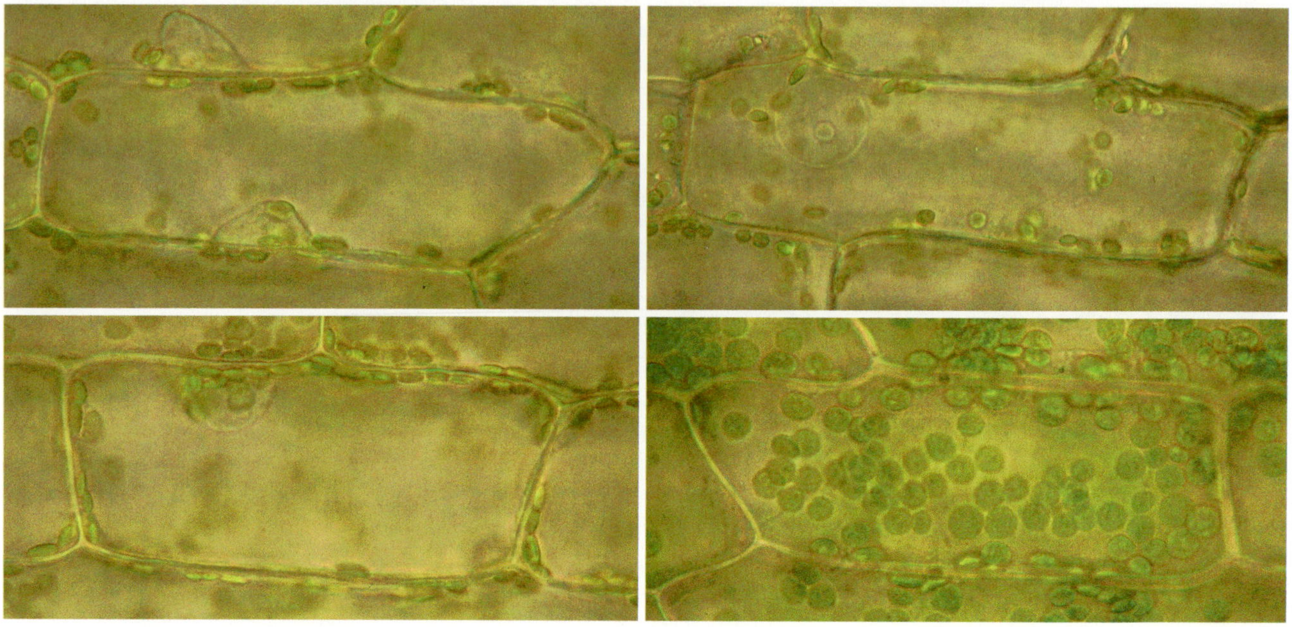

Jede Zelle hat eine einzigartige Gestalt und weist eine jeweils andere Anordnung der Zellbestandteile auf.

A1 Beschreibe die Unterschiede in der äußeren Form der gezeigten Zellen!

A2 Suche in den Abbildungen 1 bis 4 nach den Zellkernen der gezeigten Zellen und beschreibe deren Lage!

Hinweis: *Der Zellkern einer Zelle ist nicht in jeder Einstellung erkennbar.*

Material B ▸ Ein Zellmodell bauen

Trotz der unterschiedlichen Anordnung ihrer Zellbestandteile weisen alle grünen Pflanzenzellen einen ähnlichen Grundaufbau auf. Diesen Grundaufbau kann man besser verstehen, wenn man ein entsprechendes Modell baut.

B1 Notiere, aus welchen wesentlichen Bestandteilen eine pflanzliche Zelle aufgebaut ist!

B2 Suche geeignete Materialien aus, um die wesentlichen Bestandteile einer pflanzlichen Zelle modellhaft darzustellen! Lege eine entsprechende Tabelle an (linke Spalte: Zellbestandteile; rechte Spalte: Modellteile)!

B3 Füge die ausgewählten Teile zu einem Modell zusammen, sodass die Grundstruktur der Zelle deutlich wird!

B4 Vergleiche nun das entwickelte Modell mit Originalaufnahmen pflanzlicher Zellen! Erläutere, welche Eigenschaften pflanzlicher Zellen durch das Modell deutlich werden und welche nicht!

Material C ▸ Die Ebenen einer Pflanzenzelle

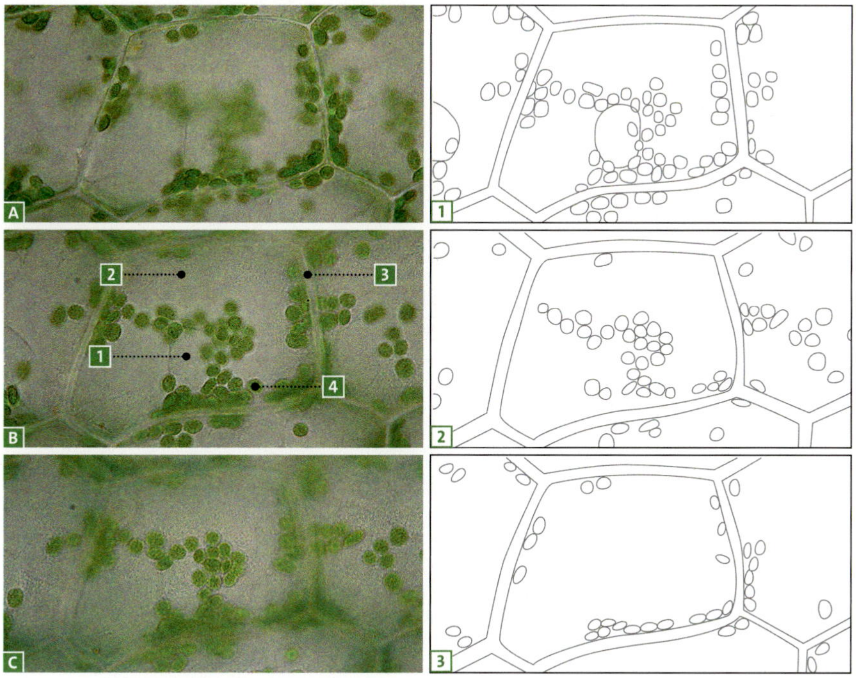

Das mikroskopische Bild einer Zelle zeigt jeweils nur eine Ebene des Zellinnern scharf. Durch vorsichtiges Drehen am Feintrieb kann man auf unterschiedliche Ebenen scharf stellen.

C1 Nenne zu den Ziffern 1 bis 4 in Foto B die entsprechenden Fachbegriffe!

C2 Die Zeichnungen 1 bis 3 gehören jeweils zu einem der Fotos A bis C und zeigen die jeweils scharf erkennbaren Strukturen. Ordne die Zeichnungen entsprechend zu und begründe deine Zuordnung!

Material D ▸ Eine Pflanze hat unterschiedliche Zellen

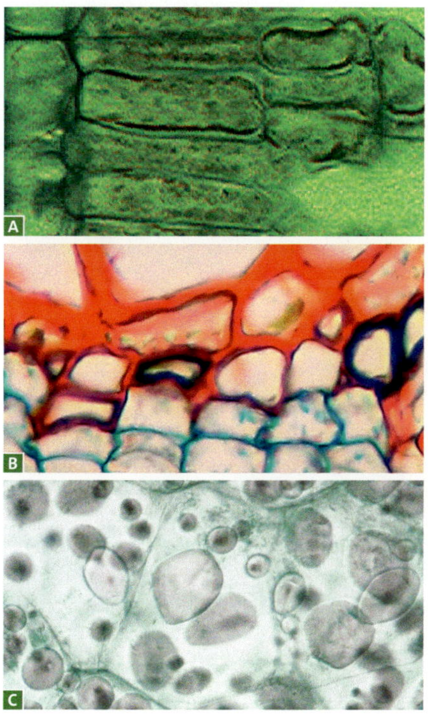

Eine Kartoffelpflanze besteht aus vielen unterschiedlichen Pflanzenteilen. Mikroskopiert man diese Pflanzenteile, entdeckt man ganz unterschiedliche Zellen.

D1 Vergleiche die Struktur der in den Abbildungen A bis C gezeigten Zellen! Beziehe dich hierbei vor allem auf die erkennbare Ausbildung der Zellbestandteile!

D2 Deute die Struktur der Zelltypen A bis C im Hinblick auf deren Funktion und nenne entsprechende Teile der Kartoffelpflanze, in denen diese Zellen vorkommen könnten!

METHODE

Herstellung eines mikroskopischen Präparats von Pflanzenzellen

Die Schuppenhaut einer Küchenzwiebel lässt sich leicht so vorbereiten, dass ihre Zellen unter dem Lichtmikroskop sichtbar werden. Man nennt solche Vorgänge ***Präparation.*** *Folgende Hilfsmittel sind dafür erforderlich:*

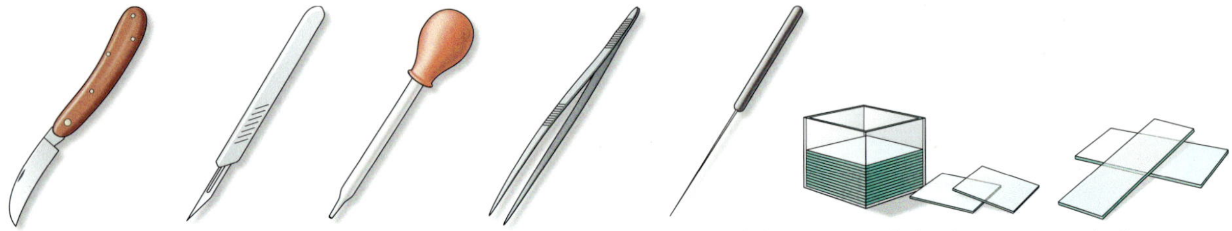

01 Hilfsmittel für die Anfertigung eines mikroskopischen Präparats der Zwiebelschuppenhaut

Um das Präparat herzustellen, arbeitet man in folgenden Schritten:

1) *Schneide mit dem Messer die Küchenzwiebel längs so durch, dass vier gleiche Teile entstehen. Löse eine Schuppe heraus.*

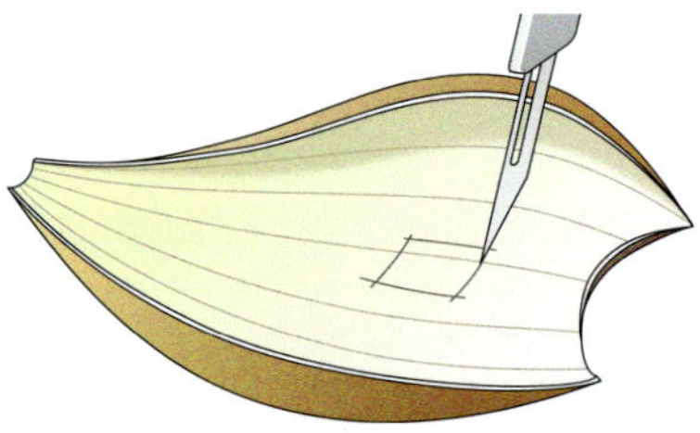

2) *Ritze mit dem Skalpell auf der hohlen Innenseite der Schuppe ein etwa 0,5 Zentimeter großes Quadrat in die dort liegende dünne Zwiebelschuppenhaut ein.*

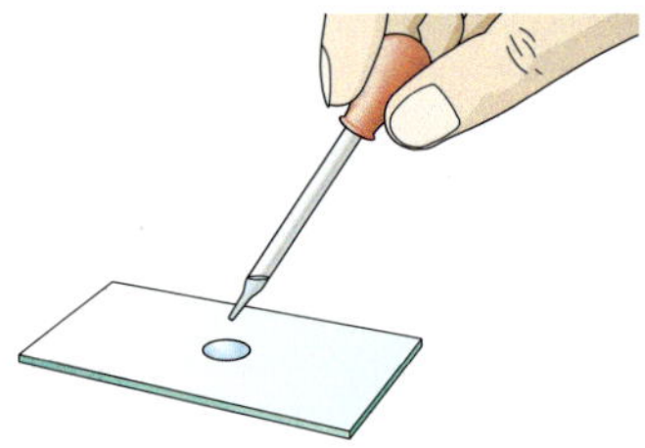

3) *Gib mit der Pipette zwei Tropfen Wasser auf einen sauberen Objektträger. Achte darauf, dass die Unterseite des Objektträgers trocken bleibt.*

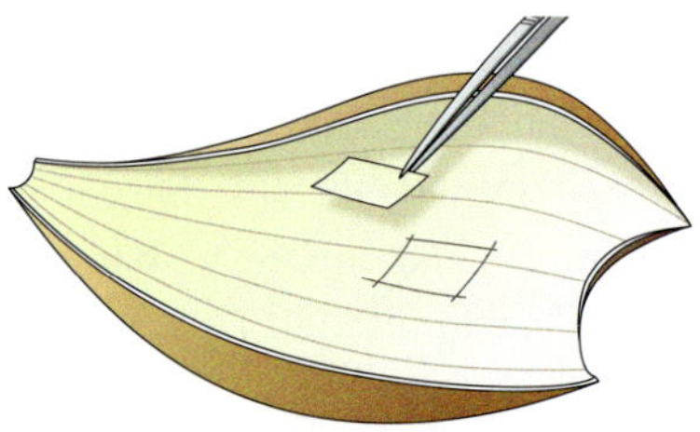

4) *Löse mit einer spitzen Pinzette das kleine Quadrat der Zwiebelschuppenhaut ab. Achte darauf, dass dabei keine Teile der Schuppe mit abgezogen werden.*

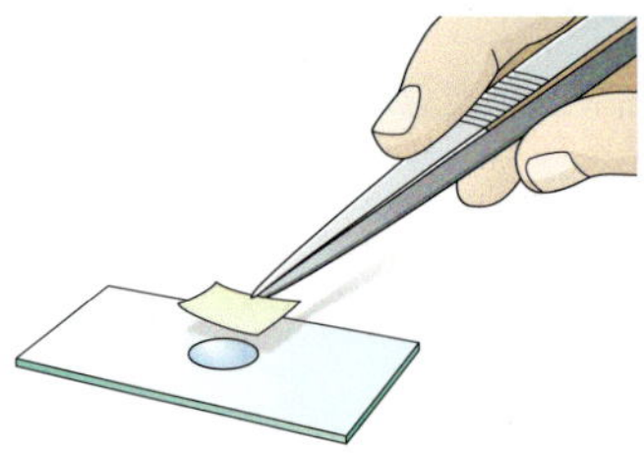

5) *Lege den Ausschnitt der dünnen Zwiebelschuppenhaut mit der Pinzette auf den Wassertropfen des Objektträgers.*

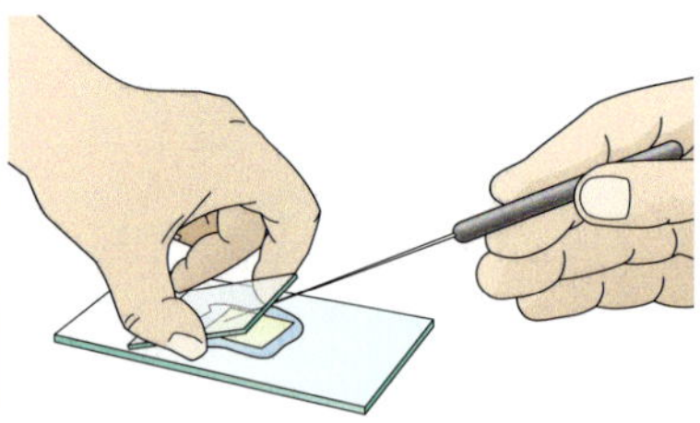

6) *Lege ein Deckglas mit einer Kante an den Rand des Wassertropfens und senke es mit einer Präpariernadel ab. So werden keine Luftblasen eingeschlossen.*

1 Führe die Präparation durch! Mikroskopiere das Präparat und zeichne zwei Zellen!

METHODE

Herstellung und Färbung eines mikroskopischen Präparats von Tierzellen

Material:
Mikroskop, Holzspatel, zwei Pipetten, Präpariernadel, Objektträger, Deckglas, Filterpapier, Methylenblau

Hinweis:
Methylenblau ist giftig und gibt dauerhafte Flecke. Berührung mit der Haut und der Kleidung vermeiden!

Durchführung:
a) *Herstellung des mikroskopischen Präparats einer menschlichen Mundschleimhautzelle*

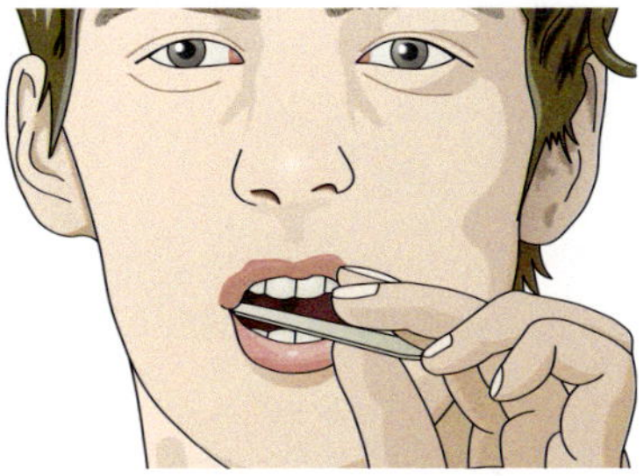

1) *Schabe mit einem Holzspatel vorsichtig von der Innenseite der Wange etwas Mundschleimhaut ab.*

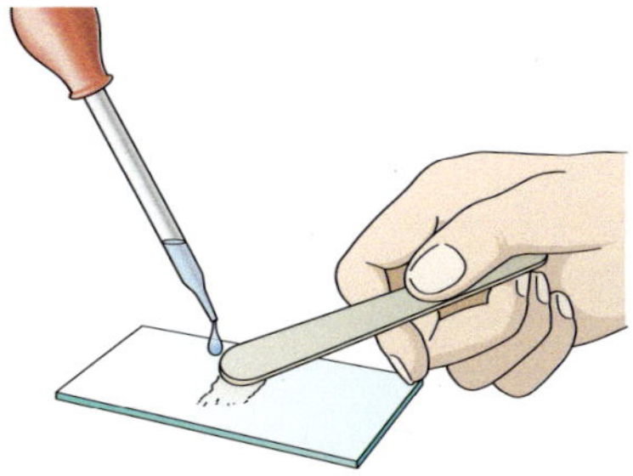

2) *Übertrage die Mundschleimhautzellen auf einen Objektträger. Gib mit der ersten Pipette zwei Tropfen Wasser hinzu. Verrühre vorsichtig mit einer Präpariernadel.*

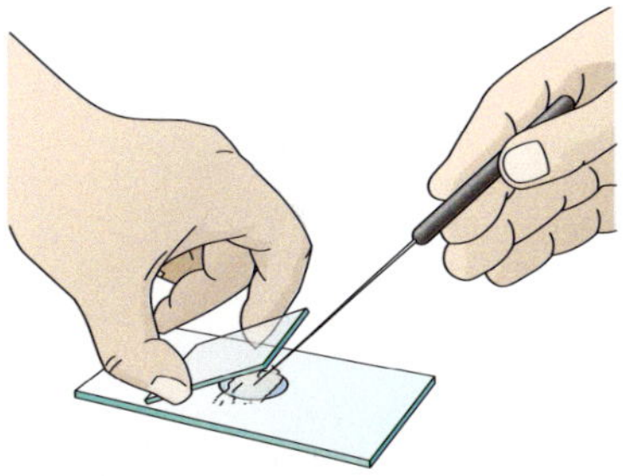

3) *Lege ein Deckglas mit einer Kante an den Rand der Flüssigkeit auf den Objektträger und senke es mit einer Präpariernadel langsam ab.*

b) *Färbung des mikroskopischen Präparats einer menschlichen Mundschleimhautzelle*

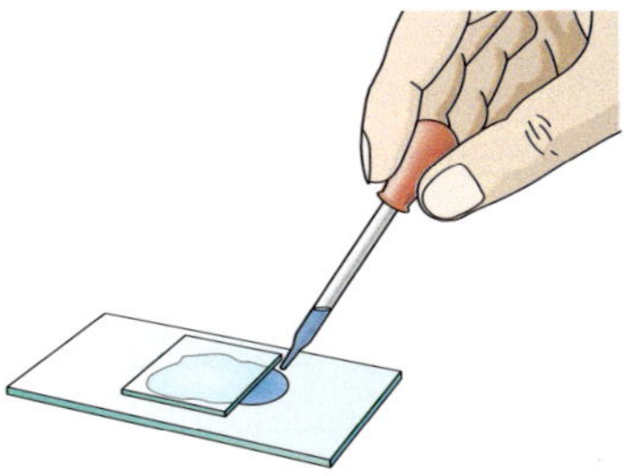

1) *Gib mit der zweiten Pipette einen Tropfen Methylenblau neben den Rand des Deckglases.*

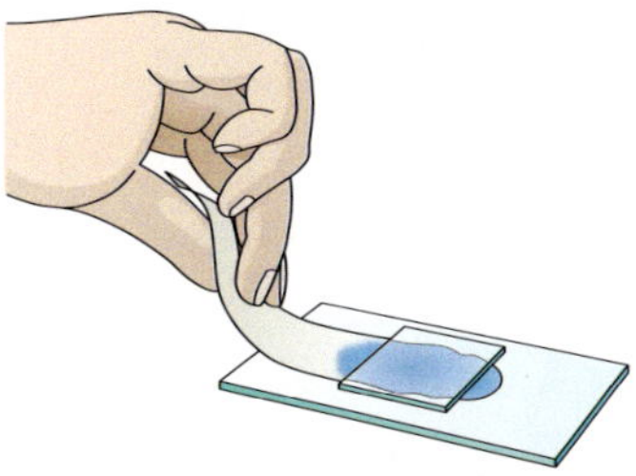

2) *Sauge mit einem Streifen Filterpapier vom gegenüberliegenden Rand her die Färbeflüssigkeit durch das Präparat. Gib nun mit der Wasserpipette einen Tropfen Wasser neben das Deckglas und sauge ihn mit Filterpapier durch das Präparat, um es zu spülen.*

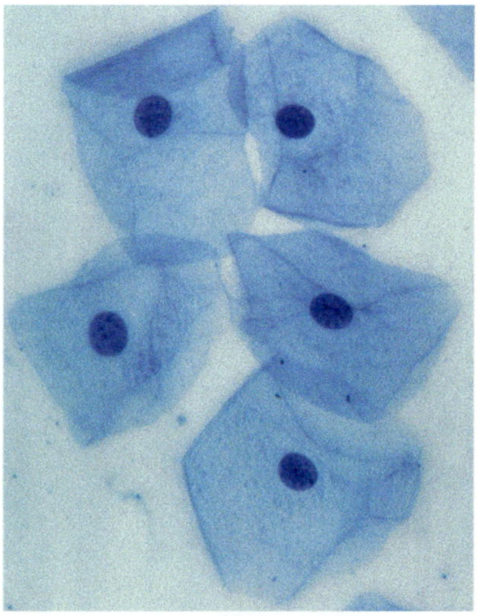

01 Mikroskopisches Bild von angefärbten Zellen der Mundschleimhaut des Menschen

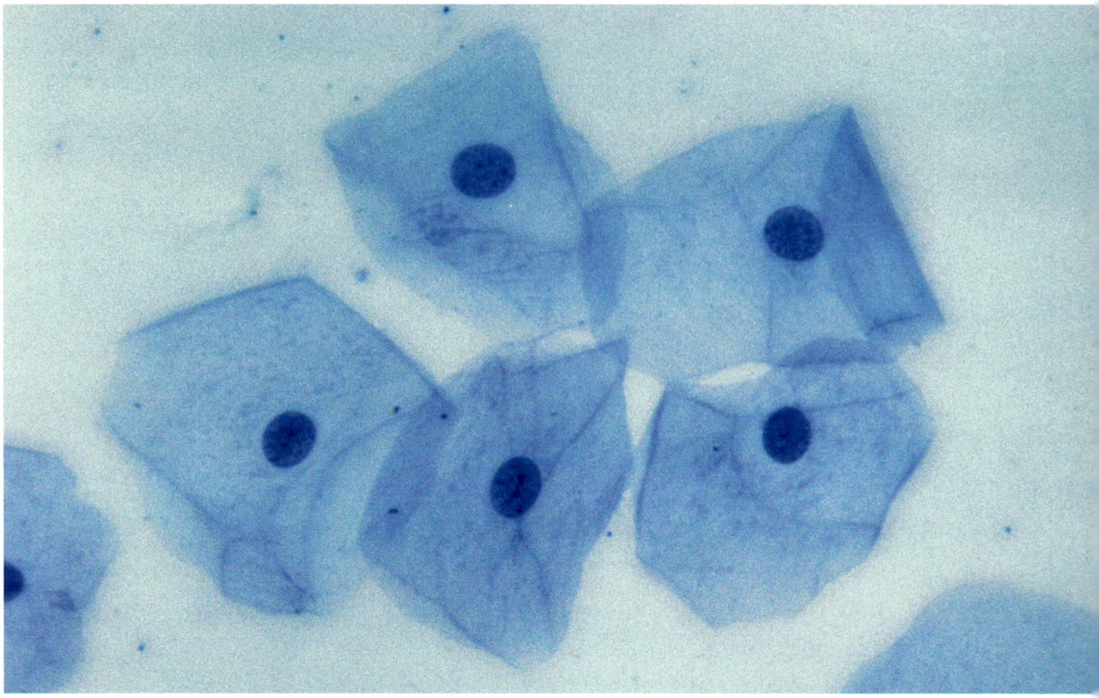

01 Mikroskopisches Bild von angefärbten Zellen der Mundschleimhaut des Menschen

Bau der Tierzelle

Der Körper eines Tieres und eines Menschen unterscheidet sich deutlich von dem einer Pflanze. Gilt das auch für ihre Zellen?

FORM UND GRÖSSE · Die meisten Tierzellen, zum Beispiel die Zellen der Mundschleimhaut des Menschen, sind kleiner als Pflanzenzellen. Ihre Form ist weniger stark festgelegt, weil sie nur von einer *Zellmembran* umgeben sind. Eine zusätzliche Hülle aus einer Zellwand fehlt. Tierzellen sind daher weich und zerreißen leichter als Pflanzenzellen.

02 Schema einer Tierzelle

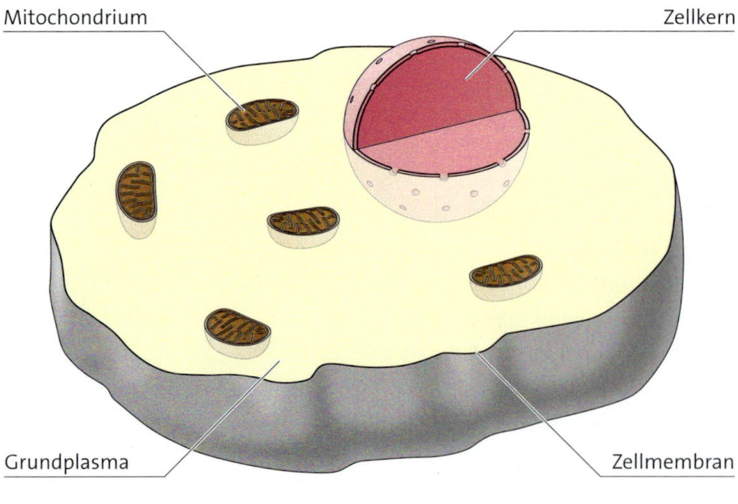

ZELLBESTANDTEILE · Mundschleimhautzellen sind wie alle Tierzellen vollständig von Grundplasma ausgefüllt. Die zentrale *Vakuole* der Pflanzenzellen ist nicht vorhanden. Tierzellen enthalten daher meistens weniger Wasser, aber mehr *Grundplasma* als Pflanzenzellen. Im Grundplasma liegt ein *Zellkern*, häufig in der Mitte der Zelle und nicht am Rand wie in Pflanzenzellen. Auch die winzigen Kraftwerke der Zellen, die *Mitochondrien*, sind vorhanden.

Chloroplasten sucht man in Tierzellen vergebens. Sie sind daher nicht in der Lage, selber Zucker herzustellen, und müssen deshalb ihre Nährstoffe aus der Umgebung aufnehmen.

1 Vergleiche den Bau einer Pflanzen- und einer Tierzelle miteinander!

Material A ▸ Vergleich von Tier- und Pflanzenzellen

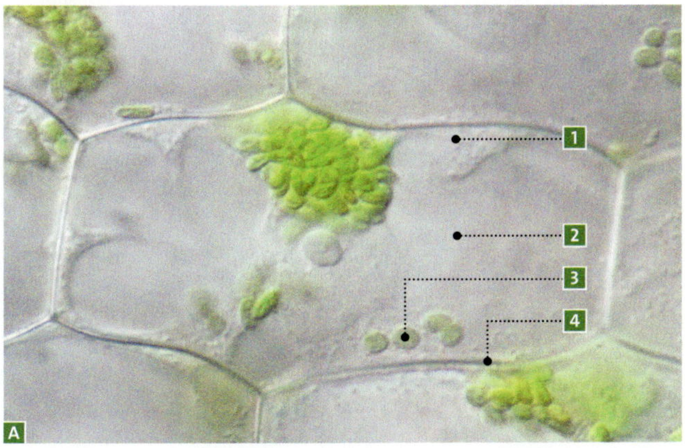

A

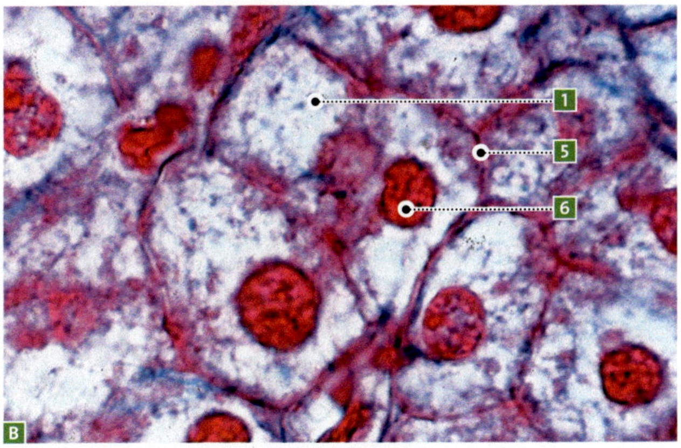

B

A1 Nenne die Fachbegriffe für die mit Zahlen gekennzeichneten Bereiche!

A2 Ordne die mikroskopischen Aufnahmen von Zellen folgenden Bildunterschriften zu: „Zellen aus dem Blatt der Wasserpest" oder „Zellen aus der Leber einer Maus"! Begründe die Zuordnung!

A3 Vergleiche in Form einer Tabelle die beiden Zelltypen! Berücksichtige darin die in den Abbildungen erkennbaren Zellbestandteile!

A4 Nenne Bestandteile der Zellen, die in den Abbildungen nicht zu erkennen sind!

A5 Erläutere, woher die beiden Zelltypen ihre Nährstoffe erhalten! Nenne den Ort in den Zellen, an dem die in den Nährstoffen enthaltene Energie freigesetzt wird!

Material B ▸ Zuordnung von Tier- und Pflanzenzellen

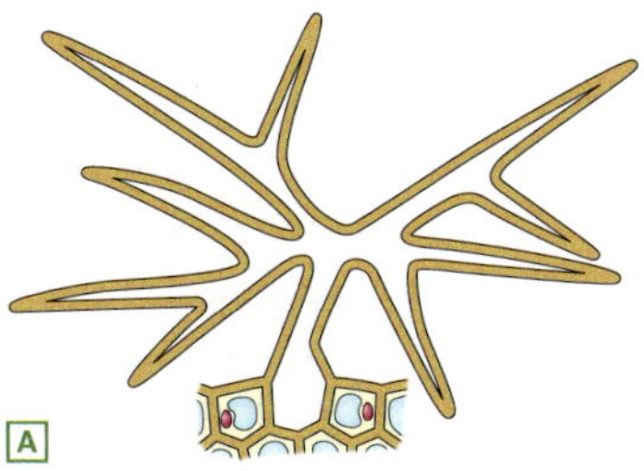

A

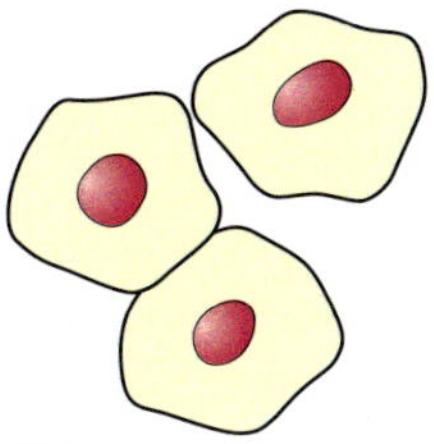

B

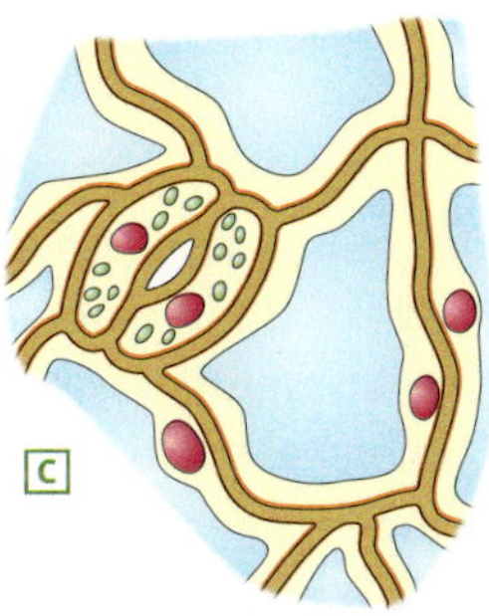

C

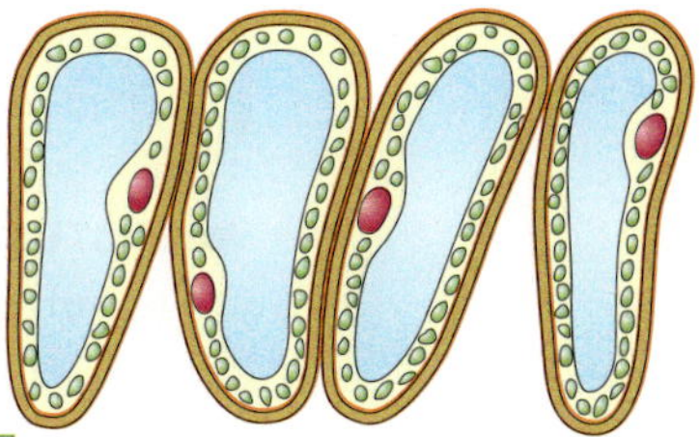

D

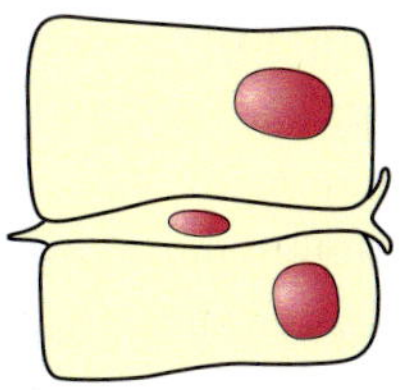

E

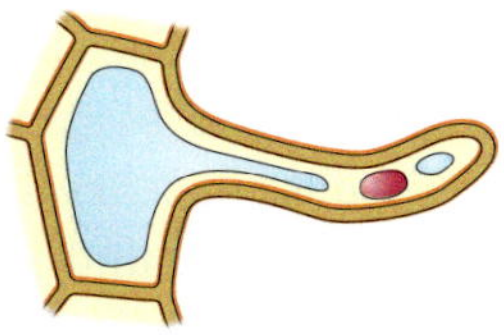

F

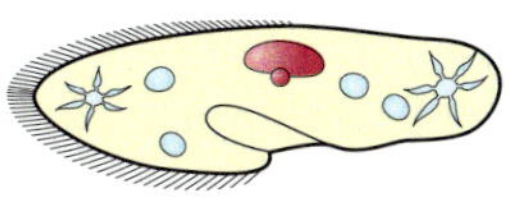

G

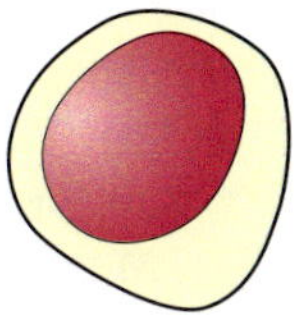

H

I

B1 Ordne jede Abbildung entweder den Pflanzen oder den Tieren zu! Begründe jede Zuordnung!

B2 Die Abbildung A stellt eine tote Zelle dar. Nimm Stellung zu dieser Aussage!

B3 Nenne die Zellen, die vermutlich selbst keinen Zucker herstellen können! Begründe!

01 Wachstum der Wurzeln einer Küchenzwiebel, aufgenommen im Abstand von einigen Tagen

Pflanzen und Tiere wachsen

Wenn man eine Küchenzwiebel auf ein mit Wasser gefülltes Glas setzt, beginnt sie in der feuchten Umgebung Wurzeln zu treiben. Innerhalb weniger Tage wachsen sie um mehrere Zentimeter. Welche Vorgänge in den Wurzeln führen zum Wachstum?

WACHSTUM · Wenn man im Mikroskop eine junge, kurze Zwiebelwurzel mit einer älteren, langen vergleicht, stellt man fest, dass beide aus gleich großen Zellen bestehen. Die Wurzel wird also nicht dadurch länger, dass sich ihre Zellen vergrößern. Das Wachstum der Wurzeln beruht vor allem auf der Vermehrung der Anzahl der Zellen. Die neuen, zusätzlichen Zellen entstehen durch einen Vorgang, der als **Zellteilung** bezeichnet wird. Auch Tiere und der Mensch wachsen durch Zellteilungen. Beim Menschen muss in der Kindheit und Jugend eine riesige Anzahl von Zellen durch Zellteilungen neu gebildet werden. Ein neugeborenes Kind besteht aus etwa 2 Billionen, ein Erwachsener aus etwa 60 Billionen Zellen.

VERLAUF DER ZELLTEILUNG · Noch vor Beginn der Zellteilung wurde die Erbsubstanz im Zellkern durch einen Kopiervorgang verdoppelt. Ihr Original und die Kopie enthalten dieselbe Erbinformation. In der *ersten Phase* der Zellteilung lösen sich die Membranen des Zellkerns auf. In der *zweiten Phase* trennen sich Original und Kopie der Erbsubstanz voneinander und wandern in gegenüberliegende Bereiche der Zelle. Dort bilden sich neue Membranen um die Erbsubstanz, sodass zwei neue Zellkerne entstehen. Diese Vorgänge nennt man zwar *Kernteilung*, durch die vorangehende Verdopplung entspricht der Umfang der Erbsubstanz jedoch dem der Ausgangszelle. Zwischen den beiden Zellbereichen, in denen jeweils ein Zellkern liegt, entstehen neue Zellmembranen und bei Pflanzenzellen zusätzlich neue Zellwände. Nach Abschluss dieser *dritten Phase* der Zellteilung sind aus einer Zelle zwei entstanden. Die Erbinformation der beiden Zellen ist identisch. Bei Pflanzen und Tieren verläuft die Zellteilung sehr ähnlich.

ZELLWACHSTUM · Jede der beiden durch eine Zellteilung entstandenen Zellen ist zunächst nur ungefähr halb so groß wie die Ursprungszelle. Durch Neubildung von Grundplasma wachsen sie zu ihrer endgültigen Größe heran. Bei den meisten Pflanzenzellen vergrößert sich die Vakuole dabei so stark, dass das Grundplasma an den Rand der Zelle gedrängt wird. Zellteilungen dauern je nach Lebewesen unterschiedlich lang, beim Menschen in vielen Fällen ungefähr einen Tag. Die Vermehrung von Zellen durch Zellteilungen ist zusammen mit dem daran anschließenden Zellwachstum dafür verantwortlich, dass Lebewesen wachsen. Zum Beispiel werden die Wurzeln der Küchenzwiebel auf diese Weise länger oder der Körper von Kindern größer.

1 Beschreibe den Verlauf einer Zellteilung!

2 Vergleiche die Erbinformation in den bei der Zellteilung entstehenden Zellen!

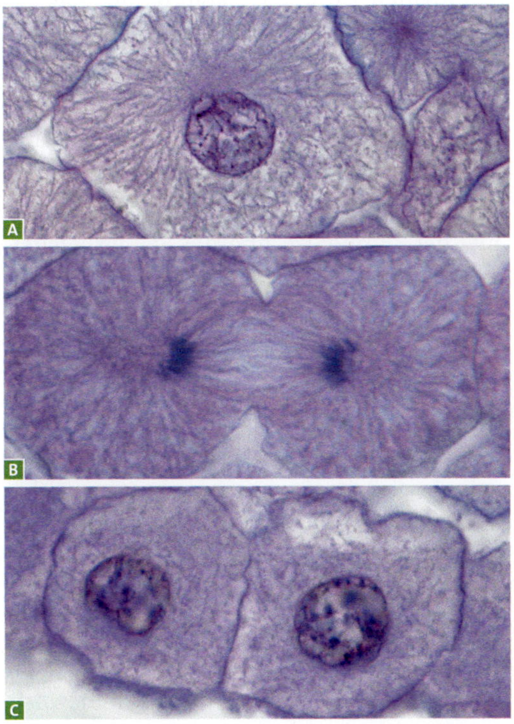

02 Tierzellen, lichtmikroskopische Bilder: **A** Ausgangszustand, **B** Kernteilung, **C** Zellwachstum

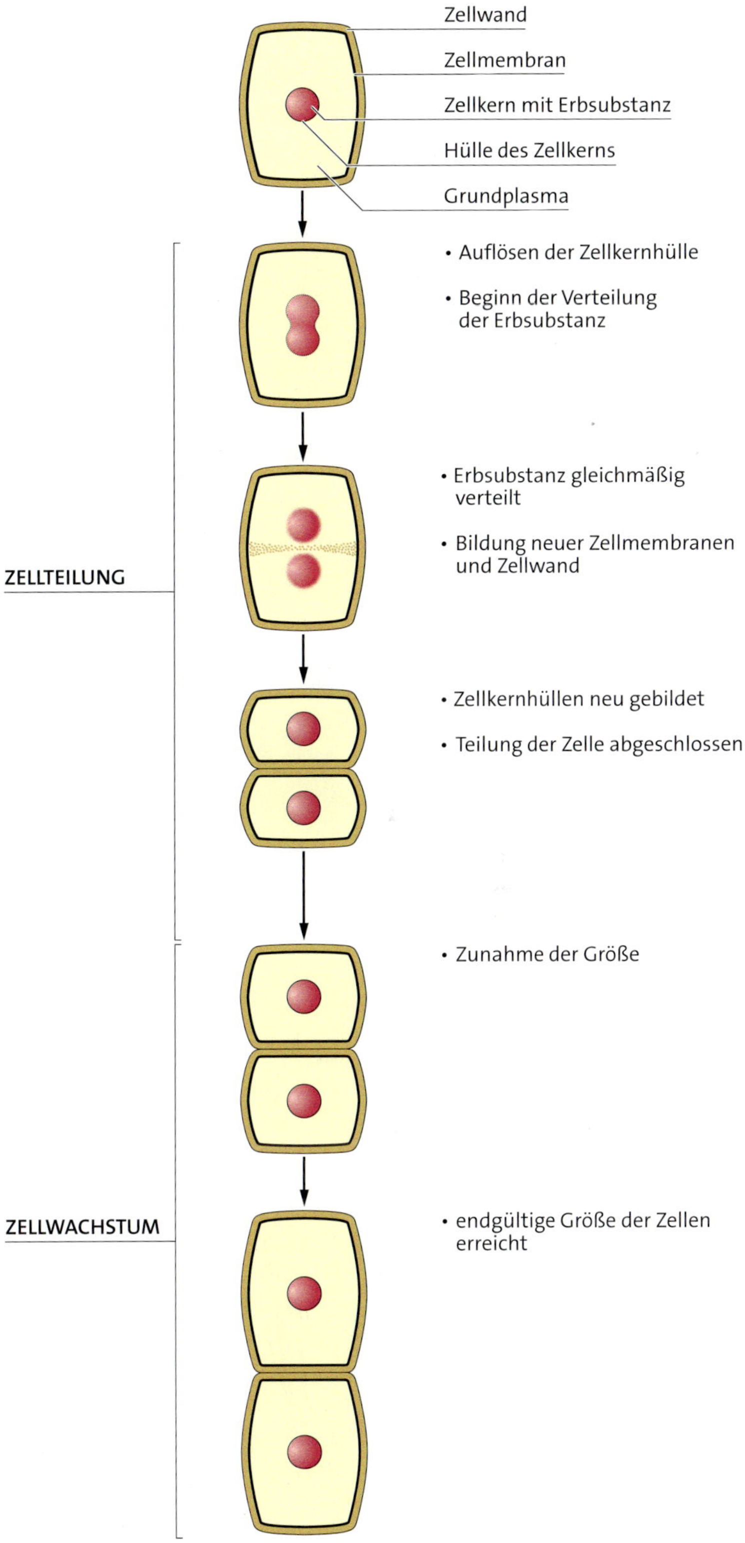

03 Zellteilung und Zellwachstum bei Pflanzenzellen

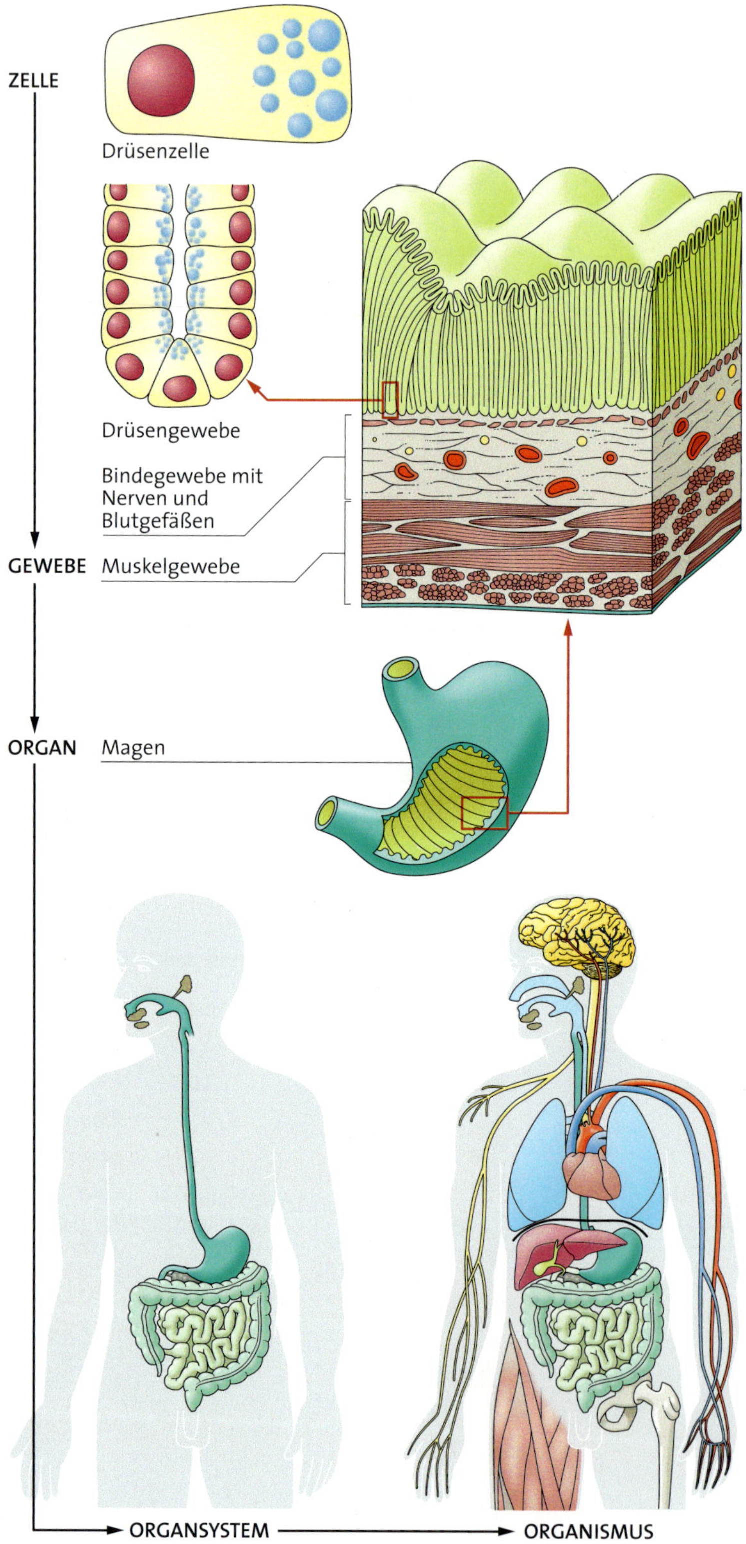

04 Organisationsebenen am Beispiel der menschlichen Verdauung

ORGANISATIONSEBENEN · Genauso wie eine kurze Zwiebelwurzel zu einer langen heranwachsen kann, wächst ein Mensch aus einer einzigen Zelle, der *befruchteten Eizelle*, heran. Durch zahlreiche *Zellteilungen* und durch *Zelldifferenzierung* gehen daraus Billionen von spezialisierten Zellen wie Muskelzellen, Blutzellen oder Nervenzellen hervor. Eine einzelne spezialisierte **Zelle** stellt die unterste *Organisationsebene* eines vielzelligen Lebewesens dar. Eine Zelle erfüllt ihre Aufgabe aber in der Regel nie alleine, sondern gemeinsam mit vielen gleichartigen Zellen. Diese gleichartig spezialisierten Zellen sind zu Zellverbänden, den **Geweben,** zusammengeschlossen. Sie stellen die nächste Organisationsebene eines vielzelligen Lebewesens dar. So enthält beispielsweise die innerste Schicht des Magens zahlreiche Drüsenzellen, die als Drüsengewebe den Magen auskleiden. Neben dem Drüsengewebe ist auch Bindegewebe, Muskelgewebe und Nervengewebe am Aufbau des Magens beteiligt. Erst gemeinsam können sie die Verdauungsaufgabe des Magens erfüllen. Verschiedene räumlich eng zusammenliegende Gewebe erfüllen bestimmte Aufgaben gemeinsam. Sie bilden ein **Organ,** die nächste Organisationsebene eines Lebewesens. Außer dem Organ Magen sind an der Verdauung noch weitere Organe beteiligt, zum Beispiel der Dünndarm und die Bauchspeicheldrüse. Die Gesamtheit aller Organe, die der Verdauung dienen, bildet das Verdauungssystem, ein **Organsystem.** Unter einem **System** versteht man Dinge, Vorgänge oder Teile, wie zum Beispiel Organe, die zueinander in Beziehung stehen und aufeinander einwirken. Dadurch wird aus einer Ansammlung von Teilen ein geordnetes und funktionstüchtiges Ganzes. Zahlreiche Organsysteme, zum Beispiel das Verdauungssystem und das Nervensystem, arbeiten bei der Bewältigung der Aufgaben eines vielzelligen Lebewesens zusammen und ergänzen sich in ihrer Funktion. Sie bilden den **Organismus,** die komplexeste Organisationsebene eines vielzelligen Lebewesens.

Material A ▸ Stadien der Zellteilung

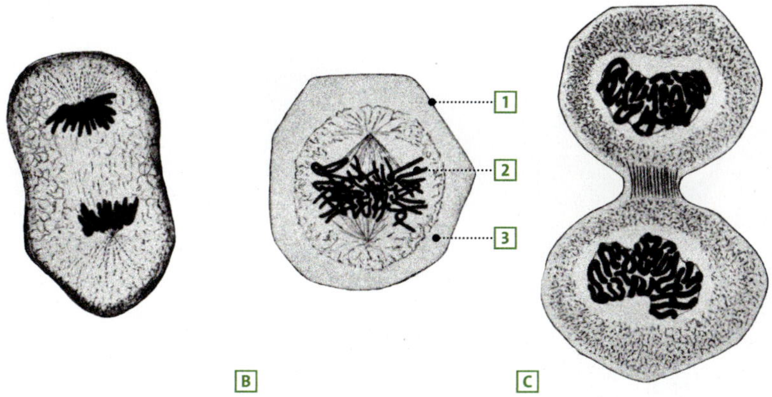

A B C

Bereits im Jahr 1882 fertigte der Biologe Walther FLEMMING diese Zeichnungen der Zellteilung bei Tieren an. Er untersuchte dazu die Zellen von Larven des Salamanders.

A1 Nenne die Fachbegriffe für die mit Zahlen gekennzeichneten Bereiche der Zelle!

A2 Nenne die richtige Abfolge der abgebildeten Zellteilungsstadien!

A3 Beschreibe die Vorgänge, die dem Stadium B vorausgingen!

A4 Die Abbildung C ist im Vergleich zu den beiden anderen nicht ganz richtig dargestellt. Beschreibe diesen Fehler!

A5 Erkläre, weshalb der Biologe für seine Untersuchungen die Larven von Salamandern verwendete und nicht erwachsene Tiere!

Material B ▸ Vermehrung durch Zellteilungen

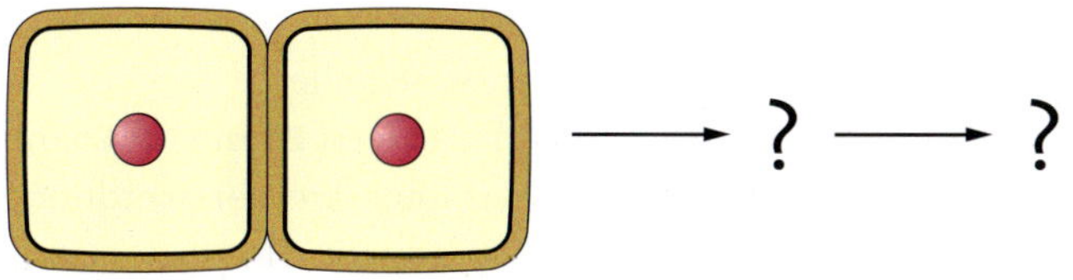

A B C

Die Abbildung zeigt ein Schema von zwei Pflanzenzellen.

B1 Übernimm das Schema in dein Heft und beschrifte es!

B2 Zeichne die Zellen, die entstehen, wenn sich von A nach B und von B nach C jede Zelle einmal horizontal teilt!

Material C ▸ Organisationsebenen bei Pflanzen

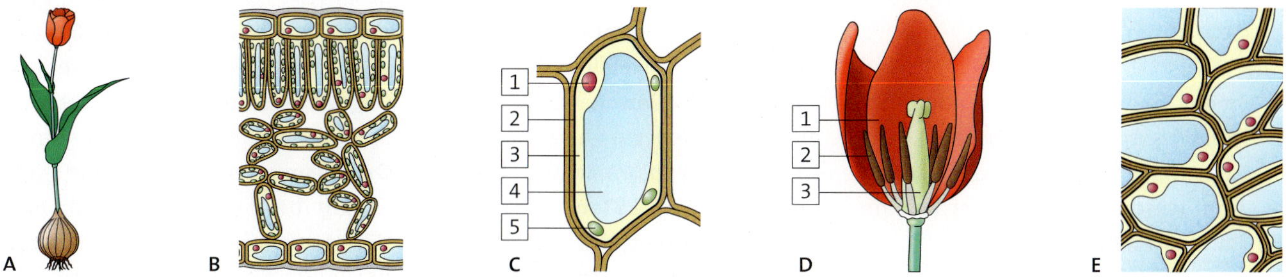

C1 Ordne die Abbildungen A bis E nach ihrer Organisationsebene und nenne den Fachbegriff jeder Stufe!

C2 Bennene die im C mit Zahlen gekennzeichneten Bereiche!

C3 Bennene die im D mit Zahlen gekennzeichneten Bereiche!

ERSCHLIESSUNGSFELD: EBENE

01 Die Erde – ein System

EBENE · Der Begriff **System** ist in unserem täglichen Leben weit verbreitet. Er stammt vom griechischen Wort *sýstēma* ab und bedeutet so viel wie das Gebilde, das Zusammengestellte oder das Verbundene. Als System wird eine Gesamtheit von Elementen oder umgangssprachlich eine Gesamtheit von Einzelteilen bezeichnet.

In der Biologie existieren auch sehr viele verschiedene Systeme. Die Begriffe Organsystem oder Ökosystem werden dabei sicherlich am häufigsten verwendet.

Die kleinste lebende Einheit aller Lebewesen ist die **Zelle**. Eine Zelle grenzt sich durch die Zellmembran ab. Diese dient aber auch dem Stoff- und Energieaustausch mit ihrer Umgebung. Die strukturelle Grundlage für das relativ eigenständige Leben einer Zelle bilden unter anderem die Zellkerne, die Chloroplasten sowie die Mitochondrien.
Eine Zelle kann auch als *selbsterhaltendes System* bezeichnet werden.
Das komplexe System einer Zelle besteht aus den einfacheren Strukturen, den Einzelelementen, den **Zellbestandteilen**. Betrachtet man diese nun wiederum als Systeme, so sind sie auch aus einzelnen Elementen, den **Molekülen,** aufgebaut. Moleküle werden durch miteinander verbundene Atome gebildet. Diesen Weg könnte man noch weiter gehen, da die **Atome** natürlich auch aus noch kleineren Strukturen aufgebaut sind. In der Biologie spielt das aber keine Rolle.
Wir sind also jetzt **Ebene** für Ebene in eine immer kleiner werdende Welt abgetaucht. Die Elemente einer hohen Ebene sind die Systeme einer niedrigeren Ebene. Der Weg kann aber auch mit der Zelle beginnend in die andere Richtung beschritten werden. Zellen gleichen Typs bilden **Gewebe. Organe** sind aus Geweben aufgebaut. **Organsysteme** bestehen aus einzelnen Organen, die für einen **Organismus** lebenserhaltende Funktionen besitzen. Ein Organismus bildet aus biologischer Sicht nicht die letzte Ebene. Die Organismen einer Art bilden in ihrem Verbreitungsgebiet Fortpflanzungsgemeinschaften aus, die als **Populationen** bezeichnet werden. Die

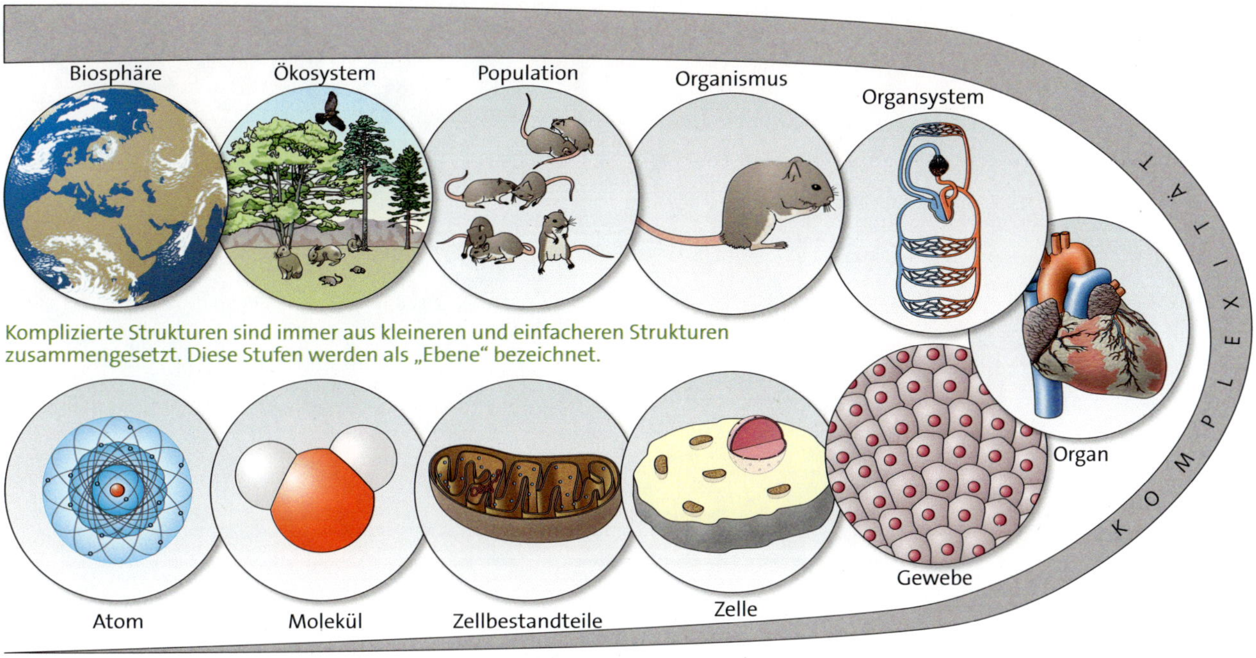

02 Verschiedene Ebenen

Populationen aller Arten, die untereinander und mit ihrem Lebensraum in Wechselwirkung stehen, bilden **Ökosysteme**. Alle Ökosysteme unserer Erde werden dann als **Biosphäre** bezeichnet. Alle Lebewesen unseres Planeten gehören ihr an. Auch hier könnte es mit den Ebenen weitergehen, wenn auf anderen Planeten oder gar in anderen Universen Leben entdeckt werden würde. Die Nutzung des **Erschließungsfelds Ebene** ermöglicht es zunächst, biologische Phänomene auf einzelnen, festgelegten Betrachtungsebenen zu erklären. Dadurch wird es im Anschluss auch leichter, Erkenntnisse über Wechselwirkungen in Systemen höherer Ebenen zu gewinnen.

1 Benenne die in Abbildung 02 dargestellten Strukturen zu den einzelnen Ebenen!

2 Betrachte die Abbildung 01! Interpretiere das Bild!

3 Erweitere die Anzahl der Ebenen nach unten. Nutze dein Wissen aus Physik und Chemie!

4 Stelle Vermutungen an, wie die Zahl der Ebenen nach oben erweitert sein könnte!

5 Nenne die Naturwissenschaften oder die Bereiche der Biologie, die sich bevorzugt mit den einzelnen Ebenen beschäftigen! Begründe deine Aussagen!

6 Fertige drei Fließschemata zu den Ebenen an, in denen jeweils drei der folgenden Systeme vorkommen: Kohlenstoff, Holzstoff, Chloroplast, Spermienzelle, Knochengewebe, Kiemen, Verdauungssystem, Wanderrattenindividuum, Elefantenpopulation im Serengeti-Nationalpark, Planet Erde!

7 Ein Unkrautvernichtungsmittel hemmt die Funktion der Chloroplasten in Pflanzen. Erläutere die Wirkung des Mittels auf den Ebenen der Zellbestandteile, der Pflanzenzellen, des Blattes, der Unkrautpflanze und der Ackerunkräuter!

01 Hummel saugt Nektar.

Pflanzen und Tiere ernähren sich

Es gibt Pflanzen, die ihren Nektar in den Blüten erwärmen. Hummeln fliegen vorzugsweise die Blüten an, in denen der Nektar eine höhere Temperatur hat als andere Blüten. Woher nehmen die Pflanze und die Hummel die Energie, um den Nektar zu erwärmen beziehungsweise um zu fliegen?

O_2 = Sauerstoff

CO_2 = Kohlenstoffdioxid

Glukose = Traubenzucker

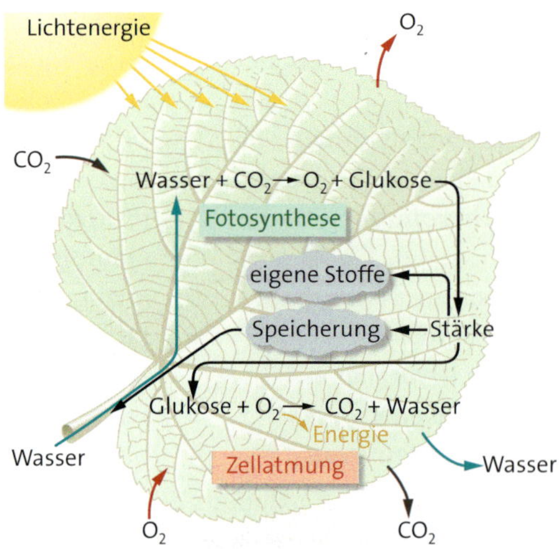

02 Stoff- und Energieumwandlung in der Pflanze

ERNÄHRUNG · Alle Lebewesen benötigen zum Aufbau ihres Körpers *Baustoffe*. Diese Stoffe werden für das Wachstum genauso benötigt wie für die Erneuerung von Zellen. Teile dieser Stoffe werden auch gespeichert, um ungünstige Lebensbedingungen überwinden zu können.
Die **Ernährung** sichert die Versorgung mit diesen Stoffen ab. Für solche aufbauenden Prozesse wird aber sehr viel Energie benötigt. Den Energiebedarf decken Lebewesen ebenfalls durch die Ernährung ab.

ERNÄHRUNG DER PFLANZEN · Pflanzen ernähren sich mithilfe der **Fotosynthese**. Diese Aussage stimmt, ist aber auch ziemlich ungenau. Bei der Fotosynthese werden in den *Chloroplasten* lediglich die energiearmen, anorganischen Stoffe Kohlenstoffdioxid und Wasser in energiereichen, organischen Traubenzucker umgewandelt. Zur besseren Speicherung wird dieser zu Stärke aufgebaut. Die *Lichtenergie* der

Sonne stellt unter natürlichen Bedingungen die Energiequelle für die Fotosynthese dar. Aus dem durch die Fotosynthese erzeugten Traubenzucker, stellt die Pflanze alle anderen Stoffe her, aus denen ihre Zellen, Gewebe und Organe bestehen. Sie dienen dem Aufbau des pflanzlichen Körpers. Zu diesen Stoffen gehören Kohlenhydrate, Fette, Eiweiße, Vitamine, Farbstoffe und auch zum Beispiel Gifte. Damit Traubenzucker in andere Stoffe umgewandelt werden kann, wird Energie benötigt. Diese Energie stammt aus der **Zellatmung,** die in den *Mitochondrien* abläuft. Dabei wird ebenfalls Traubenzucker verwendet. Der Traubenzucker wird unter Sauerstoffverbrauch in energiearmes Kohlenstoffdioxid und Wasser umgewandelt. Die freiwerdende Energie kann für aufbauende Prozesse genutzt werden. Während die Fotosynthese nur am Tag, bei Helligkeit ablaufen kann, findet die Zellatmung immer, rund um die Uhr statt. Am Tag produzieren die Pflanzen einen Überschuss an Traubenzucker, der als Stärke zwischengespeichert wird, und geben dabei Sauerstoff ab. In der Nacht findet nur die Zellatmung statt. Die Pflanze nimmt Sauerstoff auf und gibt Kohlenstoffdioxid ab.

ERNÄHRUNG DER TIERE · Bei der Ernährung der Tiere spielt die Fotosynthese keine Rolle. Sie nehmen mit ihrer Nahrung, im Gegensatz zu Pflanzen, bereits energiereiche, organische Stoffe auf. Energiereiche Stoffe speichern *chemische Energie*. Die Nährstoffe werden in den Tieren in ihre eigenen Stoffe umgewandelt. Ein Teil von ihnen dient dem Aufbau des Körpers und ein weiterer Teil wird als Reserve, zum Beispiel Fette, gespeichert. Die dafür notwendige Energie stammt auch bei den Tieren aus der Zellatmung. Ein Teil der Nährstoffe wird ebenso wie bei Pflanzen unter Energiegewinn zu energiearmen, anorganischen Kohlenstoffdioxid und Wasser abgebaut.

1 Definiere die Begriffe autotroph und heterotroph!

ERNÄHRUNGSWEISEN · Die Ernährungsweisen von Pflanzen und Tieren unterscheiden sich. Pflanzen können aus körperfremden, energiearmen, anorganischen Stoffen, wie Kohlenstoffdioxid und Wasser, unter Nutzung von Lichtenergie körpereigene, energiereiche, organische Stoffe wie Traubenzucker *selbst* herstellen. Ihre Ernährungsweise wird als **autotroph** bezeichnet.

Die Tiere ernähren sich von *verschiedenen körperfremden*, energiereichen, organischen Stoffen und wandeln diese unter Nutzung der chemischen Energie aus der Zellatmung in *körpereigene*, energiereiche, organische Stoffe um. Ihre Ernährungsweise wird deshalb als **heterotroph** bezeichnet.

Autotrophe und heterotrophe Lebewesen stehen in Ökosystemen miteinander in *Wechselwirkung*. Die *autotrophen* Lebewesen stellen als *Produzenten* die energiereichen Nährstoffe her. Es sind Pflanzen und Cyanobakterien. Von diesen Stoffen ernähren sich die *heterotroph* lebenden *Konsumenten* und *Destruenten*. Tiere, Pilze und viele Bakterien gehören zu ihnen. Sie, aber auch die Pflanzen und Cyanobakterien, liefern bei der Zellatmung wieder die energiearmen Stoffe, die die autotrophen Lebewesen benötigen. Der Stoffkreislauf schließt sich.

griechisch autos = selbst

griechisch heteros = anders

griechisch trophé = Ernährung

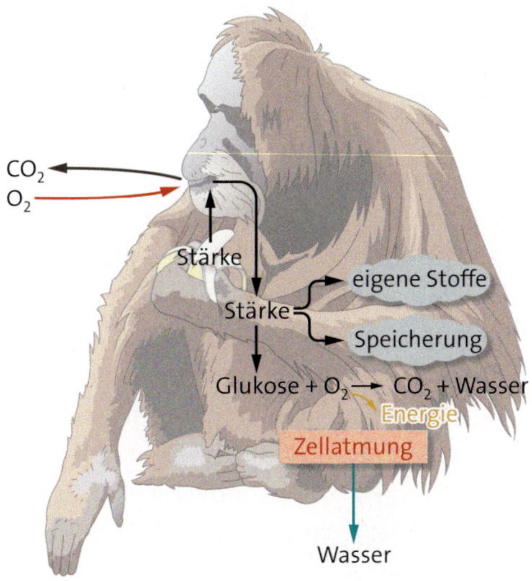

03 Stoff- und Energieumwandlung im Tier

ERSCHLIESSUNGSFELDER STOFF UND ENERGIE

01 Nahrungsbeziehungen in der Savanne

STOFF UND ENERGIE · Autotrophe Lebewesen wie Pflanzen sind in der Lage, durch den Prozess der Fotosynthese aus den energiearmen Stoffen Kohlenstoffdioxid und Wasser den Stoff Traubenzucker herzustellen. Um den Traubenzucker aufbauen zu können, benötigen die Pflanzen viel Energie, die sie durch die Aufnahme von *Lichtenergie* der Sonne gewinnen.

Stoffe sind Substanzen, die aufgrund ihrer Eigenschaften unterschieden werden. Neben den Eigenschaften Farbe, Löslichkeit, Aggregatzustand, Kristallform und vielen mehr, ist ihr Energiegehalt sehr bedeutend.

Energie ist eine fundamentale physikalische Größe. Ihre Einheit ist Joule. In der Physik und natürlich auch in allen anderen Naturwissenschaften wird Energie als die Fähigkeit, Arbeit zu verrichten, definiert. Energie kann nicht erschaffen und nicht verloren gehen. Sie kann nur in andere Energieformen umgewandelt werden, das besagt der *Energieerhaltungssatz*.
Wo steckt nun die Lichtenergie, welche die Pflanze während der Fotosynthese, zur Herstellung des Traubenzuckers aufgenommen hat? Sie befindet sich im Traubenzucker. Diese Energieform wird als *chemische Energie* bezeichnet.
Eine Pflanze besteht aber nicht nur aus Traubenzucker. Sie ist aus vielen anderen, energiereichen, organischen Stoffen zusammengesetzt. Wie entstehen nun diese Stoffe?
Der universelle Ausgangsstoff für ihre Herstellung ist der Traubenzucker. Eine Pflanze kann ihn in alle anderen Stoffe umwandeln, aus denen sie besteht. Wo kommt die Energie für so viel „Synthesearbeit" her? Die Energie stammt aus der Zellatmung. Ein Teil des Traubenzuckers aus der Fotosynthese wird zur Gewinnung von chemischer Energie in den Mitochondrien der Pflanzenzelle wieder vollständig zu Kohlenstoffdioxid und Wasser abgebaut. Die freiwerdende chemische Energie wird dabei an einen „Energieträger" übertragen.
Ein solcher „Energieträger" heißt Adenosintriphosphat, kurz **ATP**. Das ATP wird bei fast allen Lebensprozessen genutzt, die Energie benötigen. Dazu gehören bei Pflanzen beispielsweise stoffaufbauende Prozesse. Die chemische Energie des ATPs wird dann in chemische Energie der aufgebauten Stoffe umgewandelt.

Stoff und Energie beschreibt, dass alle Lebewesen aus Stoffen bestehen und diese ständig aufnehmen, umwandeln und abgeben. Mit diesem Stoffwechsel sind Wandlungen der Energieformen, der Energiewechsel, verbunden.

02 Stoff- und Energiewechsel in Pflanzen und Tieren

Bei Tieren als heterotrophen Lebewesen sehen die stoff- und energieumwandelnden Prozesse im Prinzip genauso aus. Die eigene Herstellung energiereichen Traubenzuckers fehlt allerdings. Dafür werden energiereiche, unterschiedliche Nährstoffe direkt mit der Nahrung aufgenommen. Ein Teil dieser Nährstoffe wird in körpereigene Baustoffe umgewandelt und ein weiterer Teil wird zur Gewinnung von chemischer Energie in Form von ATP abgebaut. Tiere nutzen das ATP auch als Energiequelle für stoffaufbauende Prozesse oder für Muskelbewegung. Die chemische Energie des ATPs wird in chemische Energie anderer Stoffe, mechanische Energie oder Lichtenergie umgewandelt.

Diese Wechselwirkungen beschreiben die **Erschließungsfelder Stoff und Energie.** Alle Lebewesen sind aus Stoffen aufgebaut. Diese werden ständig aufgenommen, umgewandelt und abgegeben. Das ist immer mit der Aufnahme, Umwandlung und Abgabe von Energie, dem Energiewechsel, verbunden. Die Beachtung der beiden Erschließungsfelder ermöglicht es aus stofflicher und energetischer Sicht biologische Vorgänge umfassender und auf allen Ebenen biologischer Systeme zu erklären.

In Ökosystemen stehen autotrophe und heterotrophe Lebewesen miteinander in *Wechselwirkung*. Über die Nahrungsketten oder Nahrungsnetze werden Stoffe und die darin enthaltene chemische Energie weitergegeben.

1 Vergleiche die autotrophe und die heterotrophe Ernährungsweise!

2 Erkläre, welche Stoffe und Energieformen eine Pflanze und ein Tier aufnehmen und welche sie abgeben!

3 Beschreibe mithilfe der Abbildung 01 die Weitergabe von energiereichen Stoffen der Pflanzen an Tiere in der Nahrungskette!

4 Begründe die Abhängigkeit des Stoff- und Energiewechsels der meisten Lebewesen auf der Erde von der Sonne!

A ▸ Lebewesen bestehen aus Zellen

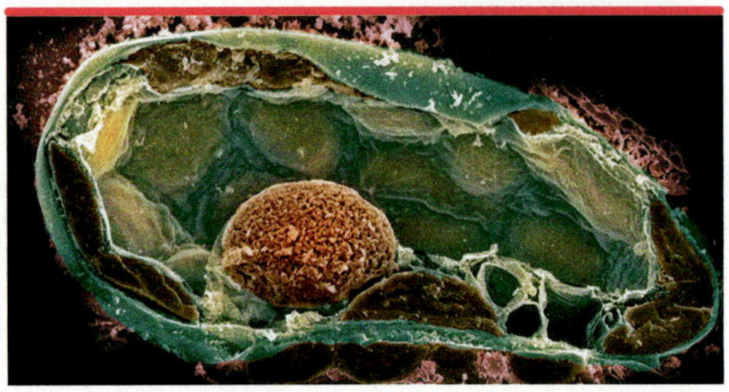

Zelle: Die Zelle ist die kleinste, selbstständige, lebensfähige Struktur-und Funktionseinheit des Lebens.

Zellformen: Zellen sind in ihrer Form sehr vielfältig. Sie können zum Beispiel quaderförmig, kugelig oder zylindrisch sein.

Zellgrößen: Zellen sind in ihrer Größe verschieden. Aufgrund der sehr geringen Größe verwendet man die Maßeinheit Mikrometer. Das ist der tausendste Teil eines Millimeters.

Zelltheorie: Die Zelle ist der Grundbaustein aller Lebewesen (SCHWANN, SCHLEIDEN).

Zellvermehrung: Zellen vermehren sich, indem sie sich teilen.

B ▸ Pflanzen und Tiere sind aus Zellen aufgebaut

Pflanzenzelle: Zu den Bestandteilen einer Pflanzenzelle gehören die Zellwand, die Zellmembran, das Grundplasma, der Zellkern, die Chloroplasten, die Mitochondrien und die Vakuole.

Chloroplasten: Sie kommen nur in Pflanzenzellen vor. Chloroplasten sind meist linsenförmig und beinhalten den grünen Farbstoff Chlorophyll. Mithilfe des Chlorophylls läuft in den Chloroplasten die Fotosynthese ab.

Zellkern: Er ist relativ groß und meist kugelförmig. Er steuert alle Prozesse der Zelle und enthält die Erbsubstanz.

Zellwand: Jede Pflanzenzelle wird von einer Zellwand umhüllt. Sie besteht aus Zellulose und verleiht der Pflanzenzelle Stabilität.

Vakuole: Sie füllt den größten Teil der Zelle aus und enthält den Zellsaft. Die Vakuole wird von der Vakuolenmembran umgeben.

Grundplasma: Im Grundplasma sind die Zellbestandteile, wie Chloroplasten, Mitochondrien, der Zellkern und viele mehr, eingebettet. Das Grundplasma stellt die Grundsubstanz der Zelle dar.

Zellmembran: Eine Membran ist ein sehr dünnes, verformbares Häutchen aus fettähnlichen Stoffen. Die Zellmembran umgibt die Zelle und liegt bei Pflanzenzellen innen der Zellwand an. Wie alle Membranen dient sie der Abgrenzung und dem Stoffaustausch.

Tierzelle: Zu den Zellbestandteilen einer Tierzelle gehören die Zellmembran, das Grundplasma, der Zellkern und die Mitochondrien. Eine Zellwand und Chloroplasten fehlen.

Mitochondrien: Sie sind Bestandteile von Pflanzen-, Pilz- und Tierzellen. In ihnen findet die Zellatmung statt. Energiereiche Nährstoffe werden in ihnen abgebaut. Die gewonnene Energie wird in Form von ATP gespeichert und an Lebensprozesse der Zelle weitergegeben. Sie sind die „Kraftwerke“ der Zelle.

C ▸ Wachstum und Zellteilung

Zellteilung: Bei der Zellteilung wird die Anzahl der Zellen vermehrt. Aus einer Mutterzelle entstehen zwei Tochterzellen. Damit Lebewesen wachsen können, muss sich die Anzahl ihrer Zellen erhöhen.

Zellwachstum: Durch Neubildung von Grundplasma und seinen Bestandteilen wachsen Zellen zu ihrer endgültigen Größe heran. Bei Pflanzenzellen vergrößert sich auch die Vakuole, wodurch das Grundplasma an die Zellwand gedrängt wird.

Gewebe: Gleichartige, spezialisierte Zellen sind zu Zellverbänden, den Geweben, zusammengeschlossen.

Organ: Ein Organ besteht aus verschiedenen räumlich eng zusammenliegenden Geweben, die eine bestimmte Funktion gemeinsam erfüllen.

Organsystem: Die Gesamtheit aller Organe, die im Organismus eine gemeinsame Lebensfunktion erfüllt, wird als Organsystem bezeichnet.

Organismus: Ein Lebewesen wird als Organismus bezeichnet. Es kann aus einer Zelle oder vielen Milliarden Zellen bestehen.

D ▸ Lebewesen ernähren sich

Ernährung: Die Aufnahme körperfremder Stoffe und ihre Umwandlung in körpereigene, energiereiche, organische Stoffe wird als Ernährung bezeichnet. Je nach Form der aufzunehmenden Stoffe werden die autotrophe und die heterotrophe Ernährungsweise unterschieden.

Autotrophe Ernährung: Es werden anorganische, körperfremde, energiearme Stoffe aufgenommen und in organische, körpereigene, energiereiche Stoffe unter Nutzung von Lichtenergie umgewandelt.

Heterotrophe Ernährung: Es werden organische, körperfremde, energiereiche Stoffe aufgenommen und in organische, körpereigene, energiereiche Stoffe unter Nutzung der Energie aus der Zellatmung umgewandelt.

Fotosynthese: Anorganische, energiearme Stoffe werden unter Nutzung von Lichtenergie zu energiereichen, organischen Stoffen aufgebaut.

Zellatmung: Organische, energiereiche Stoffe werden unter Verbrauch von Sauerstoff und Energiegewinn abgebaut. Die Energie wird meist in Form von ATP gespeichert.

ATP: Adenosintriphosphat ist eine energiereiche Verbindung. Bei den meisten energieverbrauchenden Prozessen in der Zelle dient es als Energiequelle.

Bakterien und Viren

1 **Bau und Lebensweise von Bakterien** **36**

2 **Viren** **42**

In diesem Kapitel beschäftigst du dich mit

- Bakterien. Du lernst etwas über ihren Bau, ihre Lebensbedingungen, ihre Verbreitung und Vermehrung. Außerdem erfährst du etwas über Infektionskrankheiten und über die Entstehung von Epidemien. Dabei erfährst du auch, welche verschiedenen krankmachenden Bakterien es gibt.
- Vielfalt von Bakterien. Du erfährst etwas über die verschiedenen Ernährungsweisen und Lebensräume von Bakterien. Außerdem lernst du, wie der Mensch die Vielfalt der Bakterien für sich nutzen kann.
- Viren. Du erfährst an einem Beispiel etwas über den Bau und die Vermehrung von Viren. Du lernst verschiedene Virenerkrankungen kennen. Dabei erfährst du auch, welche Ansteckungsgefahren es gibt und wie man sich davor schützen kann.

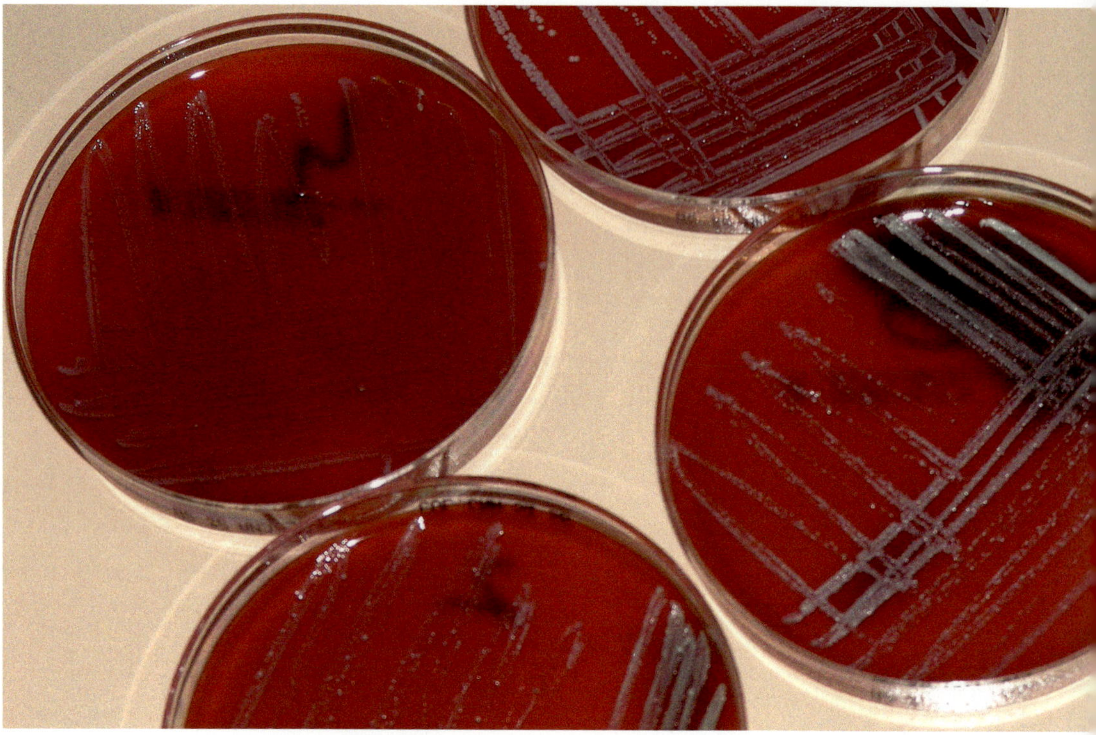

01 Bakterienkulturen

Bakterien sind wichtige Lebewesen

Bakterien sind ziemlich winzig und unscheinbar. Man müsste 50 000 Zellen hintereinander legen, bevor die Kette den kleinen Finger umschließt. Leben Milliarden von Bakterien zusammen, so kann man sie als Bakterienkolonie erkennen. Wir finden Bakterien in allen Lebewesen, im Boden, in der Luft oder in den Tiefen der Ozeane. Welche Bedeutung haben sie für den Menschen und die Natur?

VORKOMMEN VON BAKTERIEN · In nahezu allen Lebensräumen der Erde findet man Bakterien. Sie kommen im Süß- und Salzwasser vor, aber auch in der Luft. Sie leben am Grund der Meere in großen Tiefen wie auch in kochend heißen Quellen oder auf Gletschern. Jede Pflanze, jedes Tier und jeder Mensch ist von unzähligen Bakterien besiedelt. Bakterien kommen meist in großer Anzahl vor und spielen eine entscheidende Rolle in der Natur, beispielsweise bei der Zersetzung von toten Tieren und Pflanzen. Von den vemutlich mehreren Tausend Bakterienarten sind nur wenige Hundert für den Menschen gefährlich.

BAKTERIEN ERNÄHREN SICH · Die Mehrzahl der Bakterien nutzt zur Ernährung energiereiche, organische Stoffe beispielsweise von Pflanzen, Tieren oder dem Menschen. Sie leben *heterotroph*.

Viele **Bodenbakterien** zersetzen abgestorbene Pflanzenteile und Tiere, aber auch Kot. Gemeinsam mit den Pilzen leisten sie den größten Beitrag zum Abbau organischer Stoffe. Es entstehen Mineralstoffe, die den Pflanzen wieder für die Fotosynthese zur Verfügung stehen. Man bezeichnet sie daher als *Destruenten* oder *Zersetzer*.

Es gibt auch Bodenbakterien, die in einer engen Lebensgemeinschaft mit Pflanzen leben. Bei Schmetterlingsblütengewächsen, zum Beispiel bei Lupinen, dringen Bakterien in die Wurzel der Pflanzen ein. Es bilden sich kleine Knöllchen. Diese **Knöllchenbakterien** ernähren

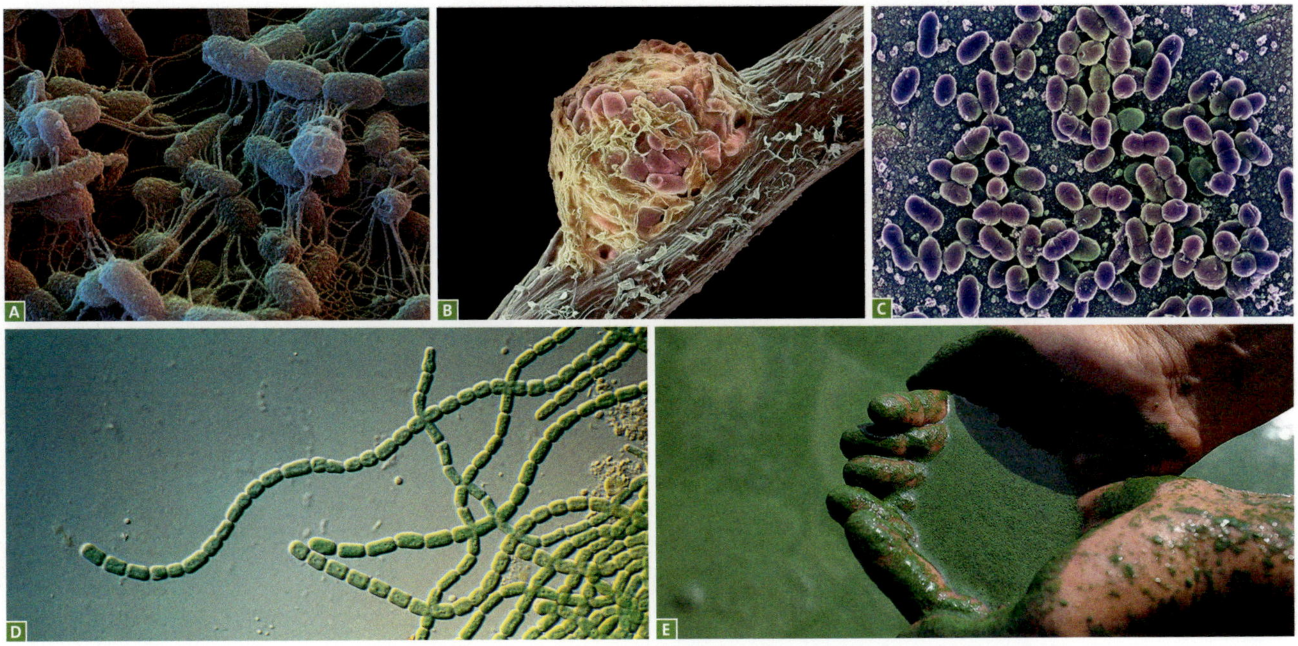

02 **A** Bodenbakterien beim Zersetzen von Pflanzenresten, **B** Knöllchenbakterien, **C** Milchsäurebakterien, **D** Cyanobakterien, **E** Algenblüte

sich von Traubenzucker, den die Pflanzen während der Fotosynthese herstellen. Die Knöllchenbakterien können den Stickstoff der Luft binden und in eine Form umwandeln, die von den Pflanzen als Mineralstoff genutzt werden kann. Somit entsteht eine Wechselwirkung, bei der sowohl die Knöllchenbakterien als auch die Pflanzen einen Vorteil aus dem Zusammenleben ziehen. Dies bezeichnet man als *Symbiose.* Die heterotrophen Knöllchenbakterien leben daher symbiotisch.

Auf und in Tieren oder den Menschen leben viele verschiedene Bakterienarten. Im Darm haben sie verschiedene Aufgaben. Sie schützen zum Beispiel vor Infektionskrankheiten. Die **Fäulnisbakterien** bauen im Verdauungskanal unverdauliche Nahrungsreste ab. Dabei entstehen Gase, die oft übel riechen.

Die **Milchsäurebakterien** besiedeln ebenfalls den Verdauungskanal von Menschen und Tieren. Sie zersetzen zum Beispiel Traubenzucker zu Milchsäure. Sie macht den Darmtrakt sauer und hemmt somit Abbauprozesse der anderen Bakterien. Von Nutzen sind die Milchsäurebakterien auch bei der Herstellung von Lebensmitteln. Joghurt, Quark oder Sauerkraut werden mithilfe von Milchsäurebakterien hergestellt. In der Landwirtschaft dienen sie zum Haltbarmachen von Grünfutter. Dieses konservierte Futter wird *Silage* genannt. Für die Essigherstellung werden **Essigsäurebakterien** benötigt.

Die **Cyanobakterien** besitzen wie die Pflanzen Chlorophyll und betreiben also Fotosynthese. Sie ernähren sich *autotroph.* Als Nebenprodukt der Fotosynthese entsteht Sauerstoff. Die Cyanobakterien waren die Wegbereiter für die heutige Tier- und Pflanzenwelt. Vor circa 2,5 Milliarden Jahren produzierten sie als erste Lebewesen in großen Mengen Sauerstoff. Dadurch entstand die sauerstoffhaltige Atmosphäre, was erst die Entwicklung von Landlebewesen ermöglichte. Heute findet man Cyanobakterien in Böden und Gewässern. Im Frühsommer treten diese blaugrünen Bakterien regelmäßig in großen Mengen in zu nährstoffreichen Gewässern auf. Die Massenvermehrung der Cyanobakterien wird als *Algenblüte* bezeichnet. Sie lässt einen See wie grüne Suppe aussehen. Auch Fischsterben kann beobachtet werden.

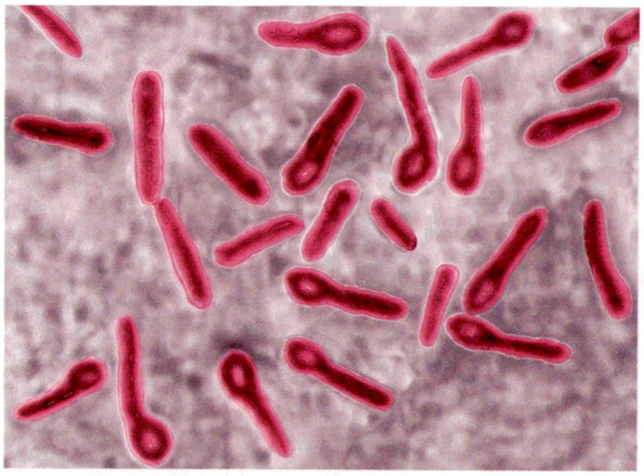

03 Tetanuserreger

04 **A** Robert KOCH, **B** Louis PASTEUR

KRANKMACHENDE BAKTERIEN · Bei Arbeiten im Garten ist die Gefahr, an Tetanus zu erkranken, gegeben. Tetanuserreger befinden sich an Bodenteilchen, an Gartengeräten oder Werkzeugen. Sie gelangen über kleine Wunden in den Körper. Während ihrer Vermehrung, ausgehend von den Wunden, besiedeln die Tetanuserreger Nervenbahnen. Dadurch werden Schweißausbrüche, Lähmungen und schwere Muskelkrämpfe ausgelöst. Das kann ohne Behandlung zum Tod führen.

Das Eindringen von Bakterien in den Körper wird als *Ansteckung* oder *Infektion* bezeichnet. Wasser und Lebensmittel können mit Bakterien verseucht sein. Andere Bakterien, wie die Erreger von Scharlach oder Lungenentzündung, werden durch den Kontakt mit infizierten Menschen übertragen. Die Übertragung kann beispielsweise über die beim Niesen herausgeschleuderten Flüssigkeitströpfchen erfolgen. Diesen Vorgang nennt man *Tröpfcheninfektion*. Auch über den Austausch von Körperflüssigkeiten, zum Beispiel beim Geschlechtsverkehr, können krankmachende Bakterien übertragen werden. Krankheitserscheinungen wie Fieber, Erbrechen, Durchfall oder Schmerzen heißen *Symptome*. Die Symptome werden durch giftige Stoffe, die von Bakterien abgegeben werden, ausgelöst. Sie treten erst auf, wenn sich die Erreger im Körper stark genug vermehrt haben. Die Zeit zwischen Infektion und dem Auftreten erster Symptome nennt man *Inkubationszeit*. Je nach Erreger liegt diese Zeit zwischen mehreren Stunden, einigen Tagen oder gar Wochen.

BEKÄMPFUNG VON BAKTERIEN · Bis zum Ende des 19. Jahrhunderts waren die Ursachen und Ansteckungswege für bakterielle Infektionskrankheiten unbekannt. Die Bakterien, die zum Beispiel Tuberkulose, Typhus, Cholera, Keuchhusten oder Tetanus auslösen, konnten damals kaum bekämpft werden. Erst nachdem Robert KOCH in Deutschland und Louis PASTEUR in Frankreich entdeckt hatten, wie bakterielle Infektionskrankheiten entstehen, konnte die Übertragung vieler dieser Krankheiten vor allem durch eine verbesserte *Hygiene* eingeschränkt werden. Seit den 40er-Jahren des 20. Jahrhunderts stehen darüber hinaus wirkungsvolle Arzneimittel zur Verfügung, die Bakterien töten oder sie an der Vermehrung hindern können. Zum Beispiel durch **Antibiotika** haben viele bakterielle Infektionskrankheiten ihren Schrecken verloren. Eine weitere Möglichkeit der Vorbeugung ist durch *Impfungen* gegeben.

1 Vergleiche die verschiedenen Ernährungsweisen der Bakterien!

2 Fertige eine Mindmap zur Bedeutung der Bakterien für den Menschen an!

BAU DER BAKTERIEN · Bakterien sind winzige einzellige Lebewesen, die nur wenige tausendstel Millimeter groß sind. Pflanzenzellen sind ungefähr 50-mal größer. Die Bakterienzelle ist von einer Zellwand begrenzt, die grundsätzlich anders aufgebaut ist als die Zellwand einer Pflanzenzelle. Bei vielen Bakterienarten befindet sich außen noch eine schützende schleimige Schicht. An der Innenseite der Zellwand schließt sich eine Zellmembran an. Zellkerne wie bei Tier- und Pflanzenzellen finden wir bei Bakterien nicht. Die *Erbsubstanz* liegt frei im Zellplasma. Mitochondrien und Chloroplasten fehlen. Aus vielen Bakterien ragen ein oder mehrere dünne fädige Fortsätze, die *Geißeln*. Sie dienen der Fortbewegung.

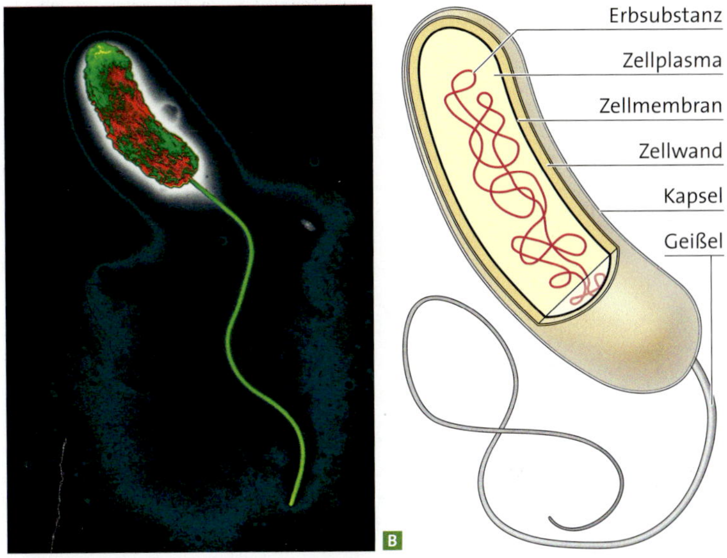

05 Bau einer Bakterienzelle: **A** mikroskopische Aufnahme, **B** Schema

BAKTERIENFORMEN · Bakterien sind sehr unterschiedlich geformt. So sind *Kokken* kugelig, *Vibrionen* kommaförmig. Die *Bazillen* sind stäbchenförmig. *Spirillen* oder *Spirochaeten* sind schraubenförmig. Viele Arten bilden auch Zellverbände.

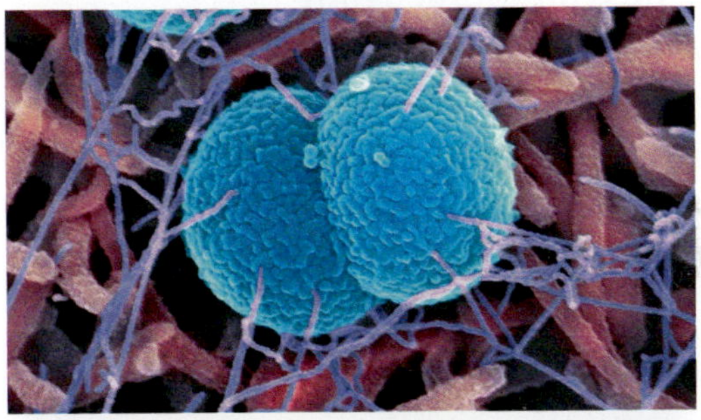

06 Erreger der Hirnhautentzündung (kugelförmig)

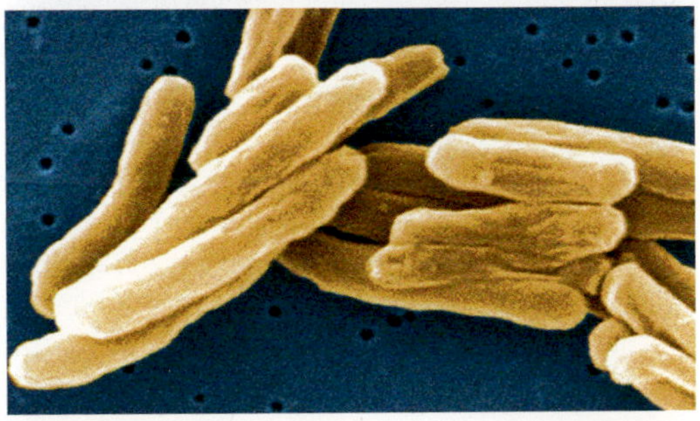

07 Erreger der Tuberkulose (stäbchenförmig)

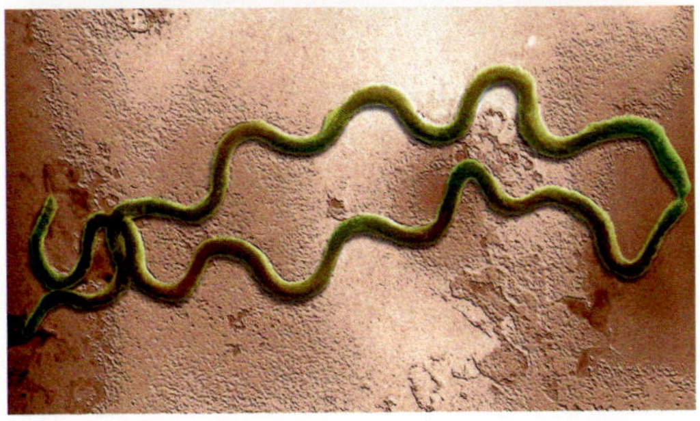

08 Erreger der Syphilis (schraubenförmig)

VERMEHRUNG · Alle Bakterien vermehren sich ungeschlechtlich durch *Zellteilung*. Einige Arten können sich alle 20 Minuten teilen und sich so sehr schnell vermehren. Günstige Bedingungen für die Vermehrung sind Wärme, Feuchtigkeit und ein ausreichendes Nahrungsangebot. Im Körper des Menschen, im Darm oder auch im Blut, finden Bakterien daher ideale Lebensbedingungen vor. Wenn die Lebensbedingungen ungünstig werden, können viele Bakterienarten sehr widerstandsfähige *Überdauerungsformen* bilden. Diese sind in der Lage, extreme Hitze, Kälte oder lang anhaltende Trockenheit zu überstehen. Überdauerungsformen können auch mit der Luft über weite Strecken transportiert werden.

3 Vergleiche den Bau eines Bakteriums mit dem Bau einer Pflanzenzelle! Nimm dafür Seite 15 im Lehrbuch zur Hilfe!

Material A ▸ Vermehrung von Bakterien

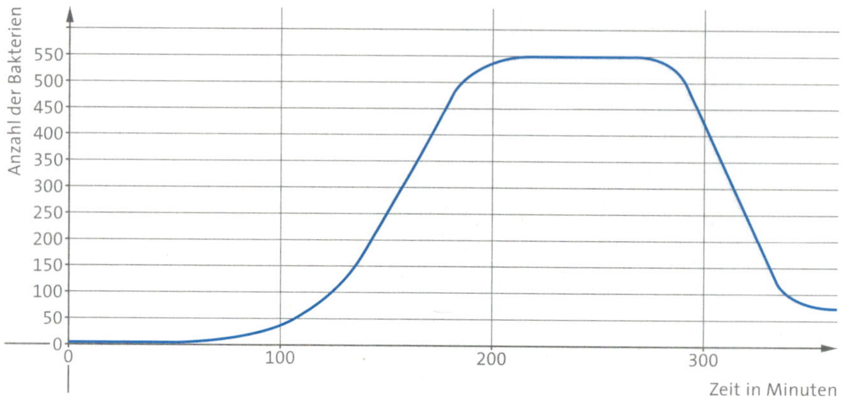

Im Diagramm ist dargestellt, wie sich die Anzahl der Bakterien in einem Kulturgefäß im Lauf der Zeit ändert.

A1 Beschreibe das abgebildete Liniendiagramm und den Kurvenverlauf!

A2 Ermittle, wie viele Bakterien nach drei Stunden aus einer Bakterienzelle entstanden sind, wenn alle 20 Minuten eine Teilung stattfindet! Stelle die errechneten Werte als Liniendiagramm dar!

A3 Vergleiche die von dir erstellte Kurve mit der abgebildeten Kurve!

A4 Stelle Vermutungen an, wie sich die Unterschiede zwischen den beiden Kurven erklären lassen!

Material B ▸ Infektionen und Vorbeugung

Pest
Im Mittelalter erlagen dieser Krankheit in Europa viele Millionen Menschen. Die Pest ist heute nahezu ausgerottet. Eine Form, die Beulenpest, äußert sich mit Kopf- und Gliederschmerzen sowie beulenartigen Schwellungen am Körper. Unbehandelt endet die Beulenpest nach wenigen Tagen häufig tödlich. Die Beulenpest wird durch den Stich eines Rattenflohs übertragen. Man nennt den Rattenfloh deshalb *Überträger*.

Tripper (Gonorrhoe)
Der Tripper ist eine der häufigsten durch Geschlechtsverkehr übertragbaren Krankheiten. Die Inkubationszeit beträgt zwei bis drei Tage. Bei infizierten Männern treten schmerzhafte Entzündungen der Harnröhre auf, bei Frauen eitrige Ausflüsse aus der Scheide. Die Krankheit kann von infizierten Schwangeren bei der Geburt auf das Kind übertragen werden.

Scharlach
Diese Infektionskrankheit von Gaumen und Rachen tritt häufig bei Kindern auf. Symptome sind Halsschmerzen, eine scharlachrote Zunge, Schluckbeschwerden und Fieber. Hustet oder niest ein Scharlachpatient, gelangen feinste Flüssigkeitströpfchen mit Bakterien in die Umgebung.

B1 Vergleiche die Übertragungswege der genannten, durch Bakterien verursachten Krankheiten!

B2 Beschreibe Maßnahmen, mit denen man sich vor der Infektion mit den beschriebenen Krankheiten schützen kann!

B3 Stelle Vermutungen an, weshalb im Mittelalter so viele Menschen an der Pest erkrankten!

Nach Naturkatastrophen, zum Beispiel nach einem Erdbeben, treten häufig in großen Gebieten Choleraepidemien auf. Scharlachepidemien dagegen bleiben meistens örtlich begrenzt.

B4 Stelle Vermutungen an, wie dieser Unterschied erklärt werden könnte!

VERSUCH C ▸ Herstellung eines mikroskopischen Färbepräparats von Milchsäurebakterien

Material:

Sauermilchprodukte, zum Beispiel Naturjoghurt, Methylenblau-Lösung, Pipette, Filterpapier, Mikroskop, Objektträger, Deckgläschen

Durchführung:

Sauge mit der Pipette etwas Flüssigkeit von der Oberfläche des Naturjoghurts ab. Gib diese Probe nun auf einen Objektträger. Färbe anschließend dein Präparat, indem du wenige Tropfen Methylenblau-Lösung mit der Pipette deiner Probe hinzugibst. Lege nun ein Deckgläschen darauf und mikroskopiere bei starker Vergrößerung.

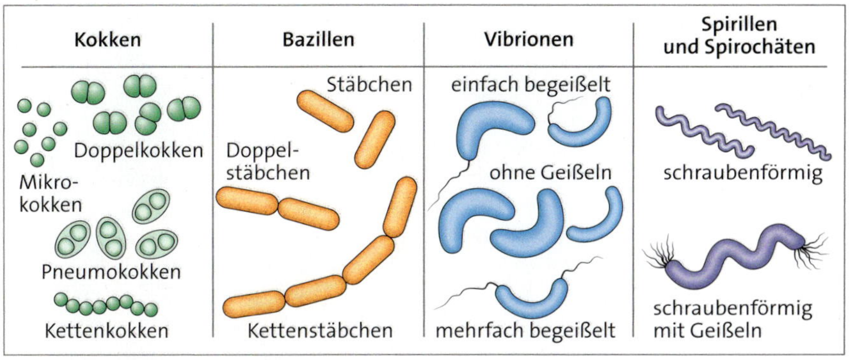

C1 Beschreibe deine Beobachtungen!

C2 Ordne die gefundenen Bakterien den Bakterienformen in der Abbildung zu!

C3 Informiere dich in Fachbüchern oder im Internet über die Rolle von Milchsäurebakterien zur Herstellung von Lebensmitteln und fertige ein Poster dazu an!

Material D ▸ Schwefelbakterien

In der lichtlosen Tiefsee, an unterseeischen Vulkanen, den *black smokers,* leben Schwefelbakterien, die aus der Umwandlung von vulkanischen Schwefelverbindungen chemische Energie gewinnen können, um aus Kohlenstoffdioxid und Wasser Traubenzucker zu gewinnen. Sie sind der Start der Nahrungskette. Von ihnen ernähren sich beispielsweise Krebstiere. Im Meeresboden existieren andere Bakterien, die von abgestorbenen Bakterien und Tieren leben. Sie können den Schwefelbakterien wieder Kohlenstoffdioxid zur Verfügung stellen.

D1 Vergleiche die Ernährungsweise der Schwefelbakterien mit der Ernährungsweise der Pflanzen!

D2 Begründe die Funktion der Schwefelbakterien als Produzenten!

D3 Begründe die Sonnenunabhängigkeit des Ökosystems der black smoker!

D4 Entwickle ein Fließschema zu einem Ökosystem, welches die Nahrungsbeziehungen verdeutlicht! Folgende Begriffe sollten enthalten sein: Produzenten, Konsumenten, Destruenten, abgestorbene Lebewesen, Kohlenstoffdioxid!

D5 Ordne in das Fließschema die Lebewesen der black smoker ein!

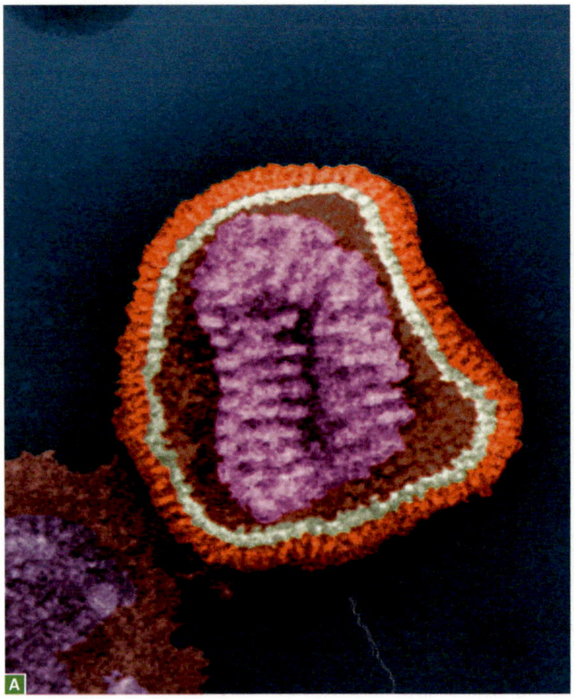

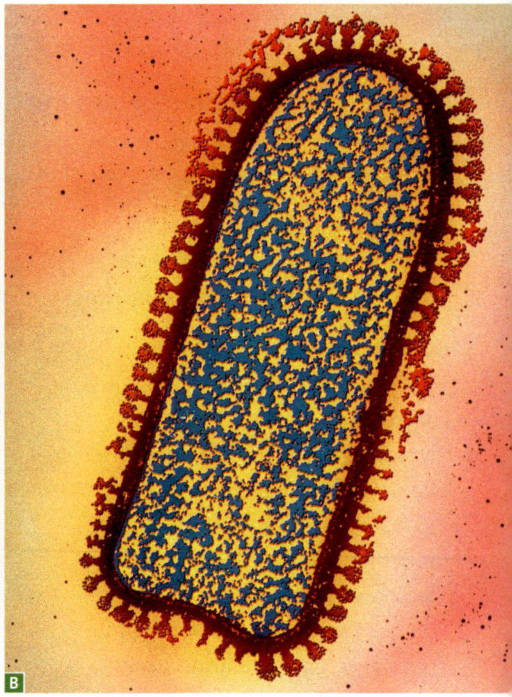

01 Viren im Elektronenmikroskop, gefärbt:
A Grippevirus,
B Tollwutvirus

Viren als Krankheitserreger

Früher glaubte man, dass viele Krankheiten, für die man keine Erreger nachweisen konnte, durch Giftstoffe verursacht wurden. Diese Stoffe bezeichnete man daher als Virus – dem lateinischen Wort für Gift. Erst mit dem Elektronenmikroskop konnte man Viren sichtbar machen und ihre Vielfalt aufzeigen. Was sind Viren?

BAU VON VIREN · Um 1900 fand man heraus, dass Viren noch kleiner sein müssen als Bakterien. Ließ man nämlich eine Flüssigkeit mit Viren durch einen Filter laufen, der Bakterien zurückhält, konnte man die Viren damit nicht auffangen. Heute ist bekannt, dass Viren nur etwa ein zehntausendstel Millimeter Durchmesser haben und deshalb nur im Elektronenmikroskop sichtbar sind.

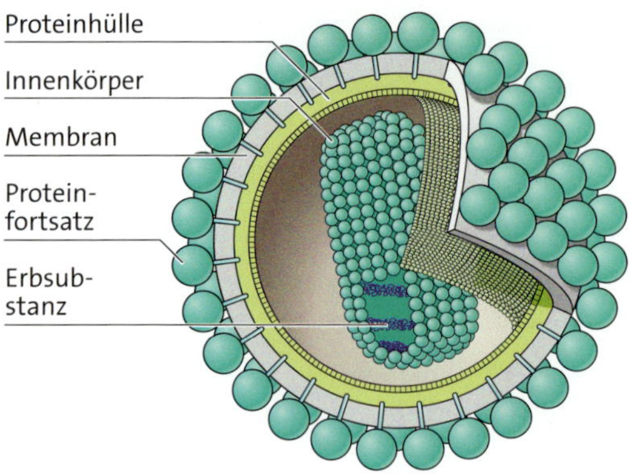

02 Bau eines Virus

Viren bestehen meist aus einer **Proteinhülle** und darin eingeschlossener **Erbsubstanz.** Bei manchen findet man noch zusätzlich eine membranartige Hülle. Die äußere Hülle besitzt zahlreiche kleine *Proteinfortsätze*. Es gibt eine Vielzahl verschiedener Viren, die sich in der Größe, dem Bau der Proteinhülle sowie der Art und Menge der Erbsubstanz unterscheiden.

VERMEHRUNG · Viren besitzen keinen eigenen Stoffwechsel, wachsen nicht und können sich nicht selbst bewegen und vermehren. Viren sind daher keine Lebewesen. Zur Vermehrung sind sie auf lebende Zellen angewiesen, auf die *Wirtszellen*. Kommt ein Virus in Kontakt mit einer Wirtszelle, bleibt es mit seinen Fortsätzen an der Zellmembran haften.

Meistens wird es von der Membran umschlossen und in einem Membranbläschen in die Zelle aufgenommen. Dort bricht die Proteinhülle auf, und die Erbsubstanz des Virus gelangt in die Wirtszelle. Diese Erbsubstanz stellt den Stoffwechsel der Wirtszelle so um, dass nun Virusbausteine hergestellt werden können. Die Bausteine fügen sich zu zahlreichen neuen Viren zusammen. Dann platzt die Wirtszelle und setzt damit eine große Anzahl von Viren frei, die weitere Zellen befallen können. Jeder Virustyp vermehrt sich nur in ganz bestimmten Wirtszellen. So befallen zum Beispiel Viren, die Kinderlähmung verursachen, die Nervenzellen.

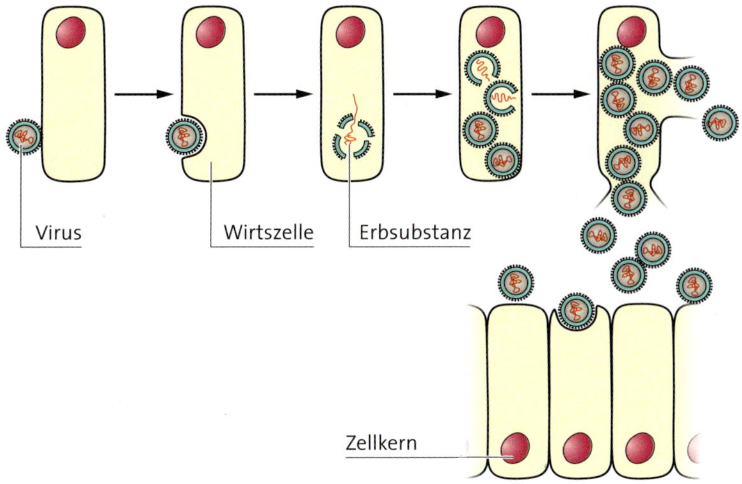

03 Vermehrung von Viren

VIRUSERKRANKUNGEN · Viren können viele Krankheiten verursachen. Beim Menschen sind das zum Beispiel Grippe, Herpes, Masern, Pocken, Windpocken, Röteln, Mumps, Kinderlähmung und Tollwut. Die Unterschiede der Krankheiten sind darauf zurückzuführen, dass jeweils unterschiedliche Wirtszellen zerstört werden. Bei Grippe sind vor allem die Schleimhautzellen der Atemwege betroffen. Nach einer Infektion treten zunächst Symptome wie Niesen und Husten auf. Dadurch werden die Grippeviren, in feinste Schleimtröpfchen verpackt, in die Luft geschleudert und können andere Personen beim Einatmen infizieren. Man nennt diese Übertragungsweise eine *Tröpfcheninfektion*. Krankheitssymptome treten ein bis drei Tage später auf. Die Zeitspanne zwischen Infektion und Ausbruch der Krankheit nennt man *Inkubationszeit*. Tollwut wird direkt, zum Beispiel durch den Biss eines infizierten Fuchses, übertragen. Diese Übertragungsweise heißt *Kontaktinfektion*. Die Inkubationszeit beträgt in diesem Fall ein bis sechs Monate. Das Tollwutvirus schädigt Nervenzellen. Eine Erkrankung an Tollwut endet ohne Behandlung meistens tödlich.

1 Beschreibe Bau und Vermehrung eines Virus!

STECKBRIEF

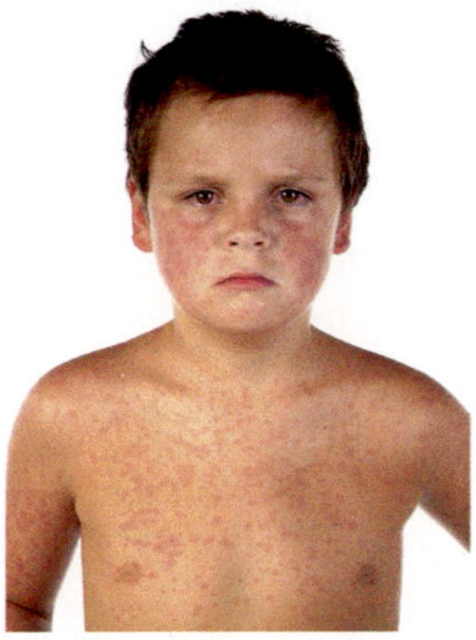

Masern
Übertragung: *Tröpfcheninfektion*
Inkubationszeit: *8–14 Tage*
Symptome: *Schnupfen, Husten und Fieber; nach vier Tagen rote Flecken am Körper, der Masernausschlag; Rückgang des Fiebers am 7. bis 8. Tag. Seltene Folge kann eine Hirnhautentzündung sein.*
Behandlung: *Schutzimpfung; bei Erkrankung: fiebersenkende Maßnahmen.*

STECKBRIEF

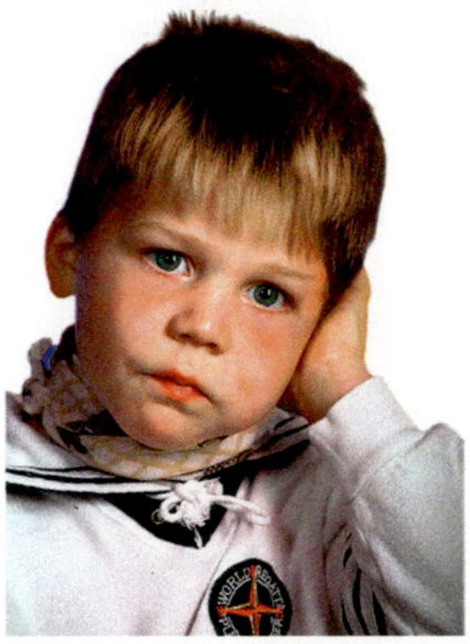

Mumps
Übertragung: *Tröpfchen- oder Kontaktinfektion*
Inkubationszeit: *12–25 Tage*
Symptome: *Fieber, Kopfschmerzen, Erbrechen; Schwellung der Ohrspeicheldrüsen, „Hamsterbacken". Seltene Folge bei Jungen kann eine Hodenentzündung sein.*
Behandlung: *Schutzimpfung; bei Erkrankung: fiebersenkende Maßnahmen.*

IM BLICKPUNKT MEDIZIN

Influenza

Zum Ende des 1. Weltkrieges, zwischen 1918 und 1920, wütete auf der Welt die *Spanische Grippe*. Mindestens 25 Millionen Menschen von etwa einer Milliarde Weltbevölkerung sollen an dieser viralen Infektionskrankheit gestorben sein. Nach neueren Schätzungen geht man sogar davon aus, dass etwa 50 Millionen Opfer zu verzeichnen waren.

Tritt eine Krankheit mit so vielen Opfern in vielen Ländern und sogar Kontinente übergreifend auf, wird sie als **Pandemie** bezeichnet. Eine **Epidemie** bleibt im Gegensatz dazu auf ein Land oder eine geografische Region begrenzt.

Opfer dieser Pandemie, die im Dauerfrostboden Nordkanadas beerdigt wurden und somit bis heute eingefroren sind, dienen jetzt Wissenschaftlern als Datenquelle, um herauszufinden, warum die Spanische Grippe so viele Todesopfer forderte. Das Ziel der Wissenschaftler besteht darin, den Ausbruch von größeren Grippe-Epidemien oder gar einer Pandemie zu verhindern. Bei einer Weltbevölkerung von heute etwa 7,8 Milliarden Menschen, wären die Folgen einer Grippe-Pandemie kaum vorstellbar. Vor und nach der Spanischen Grippe kam es zu vielen größeren und kleineren Grippe-Epidemien. Vor wenigen Jahren wurde eine Vogelgrippe-Epidemie genauestens beobachtet, weil die Gefahr bestand, dass sie auf den Menschen überspringen könnte. Worin besteht nun diese besondere Gefährlichkeit der Grippeerreger?

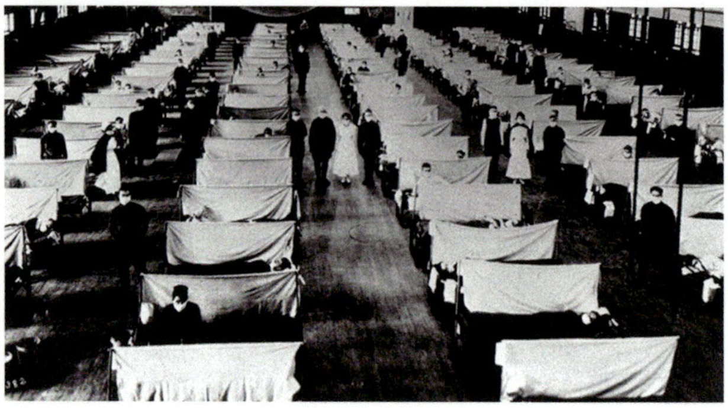

01 Behandlung der Opfer der Spanischen Grippe

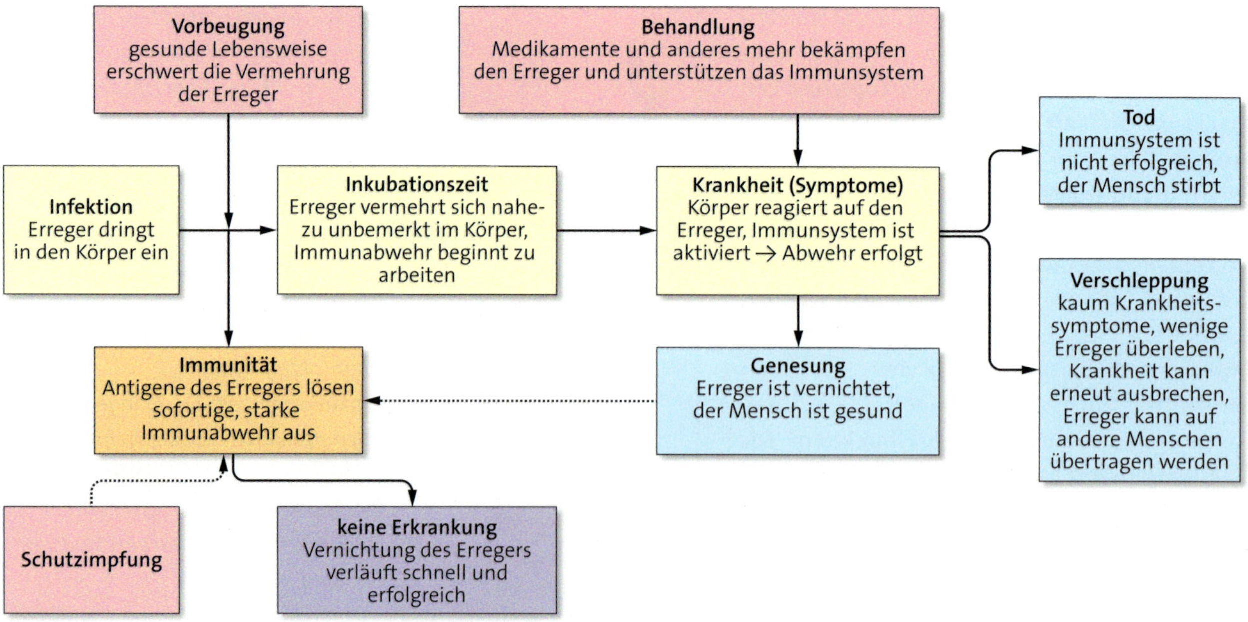

02 Verlauf einer Infektionskrankheit

Umgangssprachlich wird eine Erkältungskrankheit als *Grippe* bezeichnet. Die Erkrankung wird durch verschiedene Virusarten ausgelöst, denen sich noch Bakterien anschließen. Während eines solchen *grippalen Infektes*, fühlt man sich sehr schlecht. Der Krankheitsverlauf ist aber nicht mit einer „echten" Virusgrippe vergleichbar.

INFLUENZA · Die **Influenza** oder **Virusgrippe** ist eine schwere Infektionskrankheit der Schleimhäute des Atmungstraktes. Sie wird beim Menschen und bei Tieren durch *Influenzaviren* ausgelöst.
Influenzaviren bestehen aus einer Eiweißhülle, welche die Erbsubstanz umgibt. Die Erbsubstanz liegt in acht einzelnen Stücken vor. Die Eiweißhülle selbst ist noch von einer membranartigen Hülle umgeben. Auf deren Oberfläche befinden sich Antigene. Beim häufigsten Virustyp A werden das Antigen H und das das Antigen B unterschieden.
Die Infektion mit den Viren erfolgt meist über kleinste Flüssigkeitströpfchen, die beim Atmen, Husten, Niesen oder Sprechen entstehen und in der Luft schweben. Eingeatmete Tröpfchen transportieren die Viren in den Atmungstrakt. Hier infizieren sie Schleimhautzellen, vermehren sich in ihnen, werden freigesetzt und befallen neue Zellen. Die *Inkubationszeit* läuft. Je nach aufgenommener Virenzahl dauert diese zwischen ein und vier Tagen. In dieser Zeit sind bereits sehr viele Schleimhautzellen abgestorben und das Immunsystem hat angefangen zu reagieren. *Symptome* wie plötzliches, hohes Fieber, Schüttelfrost, Gliederschmerzen oder Husten stellen sich ein. Die *Behandlung* erfolgt mit antiviralen Medikamenten. Zusätzliche bakterielle Infektionen werden meist mit Antibiotika bekämpft. Im Zusammenwirken mit dem Immunsystem wird man gesund. Die *Genesung* tritt ein. Bei geschwächten Menschen oder bei Kindern sind die Wirkungen der Behandlung und die Leistungen des Immunsystems manchmal zu gering. Sie können an der Influenza sterben, der Tod tritt ein. In seltenen Fällen kann es sein, dass das Immunsystem die Viren bei ihrer Vermehrung hemmt, sie aber nicht vollständig beseitigen kann. Eine *Verschleppung* tritt ein. Sie ist gefährlich, weil vermeintlich gesunde Menschen die Krankheit weiter übertragen können.
Einer Infektion mit Influenzaviren kann man durch die Stärkung des Immunsystems *vorbeugen*. Gesunde Ernährung, ausreichend Schlaf und die Vermeidung des Kontaktes mit Kranken können eine Infektion verhindern. Eine *Schutzimpfung* im Vorfeld oder eine überstandene Influenza beugen auch einer erneuten Infektion mit dem betreffenden Virusstamm vor. Leider ändern sich die Antigene auf der Oberfläche der Influenzaviren immer wieder. Die immunologische Vielfalt der einzelnen Influenzavirusstämme ist sehr groß und ständig in Veränderung. Deshalb helfen eine überstandene Grippe oder eine Schutzimpfung als bestehende Immunisierung meist nicht. Jedes Jahr ist eine neue Schutzimpfung notwendig. Je mehr Menschen durch Impfung geschützt sind, umso weniger kann sich die Influenza ausbreiten.

1 Stelle Vermutungen an, warum die Spanische Grippe zu ihrer Zeit viele Opfer forderte!

2 Beschreibe die Vermehrung des Influenzavirus!

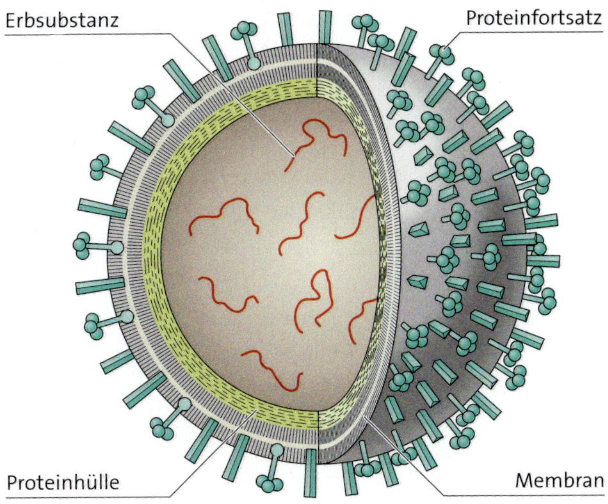

03 Bau eines Influenzavirus

A ▸ Bau und Lebensweise von Bakterien

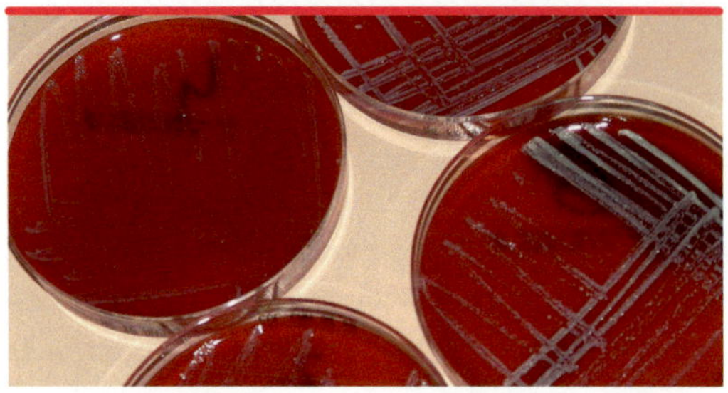

Vorkommen: Bakterien kommen in allen Lebensräumen der Erde vor. Dazu zählen die Tiefsee, heiße Quellen, Abwässer, Waldboden, Luft oder in und an Lebewesen. Zu den krankmachenden Bakterien gehören nur wenige Arten.

Bodenbakterien: Sie zersetzen abgestorbene Pflanzenteile, tote Tiere oder Kot zu Mineralstoffen. Sie sind neben den Pilzen die wichtigsten Destruenten im Boden.

Knöllchenbakterien: Sie leben in kleinen Knöllchen der Wurzeln von Schmetterlingsblütengewächsen. Hier wandeln sie den Stickstoff der Luft in einen von Pflanzen nutzbaren Mineralstoff um. Von den Pflanzen werden sie in dieser Symbiose im Gegenzug mit Nährstoffen versorgt.

Fäulnisbakterien: Diese Bakterien ernähren sich unter Sauerstoffabschluss von organischen Nährstoffen. Im Dickdarm von Menschen und Tieren zersetzen sie unverdauliche Nahrungsreste.

Milchsäurebakterien: Sie wandeln bei ihrer Ernährung Traubenzucker zu Milchsäure um. Milchsäurebakterien leben im Verdauungskanal oder auf Schleimhäuten von Menschen und Tieren. Sie spielen eine große Rolle bei der Herstellung von Milchprodukten, wie zum Beispiel Joghurt, Quark oder Sauerkraut.

Cyanobakterien: Sie sind Bakterien, die Chlorophyll besitzen und sich autotroph durch die Fotosynthese ernähren. Sie werden auch als Blaualgen bezeichnet. Cyanobakterien waren die ersten Lebewesen auf der Erde, die in großen Mengen Sauerstoff produzierten. Sie waren somit die Wegbereiter für die heutige Tier- und Pflanzenwelt.

Krankheitserreger: Nur wenige Hundert Bakterienarten sind für den Menschen gefährlich. Bakterielle Erkrankungen sind zum Beispiel Wundstarrkrampf, Scharlach, Hirnhautentzündung, Tuberkulose oder auch die Geschlechtskrankheit Syphilis.

Infektion: Das Eindringen von Krankheitserregern in einen Organismus wird als Infektion oder Ansteckung bezeichnet. Oft erfolgt eine Ansteckung durch verunreinigtes Wasser, verdorbene Lebensmittel oder durch eingeatmete Tröpfchen.

Tröpfcheninfektion: Bei ihr werden Krankheitserreger in ausgeatmeten oder ausgeniesten winzigen Flüssigkeitstropfen übertragen. Dies ist der wichtigste Übertragungsweg für grippale Infekte oder sogar eine Influenza.

Inkubationszeit: Die Zeitspanne zwischen Infektion und Ausbruch der Krankheit wird als Inkubationszeit bezeichnet.

Symptom: Krankheitserscheinungen werden als Symptome bezeichnet. Häufig sind dies Kopfschmerzen, Niedergeschlagenheit, Übelkeit, Fieber, Durchfall oder Hautausschlag.

Schutz vor Infektionskrankheiten: Infektionskrankheiten werden durch die Übertragung von Mikroorganismen verursacht. Hygienemaßnahmen können ihre Ausbreitung vorbeugend behindern. Schutzimpfungen, sauberes Trinkwasser oder medizinische Behandlungen sind weitere Maßnahmen zur Bekämpfung von Infektionskrankheiten.

Antibiotikum: Medikament, das Bakterien oder Pilze in ihrer Entwicklung und Vermehrung hemmt. Die antibiotischen Wirkstoffe entstanden in der Evolution als „Waffe" im Konkurrenzkampf bei Mikroorganismen. Als Gegenwehr dazu entwickelten sich Resistenzen. Antibiotikaresistenzen sind heute ein großes Problem in der Medizin.

Bakterien: Sie sind winzige, einzellige Lebewesen. Bakterienzellen haben eine Zellwand. An ihrer Innenseite schließt sich die Zellmembran an. Innerhalb der Zellmembran befinden sich alle zum Leben notwendigen Zellbestandteile. Die Erbsubstanz befindet sich frei im Plasma. Mitochondrien und Chloroplasten fehlen. Manche Bakterien haben Geißeln zur Fortbewegung.

Bakterienformen: Bakterien können kugelig, komma-, stäbchen- oder schraubenförmig sein. Manche Arten bilden Zellverbände.

Vermehrung: Bakterien vermehren sich ungeschlechtlich durch Zellteilung. Einige Arten können sich alle 20 Minuten teilen. Viele Bakterien können Überdauerungsformen bilden, damit sie extreme Umweltbedingungen überstehen.

B ▸ Viren als Krankheitserreger

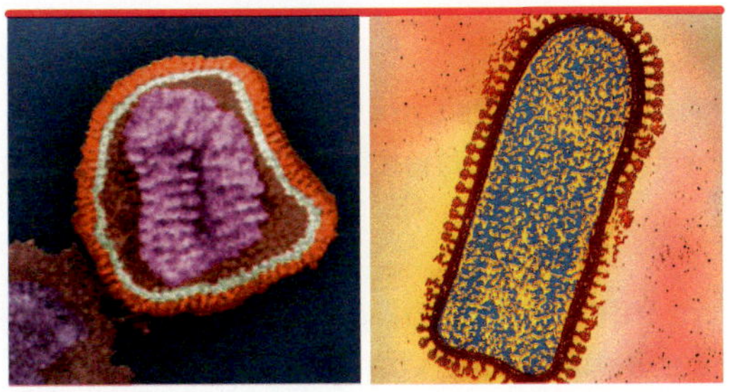

Viren: Sie bestehen meist nur aus einer Eiweißhülle, welche die Erbsubstanz umgibt. Viele Arten besitzen zusätzlich noch eine membranartige Hülle. Auf der Oberfläche der Viren befinden sich zahlreiche Eiweißfortsätze, die der Wirtszellfindung dienen. Das Immunsystem erkennt sie als Antigene. Viren sind sehr klein und nur mithilfe eines Elektronenmikroskops sichtbar.

Virenvermehrung: Für die Vermehrung sind Viren als Parasiten auf Wirtszellen angewiesen. Mit ihren Eiweißfortsätzen bleiben Viren an der Zellmembran der Wirtszellen haften. Sie werden dann in ihre Wirtszellen aufgenommen. Der Stoffwechsel der Wirtszelle stellt sich um, sodass nun Virusbausteine hergestellt werden. Die Viren vermehren sich so in den Wirtszellen. Diese setzen eine große Anzahl neuer Viren frei und sterben dabei ab.

Viren sind keine Lebewesen: Viren besitzen keinen eigenen Stoffwechsel, können nicht wachsen oder sich selbst bewegen. Für die Fortpflanzung beziehungsweise Vermehrung wird eine Wirtszelle benötigt. Viren erfüllen nicht alle Kennzeichen des Lebens.

Viruserkrankungen: Viren können viele Krankheiten verursachen, zum Beispiel grippale Infekte, Virusgrippe, Herpes, Masern, Pocken, Windpocken, Röteln, Mumps, Kinderlähmung und Tollwut.

Kontaktinfektion: Eine Übertragungsweise durch direkten Kontakt, beispielsweise den Biss eines Tieres. Ein bekanntes Beispiel ist die Tollwut.

Blutkreislauf des Menschen und Immunbiologie

1 **Herz-Kreislauf-System** **50**

2 **Immunabwehr** **64**

In diesem Kapitel beschäftigst du dich mit

- dem Blut, dem Herzen und dem Blutkreislauf. Du lernst etwas über die Struktur und Funktion des Herzens, die Aufgabe des Blutes sowie die Struktur und Funktion des Blutkreislaufs. Außerdem erfährst du, welche Herz-Kreislauf-Erkrankungen es gibt.
- der Immunabwehr. Du erfährst etwas über Organe und Zellen des Immunsystems und lernst Vorgänge kennen, durch die der Körper Krankheitserreger bekämpfen kann.
- der Immunisierung. Du erfährst, wie Impfungen vor Infektionskrankheiten schützen können und wie man Impfstoffe zur Behandlung von Infektionskrankheiten einsetzen kann.

01 Blutende Wunde

Blut – Zusammensetzung und Aufgaben

Ein Stich in die Fingerkuppe ist schmerzhaft. Aus der Wunde tritt Blut aus. Für das bloße Auge erscheint das Blut als einheitlich rot gefärbte Flüssigkeit. Woraus besteht Blut?

BESTANDTEILE DES BLUTES · Ein erwachsener Mensch besitzt etwa fünf Liter Blut. Lässt man Blut einige Zeit in einem Reagenzglas stehen, so trennt es sich in zwei Schichten auf. Die obere Schicht ist gelblich. Dies sind die *flüssigen Bestandteile* des Blutes, das sogenannte **Blutplasma.** Es besteht überwiegend aus Wasser. Darin sind neben Traubenzucker, Fetten und Eiweißen auch Hormone, Mineralstoffe und Vitamine gelöst. Außerdem werden Abfallstoffe und Kohlenstoffdioxid im Blutplasma transportiert.
In der unteren, roten Schicht sammeln sich die *festen Bestandteile* des Blutes.

02 Zusammensetzung des Blutes

ROTE BLUTZELLEN · Wenn man die festen Bestandteile des Blutes mit dem Mikroskop untersucht, lassen sich verschiedene Zellen erkennen. Die meisten Zellen haben die Form einer Scheibe, die in der Mitte eingedellt ist. Das sind die **roten Blutzellen,** auch rote Blutkörperchen genannt. In einem Milliliter Blut sind etwa fünf Milliarden von ihnen enthalten. Ihr Durchmesser beträgt nur sieben Mikrometer, das sind sieben tausendstel Millimeter. Sie sind also winzig klein. Rote Blutzellen sind mit einer roten Substanz gefüllt, die Sauerstoff aufnehmen und wieder abgeben kann. Der *rote Blutfarbstoff* heißt **Hämoglobin.** Es verleiht dem Blut seine einheitlich rote Farbe. Mithilfe des Hämoglobins sind die roten Blutzellen in der Lage, Sauerstoff zu transportieren. Daneben sind sie auch am Transport von Kohlenstoffdioxid beteiligt.

Rote Blutzellen besitzen keinen Zellkern. Sie haben daher nur eine kurze Lebensdauer von etwa 110 Tagen. Deshalb müssen sie laufend neu gebildet werden. Dies geschieht im Inneren einiger Knochen, im *roten Knochenmark*.
Der Bau einer roten Blutzelle, ihre Struktur, bietet Vorteile für ihre Funktion, vor allem für die Aufgabe, Sauerstoff zu transportieren. Durch die eingedellte Form wird die Oberfläche der Zelle größer. An der vergrößerten Fläche kann die Zelle mehr Sauerstoff aufnehmen und abgeben. Der Platz, der durch den fehlenden Zellkern frei wird, ist mit Hämoglobin gefüllt. Je mehr Hämoglobin die Zelle enthält, desto mehr Sauerstoff kann sie aufnehmen und transportieren.

WEISSE BLUTZELLEN · Viel seltener als die roten Blutzellen findet man in den festen Bestandteilen des Blutes Zellen mit einem Durchmesser von etwa einem bis zwei hundertstel Millimetern. Damit sind sie zwar deutlich größer als die roten Blutzellen, man erkennt sie unter dem Mikroskop aber erst, wenn man sie anfärbt. In einem Milliliter Blut gibt es nur fünf bis acht Millionen dieser **weißen Blutzellen,** die auch weiße Blutkörperchen genannt werden. Im Gegensatz zu den roten Blutzellen enthalten sie kein Hämoglobin. Sie haben aber einen Zellkern.
Im Körper des Menschen kommen verschiedene weiße Blutzellen vor. Ihre Bildung beginnt im roten Knochenmark. In vielen Fällen wird sie an verschiedenen anderen Stellen des Körpers fortgesetzt. Aufgabe der weißen Blutzellen ist die Abwehr von Krankheitserregern und Fremdkörpern. Während rote Blutzellen nur passiv vom Blutstrom transportiert werden, können sich einige weiße Blutzellen aktiv kriechend fortbewegen. Das ist möglich, weil sie ihre Gestalt stark verändern können. Sie sind sogar in der Lage, die Blutgefäße zu verlassen und sich zwischen den Zellen aufzuhalten. Auch dort nehmen sie den Kampf gegen eingedrungene Krankheitserreger auf, unter anderem dadurch, dass sie diese auffressen. Häufig sterben sie dabei ab. Eiter besteht überwiegend aus abgestorbenen weißen Blutzellen.

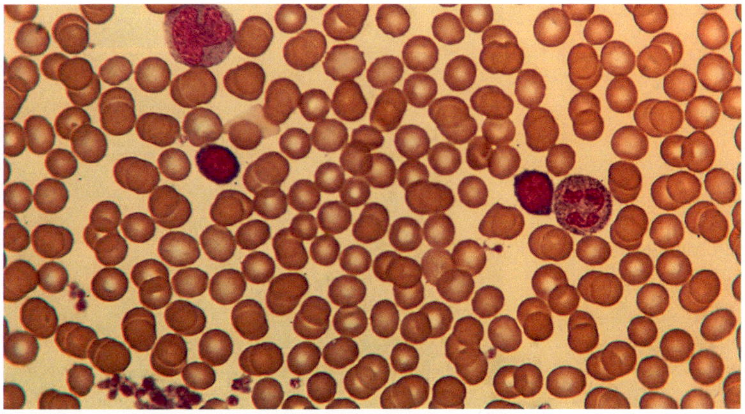

03 Blutausstrich (mikroskopische Aufnahme)

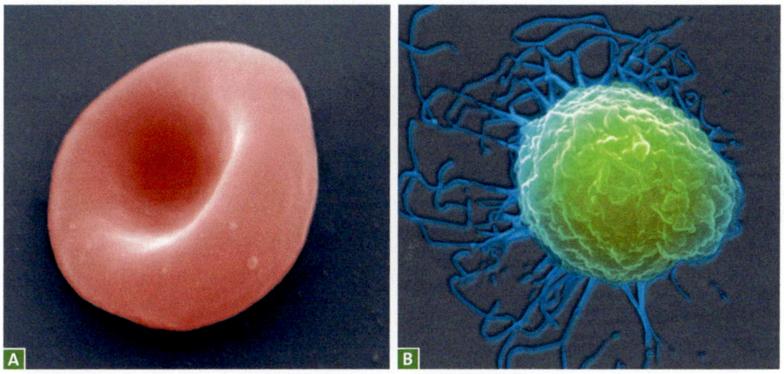

04 Blutzellen (elektronenmikroskopische Aufnahme): A rote Blutzelle, B weiße Blutzelle

1 Nenne die festen und flüssigen Bestandteile des Blutes!

2 Berechne die Anzahl der roten Blutzellen, die in fünf Litern Blut enthalten sind!

3 Beschreibe den Zusammenhang zwischen Struktur und Funktion der roten Blutzellen!

4 Vergleiche rote und weiße Blutzellen in Form einer Tabelle! Berücksichtige dabei auch ihre Form, Größe, Anzahl und Aufgabe!

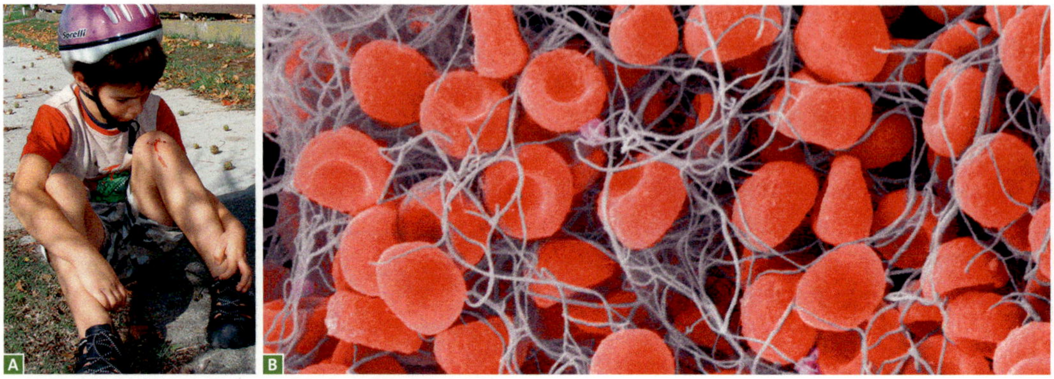

05 Wundverschluss: **A** Schürfwunde, **B** rote Blutzellen in einem Netz aus Fibrinfäden

BLUTPLÄTTCHEN · Zu den festen Bestandteilen des Blutes gehören auch Bruchstücke besonderer Zellen. Sie haben einen Durchmesser von zwei bis drei tausendstel Millimetern und sind somit sehr viel kleiner als rote Blutzellen. Mit einer Anzahl von 200 bis 300 Millionen pro Milliliter Blut ist ihre Menge deutlich größer als die der weißen Blutzellen. Diese Zellbruchstücke, die **Blutplättchen,** enthalten keinen Zellkern. Sie sterben daher schnell ab. Ihre Lebensdauer von nur acht bis vierzehn Tagen ist noch kürzer als die der roten Blutzellen. Im Knochenmark werden sie ständig nachgebildet. Blutplättchen sind erforderlich, um Wunden verschließen zu können. Sie reißen leicht auf, zum Beispiel bei Verletzungen. Dabei werden Stoffe freigesetzt, die sich im Inneren der Blutplättchen befinden. Diese Stoffe wandeln ein bestimmtes Protein des Blutplasmas um. So entstehen winzige Proteinfäden, das *Fibrin.* Die Fibrinfäden bilden ein engmaschiges schleimiges Netz, in dem rote Blutzellen hängen bleiben. Auf diese Weise entsteht eine Art Blutpfropf, der die Wunde verschließt. Man bezeichnet diese Bildung eines Blutpfropfes als **Blutgerinnung.** Das getrocknete Fibrin bildet mit den darin gefangenen Blutzellen später den *Schorf* der Wunde.

Blutplasma, dem das Protein entzogen wurde, welches für die Bildung von Fibrin notwendig ist, nennt man **Blutserum.**

Wenn keine Blutgerinnung möglich ist, lassen sich Wunden nur schwer schließen. Dadurch kann es zu großen Blutverlusten kommen. Wenn mehr als ein Liter Blut verloren geht, besteht Lebensgefahr.

5 Stelle den Vorgang der Blutgerinnung als Fließschema dar!

6 Erläutere die Bedeutung der Blutgerinnung!

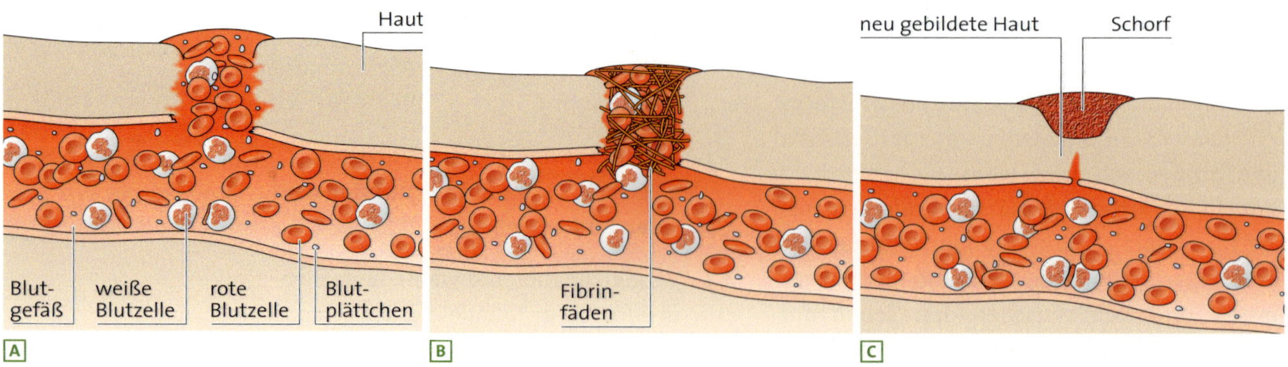

06 Wundverschluss (Schema): **A** Austreten von roten Blutzellen und Blutplättchen, **B** Bildung des Fibrinnetzes, **C** Schorfbildung

Material A ▸ Blutspende

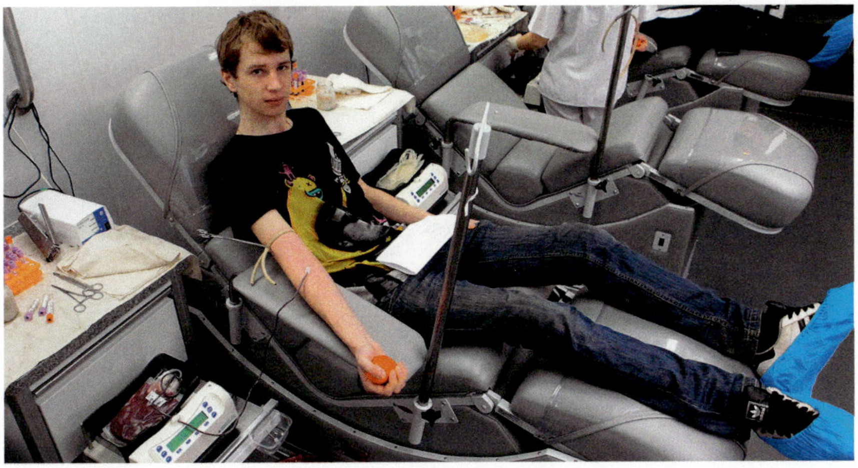

Bei einer Blutspende wird etwa ein halber Liter Blut entnommen.

A1 Begründe, weshalb zwei Blutspenden nicht zu dicht aufeinanderfolgen dürfen!

A2 Stelle Vermutungen an, weshalb nicht jeder Mensch Blut spenden kann!

A3 Begründe, weshalb die körperliche Leistungsfähigkeit kurz nach einer Blutspende herabgesetzt ist!

Material B ▸ Blutbestandteile

	Anzahl der festen Bestandteile des Blutes in Millionen pro Milliliter		
	weiße Blutzellen	**rote Blutzellen**	**Blutplättchen**
normale Werte	5,0 bis 8,0	4000 bis 6000	200 bis 300
Person A	6,0	5200	240
Person B	2,6	4900	290
Person C	5,2	3200	225
Person D	7,8	5800	91

Die Tabelle zeigt die Anzahl von Blutzellen und Blutplättchen von vier Personen. Außerdem sind die Werte angegeben, die für gesunde Menschen normal sind.

B1 Nenne für jede Person den Bestandteil des Blutes, dessen Wert vom normalen Zustand abweicht!

B2 Beschreibe die Schwierigkeiten, mit denen die Personen B, C und D zu kämpfen haben! Begründe jeweils mithilfe der Tabelle!

Material C ▸ Bluterkrankheit

Das Blut von Menschen, die an der Bluterkrankheit leiden, kann nicht gerinnen. Oft müssen sie Schutzvorrichtungen gegen Stöße tragen, um innere Blutungen zu verhindern.

C1 Nenne Bestandteile des Blutes, die an der Blutgerinnung beteiligt sind!

C2 Begründe, weshalb diese Krankheit so gefährlich ist!

C3 Begründe, weshalb Bluterkranke schon nach kleinen Stößen große, blutunterlaufene blaue Flecke unter der Haut haben!

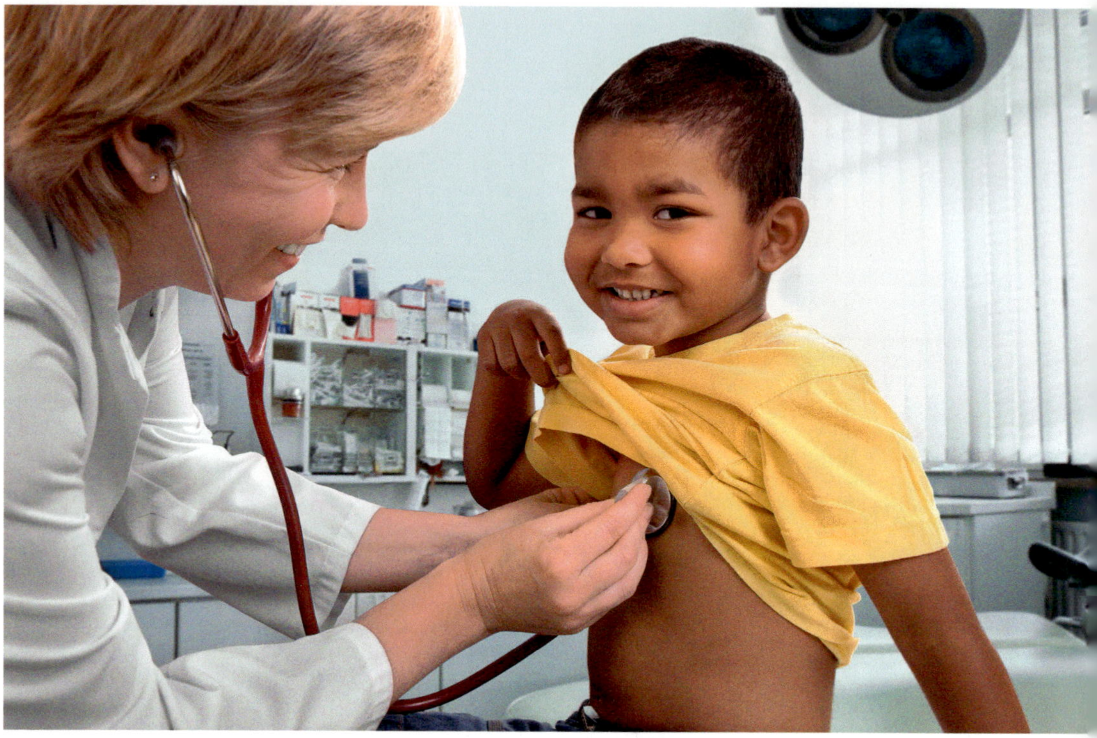

01 Abhören der Herztöne

Herz – Struktur und Funktion

Bei der körperlichen Untersuchung horcht der Arzt auch das Herz ab. Dabei hört er Herztöne. Wie arbeitet das Herz?

BAU DES HERZENS · Das Herz liegt gut geschützt in der Mitte des Brustkorbs unter dem Brustbein. Es ist eingebettet in den *Herzbeutel*. Die Innenwand des Herzbeutels ist mit einer Schleimschicht ausgekleidet. Dadurch erfolgen die Pumpbewegungen des Herzmuskels fast reibungsfrei. Die Herzspitze zeigt leicht nach links.

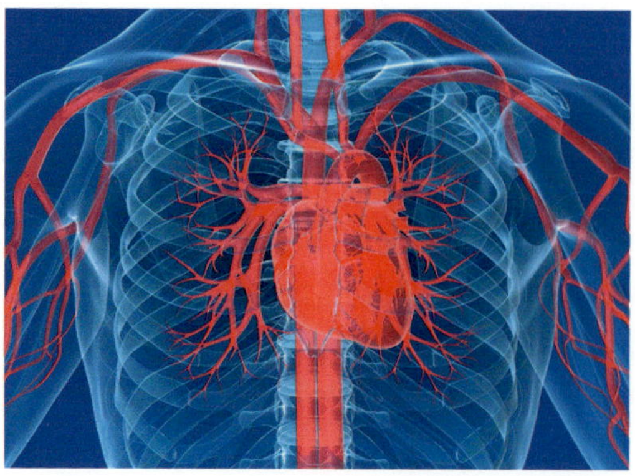

02 Lage des Herzens im Brustkorb

Das Herz ist ein etwa faustgroßer Muskel, der Hohlräume umschließt. Einen solchen Muskel bezeichnet man als *Hohlmuskel*. Die beiden vom Herzmuskel umschlossenen großen Räume nennt man **Herzkammern.** Diese sind durch die **Herzscheidewand** voneinander getrennt. Über der linken und rechten Herzkammer liegt jeweils ein deutlich kleinerer **Vorhof.** Auf jeder Seite besteht zwischen dem Vorhof und der Herzkammer eine Verbindung, die durch Klappen geöffnet und geschlossen werden kann. Diese Klappen nennt man **Segelklappen.** Von den Herzkammern gehen zwei große Arterien ab, von der rechten Kammer die *Lungenarterie* und von der linken die Hauptschlagader, die *Aorta*. Die Verbindung zwischen den Herzkammern und den abgehenden Arterien lässt sich durch die **Taschenklappen** öffnen und schließen.

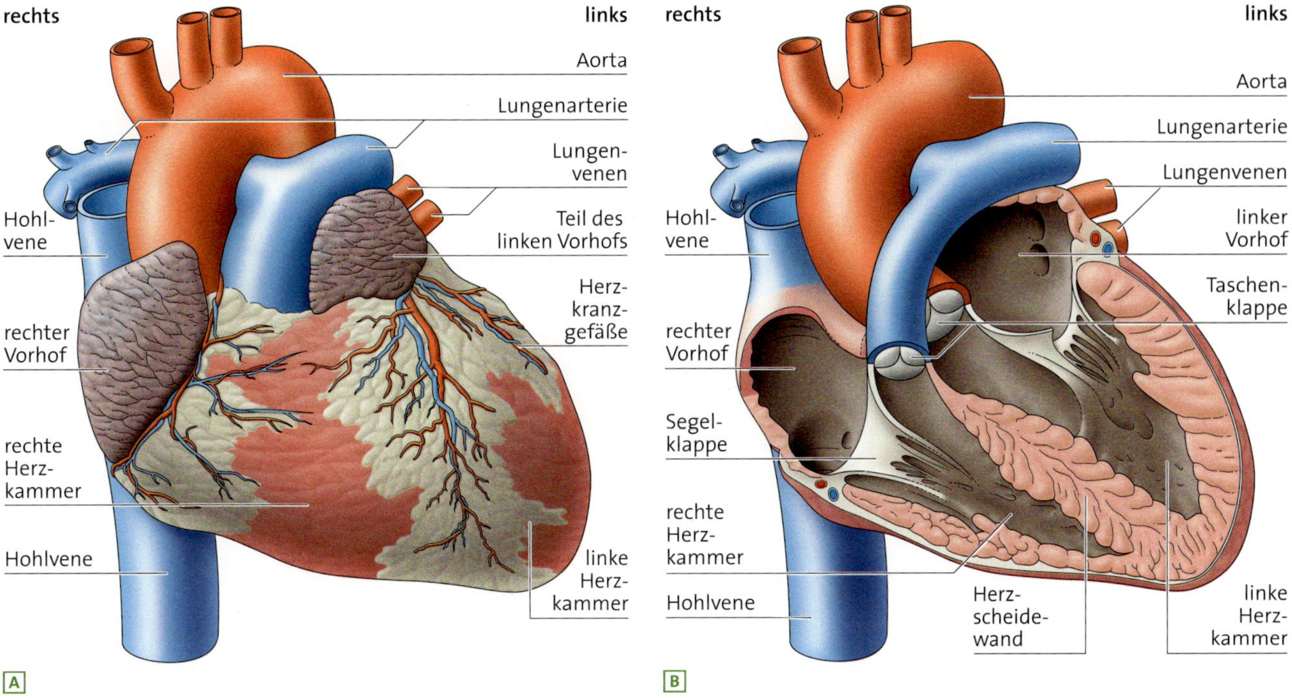

03 Bau des Herzens: **A** Aufsicht, **B** Längsschnitt
■ Gefäße, die sauerstoffreiches Blut transportieren ■ Gefäße, die sauerstoffarmes Blut transportieren

AUFGABEN DES HERZENS · Das Herz ist der Motor des Blutkreislaufs. Ein Herzstillstand hat immer auch einen Kreislaufstillstand zur Folge. Das ist lebensgefährlich. Ein Mensch, dessen Gehirn nur sechs bis zehn Sekunden keinen Sauerstoff erhält, wird bewusstlos. Nach einigen Minuten ohne Sauerstoff erleidet das Gehirn nicht behebbare Schäden. Fällt die Sauerstoffversorgung des Körpers noch länger aus, stirbt der Mensch. Deshalb muss das Herz das ganze Leben lang ununterbrochen arbeiten und darf nicht ausfallen. Auch bei Bewusstlosigkeit schlägt das Herz weiter. Die Steuerung des Herzschlags geschieht nämlich unabhängig vom Gehirn und vom übrigen Nervensystem durch ein Zentrum im Herzen selbst.

Das Herz schlägt bei einem Erwachsenen in Ruhe etwa siebzig Mal pro Minute. Damit werden jeden Tag etwa 14 000 Liter Blut durch die beiden Herzkammern bewegt.
Für den Körperkreislauf ist ein höherer Druck erforderlich als für den Lungenkreislauf. Daher ist der Herzmuskel auf der linken Seite, von der aus das Blut über die Aorta in den Körper gepumpt wird, wesentlich kräftiger als auf der rechten Seite.
Jeder Muskel benötigt Energie, um seine Arbeit zu verrichten. Dies gilt auch für den Herzmuskel. Deshalb wird er von Blutgefäßen versorgt. Die Durchblutung des Herzens erfolgt nicht von innen her, sondern ein Geflecht aus Blutgefäßen sorgt dafür, das an der Herzoberfläche zu sehen ist. Diese Gefäße heißen *Herzkranzgefäße*. Sie transportieren Sauerstoff und Nährstoffe, vor allem Traubenzucker, an das Herz heran und führen Kohlenstoffdioxid und Abfallstoffe ab.

1 Beschreibe die Lage der Segelklappen und der Taschenklappen!

2 Begründe, weshalb die Herzkranzgefäße so wichtig für das Herz sind!

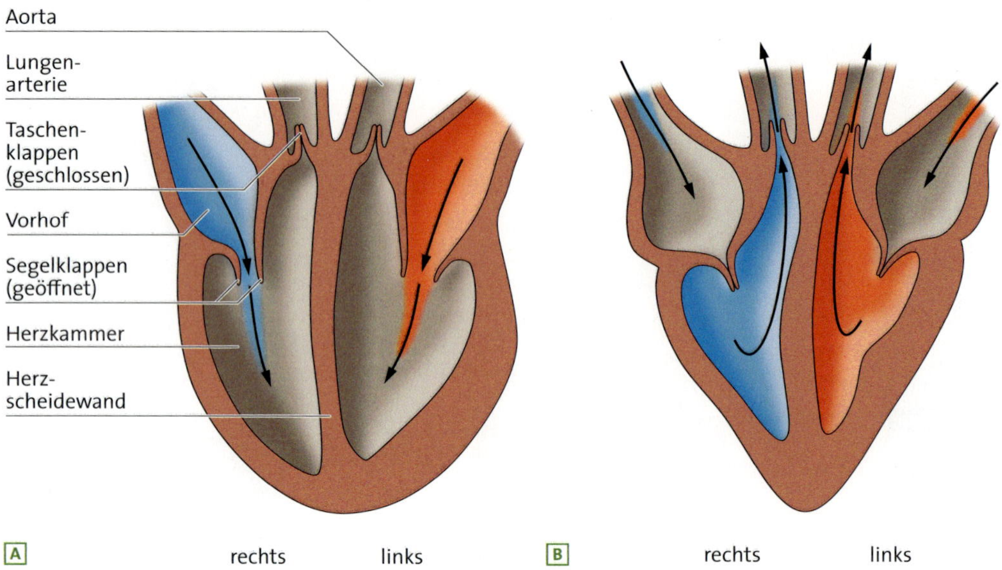

04 Pumpbewegungen des Herzens: **A** Diastole, **B** Systole

FUNKTION DES HERZENS · Das Herz arbeitet wie eine Pumpe. In ständigem Wechsel saugt es Blut aus den Venen an und drückt es danach in die Arterien. Die rhythmische Tätigkeit lässt sich in zwei Abschnitte unterteilen.

Zu Beginn der Herztätigkeit strömt Blut aus den Vorhöfen in die Herzkammern. Diesen Zeitabschnitt, in dem der Herzmuskel entspannt ist und die Herzkammern sich mit Blut füllen, nennt man **Diastole.**

Im Anschluss an die Diastole zieht sich die Muskulatur der Herzkammern zusammen. Dadurch verringert sich der Raum in den Kammern, sodass das darin enthaltene Blut unter Druck gerät. Infolgedessen wird Blut aus der rechten Herzkammer in die Lungenarterie und aus der linken Herzkammer in die große Körperarterie, die Aorta, gepumpt. Diesen Abschnitt der Herztätigkeit, bei dem der Herzmuskel sich zusammenzieht und Blut in die Arterien drückt, nennt man **Systole.** Inzwischen ist Blut aus den Hohlvenen in den rechten und aus den Lungenvenen in den linken Vorhof geströmt. Nur während der Systole zieht sich also der Herzmuskel zusammen. In der übrigen Zeit erschlafft der Herzmuskel.

Beim Abhören des Herzens kann man zwei rhythmisch aufeinanderfolgende Herztöne wahrnehmen. Den ersten Ton hört man, wenn sich die Muskulatur der Herzkammern zusammenzieht und die Segelklappen sich schließen. Der zweite Ton tritt am Ende der Systole auf, wenn sich die Taschenklappen schließen.

Durch Bewegungen der beiden Vorhöfe öffnen sich die Segelklappen, sodass das Blut in die Herzkammern strömen kann. Zu Beginn der Systole sorgt der steigende Druck in den Herzkammern dafür, dass sich die Segelklappen schließen. Dies verhindert, dass das Blut in die Vorhöfe zurückfließt. Bei weiter steigendem Druck gegen Ende der Systole öffnen sich die Taschenklappen und lassen das Blut in die Arterien fließen, schließen sich aber sofort wieder, damit das Blut nicht in die Herzkammern zurückfließt.

3 Beschreibe die Vorgänge während der Diastole und während der Systole!

4 Erkläre, wodurch die Segelklappen geschlossen und die Taschenklappen geöffnet werden!

Material A ▸ Bau des Herzens

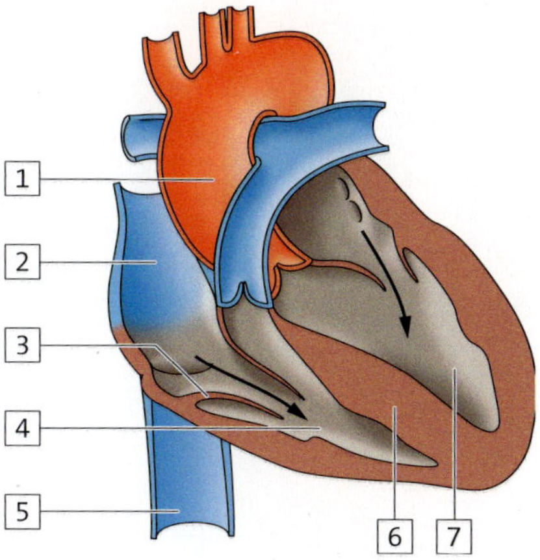

A1 Benenne die mit Zahlen gekennzeichneten Teile des Herzens mit Fachbegriffen!

A2 Begründe, ob sich das Herz in der Diastole oder der Systole befindet!

A3 Beschreibe die Fließrichtung des Blutes in den Gefäßen 1 und 5!

A4 Stelle Vermutungen an, welche Folgen es hätte, wenn die beiden Bereiche 4 und 7 durch ein Loch im Bereich 6 nicht vollständig voneinander getrennt wären!

Material B ▸ Sportlerherz

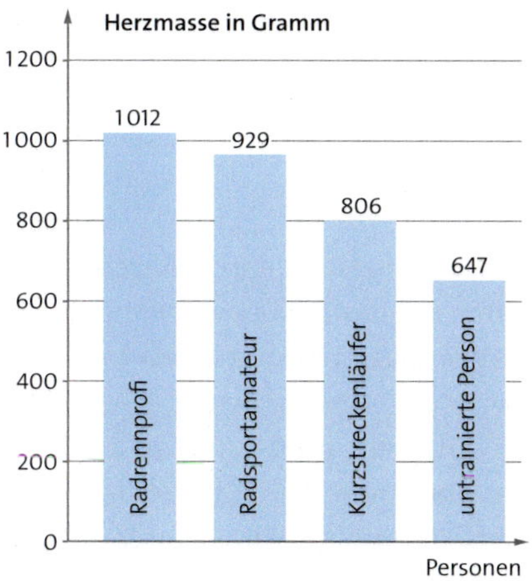

Aus dem Säulendiagramm kann die Größe des Herzens bei verschiedenen Personen abgeleitet werden. Je größer die Masse des Herzens ist, desto größer ist auch der Raum der Herzkammer.

B1 Berechne die Unterschiede der Herzmassen in Prozent zwischen der untrainierten Person und den Sportlern!

B2 Stelle Vermutungen an, wie es zu den dargestellten Unterschieden gekommen sein könnte!

B3 Begründe, warum das Herz eines trainierten Sportlers unter anderem dafür verantwortlich ist, dass seine Körperleistung höher ist als die einer untrainierten Person!

B4 Begründe, warum das Herz von Radrennprofis bei ruhendem Körper weniger häufig pro Minute schlägt als das Herz einer untrainierten Person!

Material C ▸ Leistungen des Herzens

	ruhend	belastet
Von einer Herzkammer bei einem Schlag gepumptes Blut	70 ml	70 ml
Herzschläge pro Minute	70	130
Gesamte Blutmenge im Körper	6 l	6 l

In der Tabelle sind Daten zu Tätigkeit und Leistung des Herzens bei ruhendem Körper und bei einer bestimmten körperlichen Anstrengung angegeben. Sie gelten für ein und dieselbe Person.

C1 Berechne jeweils für den ruhenden und den belasteten Körper, wie viel Liter Blut in einer halben Stunde in die Aorta gepumpt wird!

C2 Erkläre die Unterschiede, die sich für den ruhenden und den belasteten Körper ergeben!

C3 Berechne, wie oft pro Tag bei ruhendem Körper das gesamte Blut durch das Herz fließt!

C4 Begründe, weshalb die aus beiden Herzkammern in die Blutgefäße ausströmenden Blutmengen gleich groß sein müssen!

01 Bewusstloser Wachsoldat

Blutkreislauf

Nachdem ein Wachsoldat lange Zeit still stehen musste, wurde er bewusstlos und fiel um. Wie kam es zu dieser Bewusstlosigkeit?

DURCHBLUTUNG · Kurz bevor der Soldat zu Boden fiel, wurde sein Gesicht blass. Das lag daran, dass sein Kopf nicht ausreichend mit Blut versorgt wurde. Gefährlich war der Blutmangel, weil auch das Gehirn nicht mehr genügend Blut erhielt. Daher konnte das Gehirn seine Aufgabe, den Körper zu steuern, nicht mehr vollständig erfüllen. Der Soldat wurde bewusstlos und fiel zu Boden. Wie schafft es der Körper, alle Bereiche mit genügend Blut zu versorgen?

Das Blut fließt in Röhren, die in alle Bereiche des Körpers ziehen. Man nennt sie **Blutgefäße** oder Adern. Das Herz pumpt das Blut stoßweise in die große *Körperschlagader*, die *Aorta*. Von dort abzweigende Blutgefäße versorgen den Kopf, die Arme, die inneren Organe und die Beine mit sauerstoffreichem Blut. Solche Blutgefäße, die Blut vom Herzen wegführen, nennt man **Arterien.** Die Blutgefäße verzweigen sich im weiteren Verlauf zu immer kleiner werdenden Ästen. Durch die Verästelung entsteht schließlich eine sehr große Anzahl kleinster Blutgefäße, die einen Durchmesser von nur etwa einem Zehntel eines Haares haben. Sie heißen daher Haargefäße oder **Kapillaren.**

lateinisch capillus = Haar

Alle Organe des Körpers werden durch dichte Geflechte aus Haargefäßen, den *Kapillarnetzen,* mit Blut versorgt. In den Kapillarnetzen des Körpers nimmt das Blut Kohlenstoffdioxid und Abfallstoffe aus den Zellen auf und gibt Sauerstoff und Nährstoffe an sie ab. Diese Nährstoffe wurden zuvor in den Kapillarnetzen der Dünndarmwand ins Blut aufgenommen. Auf dem Weg zurück zum Herzen vereinigen sich die Kapillaren und die daran anschließenden Gefäße wieder. So entstehen immer größer werdende Blutgefäße, die sauerstoffarmes und kohlenstoffdioxidreiches Blut transportieren. Solche Gefäße, in denen das

Blut zum Herzen hin fließt, nennt man **Venen.** Die Vene, die in der Nähe des Herzens das vom Kopf und Oberkörper kommende Blut sammelt, ist die *obere Hohlvene.* Das von den inneren Organen, dem Rumpf und den Beinen kommende Blut gelangt über die *untere Hohlvene* ins Herz zurück.

Weil das Blut immer wieder zum Herzen zurückkehrt, spricht man von einem **Blutkreislauf.** Da es die Blutgefäße dabei nie verlässt, von einem **geschlossenen Blutkreislauf.** Das Blut, das im Körper seinen Sauerstoff abgegeben und Kohlenstoffdioxid aufgenommen hat, kehrt über die Hohlvenen ins Herz zurück. Das Herz pumpt dieses Blut dann nicht wieder in den Körper, sondern zunächst in einen zweiten Kreislauf. In diesem Kreislauf führt eine große Arterie vom Herzen weg zur Lunge, die *Lungenarterie.* Sie verzweigt sich sehr stark, bis in feine Kapillarnetze. In diesen Lungenkapillaren gibt das Blut Kohlenstoffdioxid an die Luft ab und nimmt Sauerstoff aus der Luft auf. Das nun kohlenstoffdioxidarm und sauerstoffreich gewordene Blut fließt in sich wieder vereinigenden Gefäßen und dann durch die *Lungenvenen* ins Herz zurück. Von dort aus wird es schließlich wieder in die Aorta gepumpt.
Bei einem Herzschlag wird also gleichzeitig Blut in zwei Kreisläufe gepumpt: in einen größeren *Körperkreislauf* und einen deutlich kleineren *Lungenkreislauf.* Man spricht daher von einem **doppelten Blutkreislauf.** Die Trennung in zwei gesonderte Kreisläufe sorgt dafür, dass das Herz nicht nur den Körper, sondern auch die Lunge mit voller Kraft durchblutet.

1 Nenne die zwei Blutgefäße, die an das Herz anschließen und sauerstoffreiches Blut transportieren!

2 Begründe den Vorteil eines doppelten Blutkreislaufs!

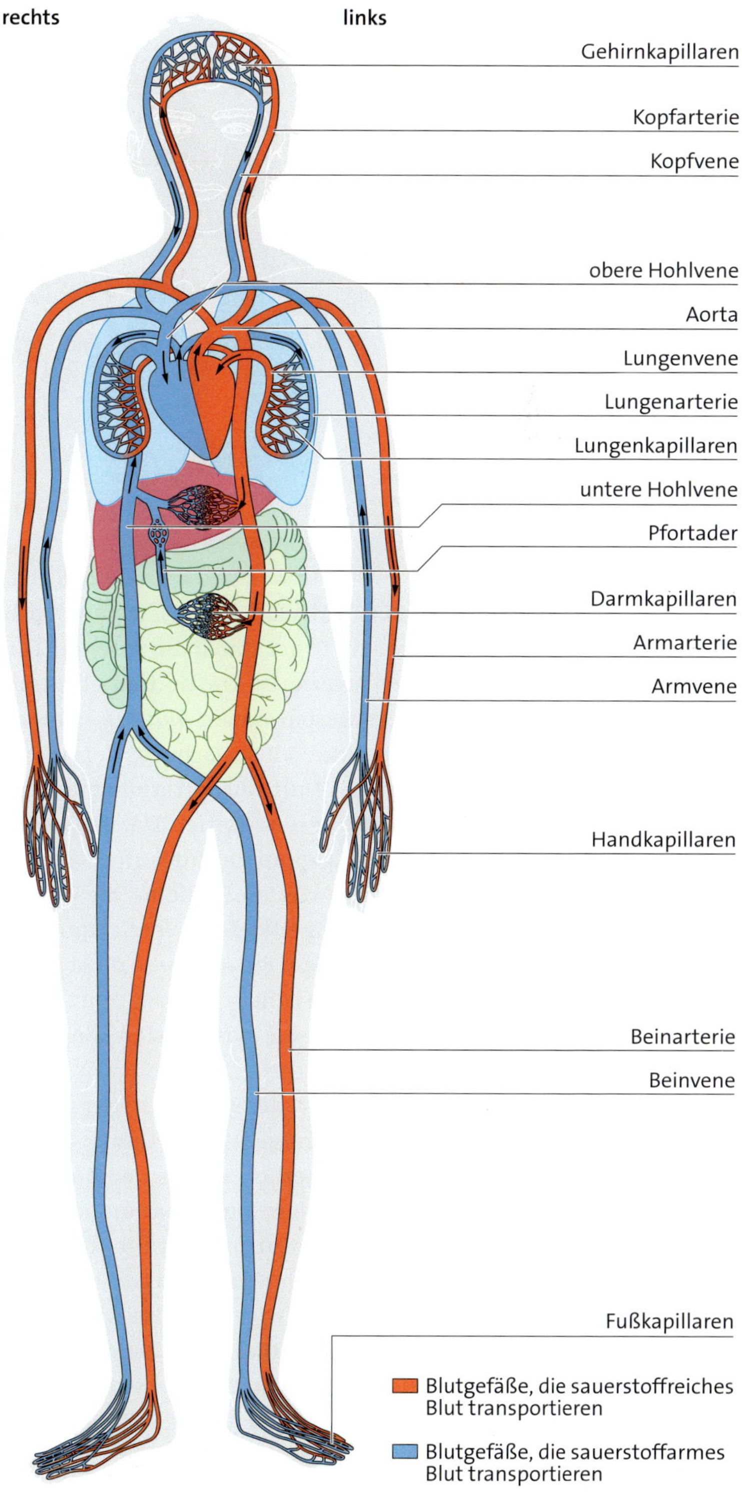

02 Schema des Blutkreislaufs

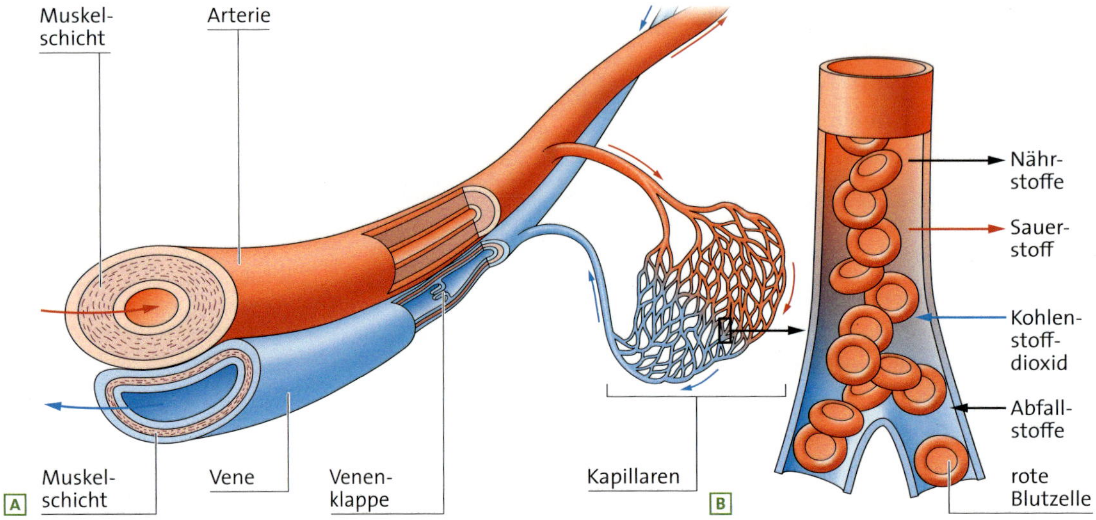

03 Blutgefäße: **A** Bau, **B** Stoffaustausch an den Kapillaren

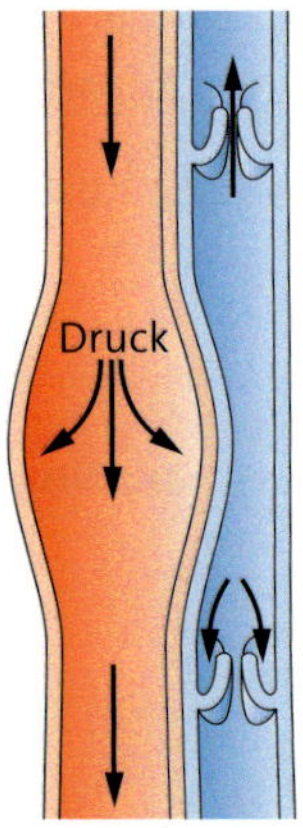

04 Arterienpumpe

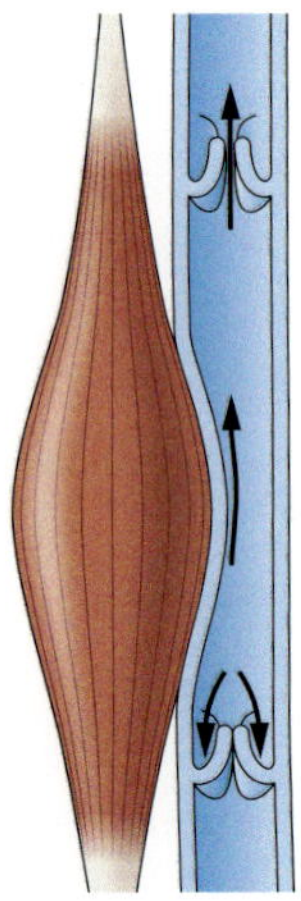

05 Muskelpumpe

BAU DER BLUTGEFÄSSE · Das Herz pumpt das Blut mit hohem Druck durch die Arterien. Die Wand einer Arterie ist kräftig und elastisch und kann so diesem hohen *Blutdruck* standhalten. Die dicke Muskelschicht der Wand unterstützt den Bluttransport und verändert die Öffnungsweite der Arterien. Das stoßweise aus dem Herzen gepumpte Blut läuft als Druckwelle durch die Arterien. Sie dehnt die Wände der Arterien zu einer kleinen Verdickung aus. Am Handgelenk liegt die Arterie so dicht unter der Oberfläche, dass man die vom Herz kommende Druckwelle als *Puls* ertasten kann.

In den Kapillaren ist der Blutdruck sehr gering, und ihre Wände sind sehr dünn. Dünne Gefäßwände sind erforderlich, weil in den Kapillarnetzen Stoffe aus dem Blut in das umliegende Gewebe abgegeben und aus ihm aufgenommen werden. Kapillaren sind in so großer Anzahl vorhanden, dass sie insgesamt eine Oberfläche von etwa der Größe eines Fußballfeldes bilden. So kann das Blut in kurzer Zeit viel Sauerstoff und Nährstoffe abgeben sowie Kohlenstoffdioxid und Abfallstoffe aufnehmen.

In den Venen bleibt der Blutdruck sehr gering. Das erklärt, weshalb die Wand einer Vene viel dünner ist als die einer Arterie. Die Muskulatur der Wand ist ebenfalls sehr dünn, sodass sie den Rücktransport des Blutes zum Herzen kaum unterstützen kann. Daher liegen Venen oft eng neben Arterien oder Skelettmuskeln. Wenn sich die Arterie durch die Druckwelle des Pulses ausdehnt oder der Skelettmuskel durch die Kontraktion dicker wird, drückt er auf die Venen und presst das Blut darin weiter. Damit das Blut dabei in die richtige Richtung fließt, liegen in Abständen von wenigen Zentimetern Klappen in den Venen, die *Venenklappen.* Sie wirken wie Ventile und verhindern so den Rückstrom des Blutes in Richtung der Kapillarnetze. Man bezeichnet diese Mechanismen des Bluttransports in den Venen als *Arterienpumpe* beziehungsweise *Muskelpumpe.* Bewegung, zum Beispiel beim Sport, unterstützt daher den Bluttransport in den Venen und damit den gesamten Blutkreislauf. Bei langem unbeweglichem Stehen kann soviel Blut in den Beinen bleiben, dass das Herz zu wenig für die Versorgung des Gehirns zur Verfügung hat. Bewusstlosigkeit kann dann die Folge sein.

3 Erläutere den Zusammenhang von Struktur und Funktion am Beispiel der Kapillarwände!

Material A ▸ Blutkreislauf

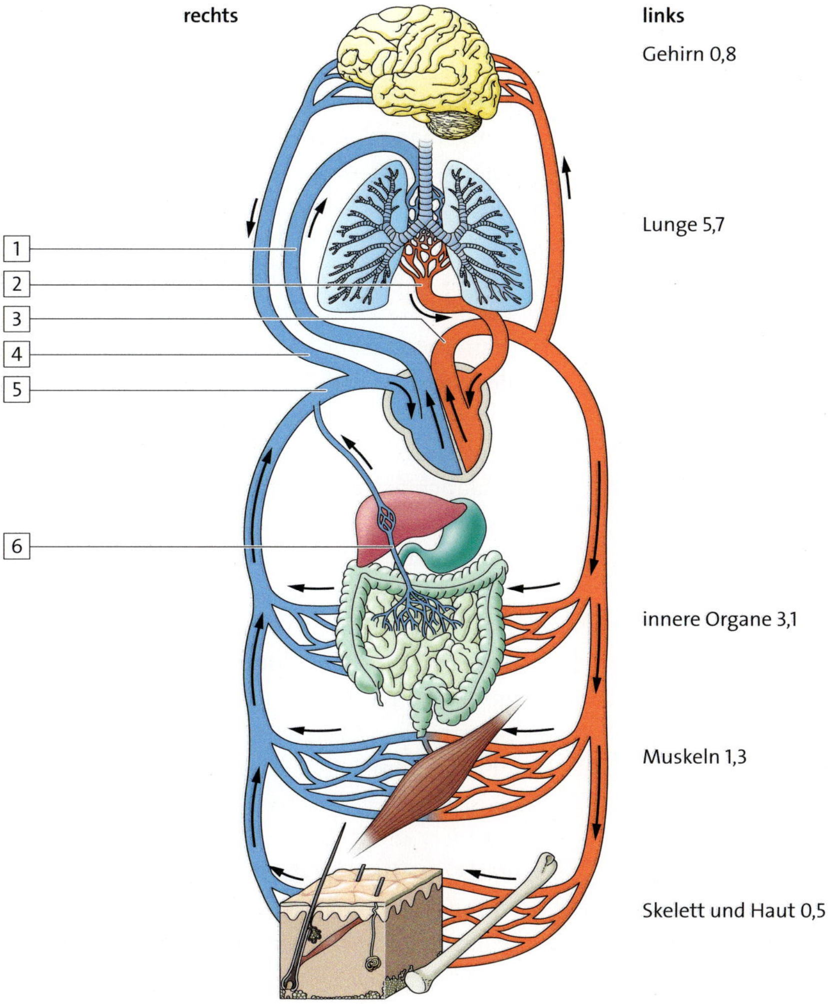

Im Schema ist die durchschnittliche Durchblutung einiger Organe in Litern pro Minute bei ruhendem Körper dargestellt.

A1 Nenne die Fachbegriffe für die mit Zahlen gekennzeichneten Blutgefäße!

A2 Beschreibe zwei Wege, die eine Blutzelle nehmen kann, wenn sie von der Aorta aus durch den Kreislauf transportiert wird, bis sie die Aorta wieder erreicht hat! Fertige dazu jeweils ein Fließschema an!

A3 Stelle die Durchblutungsmenge der im Schema angegebenen Organe als Säulendiagramm dar!

A4 Während eines Marathonlaufs, einer Klassenarbeit oder der Zeit nach einem reichhaltigen Mittagessen ändert sich die Durchblutung der Organe gegenüber dem Ruhezustand. Stelle Vermutungen an, in welchen Organen die Durchblutung während der oben genannten Tätigkeiten jeweils besonders stark ansteigt!

Material B ▸ Durchblutung der Haut

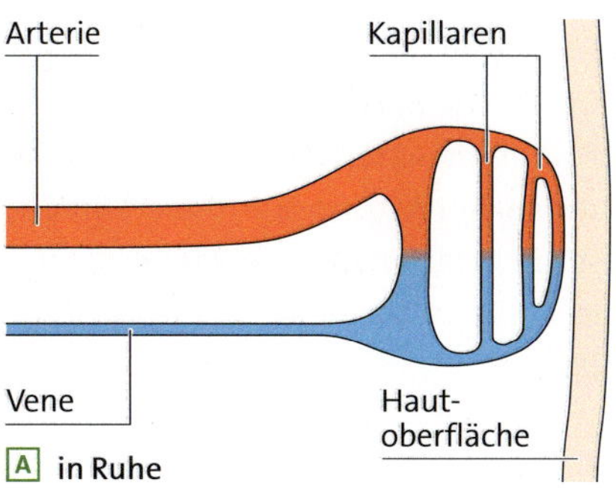

A in Ruhe

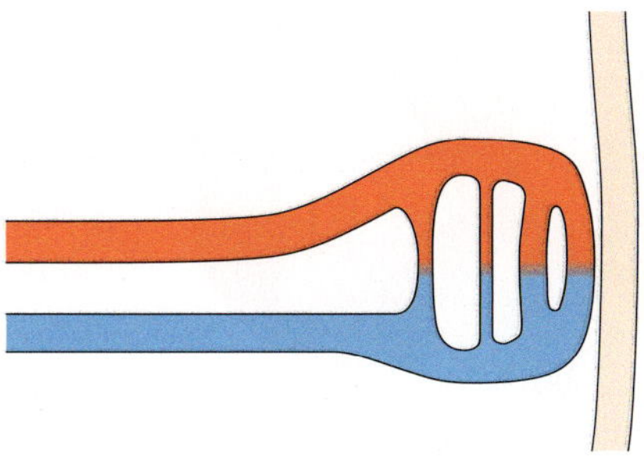

B bei starker körperlicher Anstrengung

Das Schema zeigt Blutgefäße der Haut.

B1 Vergleiche den Durchmesser der Blutgefäße in Schema A und B!

B2 Erläutere den Vorteil, den die Veränderungen der Durchmesser im Schema B mit sich bringen!

IM BLICKPUNKT MEDIZIN

Herz-Kreislauf-Erkrankungen

Fast die Hälfte aller Menschen in Deutschland stirbt infolge von Krankheiten des Herz-Kreislauf-Systems. Häufig sind die Ursachen mangelnde Bewegung, falsche Ernährung, hoher Blutdruck oder Rauchen. Solche Bedingungen, die Krankheiten begünstigen, heißen *Risikofaktoren*.

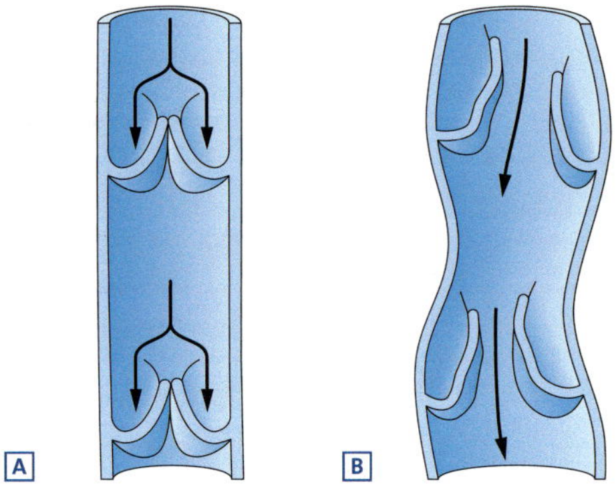

01 Krampfader:
A gesunde Vene,
B Krampfader mit nicht mehr schließenden Venenklappen

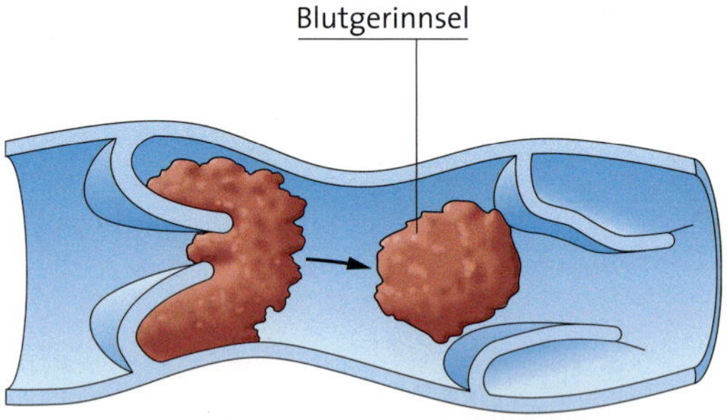

02 Thrombose mit sich lösendem Teil des Blutgerinnsels

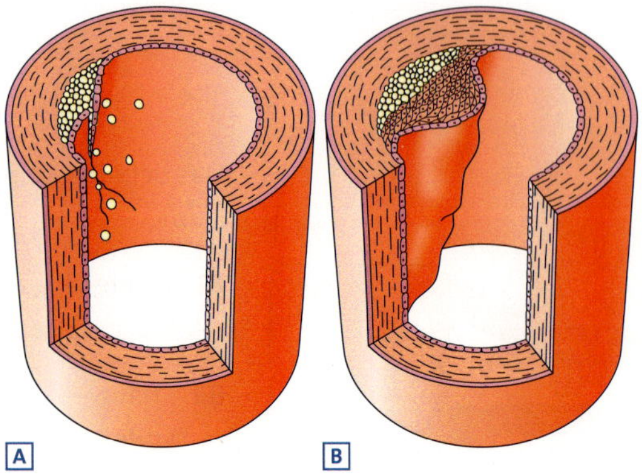

03 Arteriosklerose:
A Ablagerung von Fetten und Kalk,
B Wucherung der Arterienwand

ERKRANKUNGEN DER VENEN · Bei Bewegungsmangel kann der Bluttransport in den Venen so gering sein, dass vor allem im Unterschenkel viel Blut unbewegt in den Venen bleibt. Häufig können die dünnen Wände der Venen der ständigen Belastung durch den Blutstau nicht standhalten. Die Venen erweitern sich dann so stark, dass die Venenklappen nicht mehr dicht schließen. Dadurch staut sich immer mehr Blut in den Venen. Wenn die geschädigten Venen als dicke, bläuliche, geschlängelte Adern durch die Haut schimmern, spricht man von **Krampfadern.** Das gestaute Blut bildet in den Krampfadern leicht feste Blutgerinnsel, die zur Verstopfung der Vene, zu einer *Thrombose,* führen können. Wenn sich Teile eines solchen Blutgerinnsels ablösen und mit dem Blutstrom in ein Kapillarnetz gelangen, kann es zu lebensgefährlichen Durchblutungsstörungen kommen, zum Beispiel in der Lunge.

ERKRANKUNGEN DER ARTERIEN · An den Wänden der Arterien kann es zu Fett- und Kalkablagerungen kommen. Das geschieht vor allem dann, wenn die Gefäßwände schon vorgeschädigt sind, zum Beispiel bei Rauchern oder durch zu hohen Blutdruck. Die Ablagerungen verengen und verhärten die Arterien. Der durch die Verengung gestiegene Blutdruck schädigt die spröden und wenig elastischen Arterienwände weiter. Das kann zu Wucherungen führen, die die Arterien immer enger machen. Eine solche Erkrankung der Arterienwände nennt man Arterienverkalkung oder **Arteriosklerose.** Bei Arteriosklerose steigt die Gefahr, dass die Arterien platzen oder dass sich Blutgerinnsel bilden, die die Arterien vollständig verschließen.

HERZINFARKT UND SCHLAGANFALL · Besonders gefährlich sind Arteriosklerosen in Gefäßen, die das Herz und das Gehirn mit Blut versorgen. Wenn ein Herzkranzgefäß verstopft wird, erhält der von ihm versorgte Teil des Herzmuskels kein Blut und damit auch keinen Sauerstoff mehr. Nach kurzer Zeit sterben die betroffenen Muskelzellen. Man spricht dann von einem **Herzinfarkt.** Wenn zu große Bereiche des Herzens betroffen sind, ist das lebensgefährlich, weil das Herz aufhört zu schlagen. Eine Verengung oder Verstopfung von Blutgefäßen im Gehirn führt dazu, dass Nervenzellen nicht mehr ausreichend mit Sauerstoff versorgt werden. Sie können dann ihre Aufgaben nicht mehr erfüllen. Es kommt zu einem lebensbedrohenden **Schlaganfall.** Welche Folgen ein Schlaganfall hat, hängt davon ab, welche Bereiche des Gehirns betroffen sind, wie groß der nicht mehr durchblutete Teil des Gehirns ist und wie lange der Hirnbereich von der Blutzufuhr abgeschnitten wurde. Häufig führt ein Schlaganfall zu schwerwiegenden Behinderungen, zum Beispiel Lähmungen, Sprachstörungen oder Beeinträchtigungen des Sehens. Nicht selten ist er tödlich.

VORBEUGUNG · Die meisten Risikofaktoren für die Erkrankungen des Herz-Kreislauf-Systems mit ihren oft tödlichen Folgen lassen sich durch eine gesunde Lebensweise vermeiden. Menschen, die sich viel bewegen, zum Beispiel regelmäßig Sport treiben, auf eine ausgewogene Ernährung mit wenig Fett und Zucker achten und nicht rauchen, können das Risiko eines Herzinfarkts oder Schlaganfalls deutlich senken.

1 Beschreibe die Vorgänge im Herz-Kreislauf-System, die zu einer Verstopfung von Blutgefäßen des Gehirns oder des Herzens führen können!

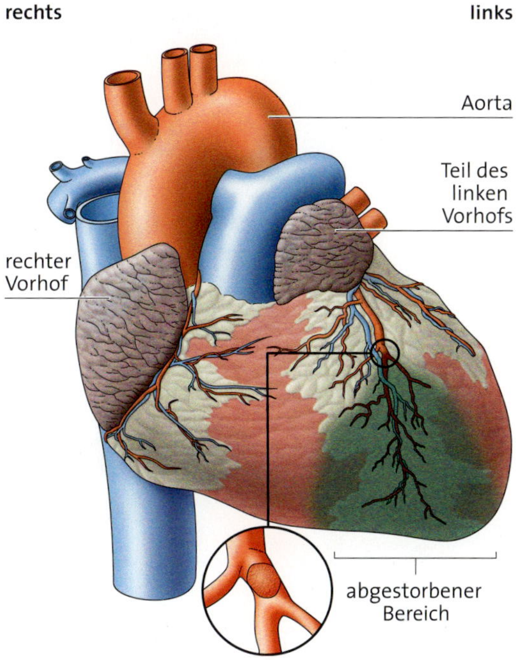

04 Herzinfarkt (Schema)

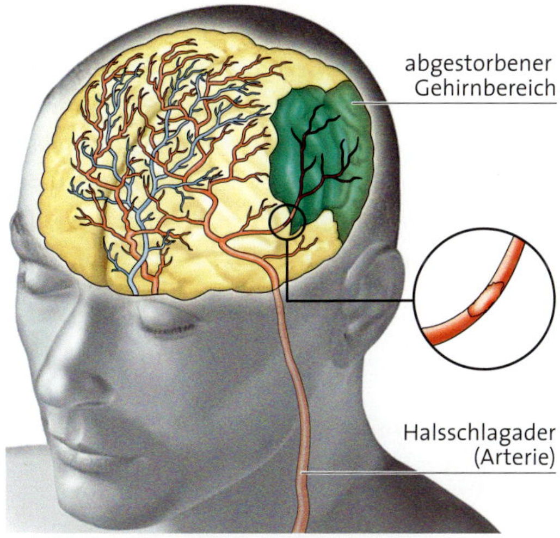

05 Schlaganfall (Schema)

2 Erkläre, weshalb ein Herzinfarkt und ein Schlaganfall tödlich sein können!

3 Recherchiere im Internet, wie man erkennen kann, ob jemand einen Schlaganfall erlitten hat!

01 Krank im Bett

Immunabwehr

Bei jeder Gelegenheit kommen wir in Kontakt mit Bakterien und Viren. Unter ihnen befinden sich zahlreiche Krankheitserreger, die vor allem über unsere Mund- und Nasenöffnung in den Körper eindringen können. Dennoch werden wir nur selten krank. Wie wehrt sich unser Körper gegen die ungebetenen Eindringlinge?

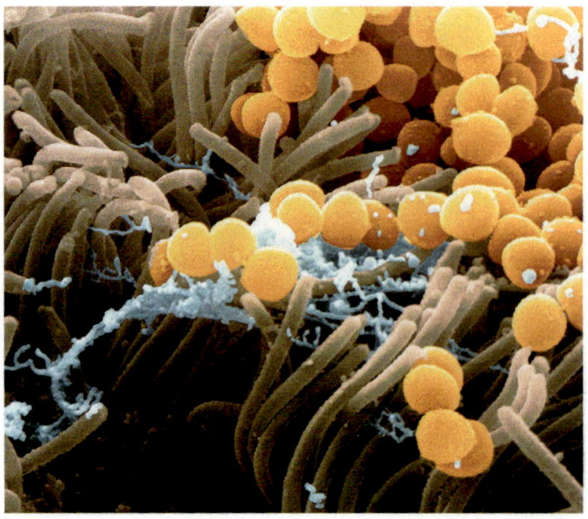

02 Schleimhaut mit Flimmerhärchen und Bakterien

SCHUTZBARRIEREN · In unserer Haut liegen die Zellen eng beieinander und erschweren den Krankheitserregern das Eindringen. Zudem scheiden Drüsen in der Haut ständig Stoffe aus, die einen natürlichen und für viele Erreger lebensfeindlichen *Säureschutzmantel* bilden. Die Haut ist also eine **Schutzbarriere.** Unsere Körperöffnungen, vor allem Mund, Nase und die Geschlechtsöffnungen, bieten einen leichteren Zugang für die Eindringlinge. Diese offenen Körperbereiche sind durch ein Abschlussgewebe, die *Schleimhäute*, ausgekleidet. Sie sind zwar dünn und leicht verletzbar, produzieren aber eine feuchte Schutzschicht, die Abwehrstoffe enthält. Zum Beispiel können der Speichel, der Nasenschleim oder der feuchte Belag der Vagina viele Krankheitserreger vernichten. Bakterien, die über die Speiseröhre in den Magen gelangen, werden normalerweise von der Magensäure abgetötet. Was geschieht jedoch in unserem Körper, wenn die Haut durch Verletzungen für Bakterien oder Viren durchlässig wird oder andere Schutzbarrieren überwunden werden?

FRESSZELLEN · Unter den weißen Blutzellen gibt es Zellen, die sich kriechend fortbewegen können. Sie schieben dazu Teile ihres Zellplasmas als kleine Ausstülpungen vor. Durch diese Art der Fortbewegung können sie auch eingedrungene Krankheitserreger oder Fremdkörper umfließen und so in ihren Zellinnenraum aufnehmen. Dort werden die Erreger zerstört. Man nennt diese Zellen **Fresszellen.** Sie gehören zu den Abwehrmechanismen, die bereits in den Körper eingedrungene Erreger unschädlich machen. Alle Abwehrmechanismen zusammen bezeichnet man als **Immunsystem,** seine Zellen als **Immunzellen.** Weil die Fresszellen nicht auf bestimmte Erreger spezialisiert sind, bezeichnet man ihre Form der Abwehr als **unspezifische Immunabwehr.**

In die verletzte Haut oder in die Schleimhäute eingedrungene Krankheitserreger führen fast immer dazu, dass die dort liegenden Blutgefäße für Fresszellen stärker durchlässig werden. Fresszellen können so leichter in das umliegende Gewebe gelangen und den Kampf gegen die Erreger aufnehmen. Verletzte Stellen werden durch erweiterte Blutgefäße besser mit Blut versorgt. Sie schwellen an, röten und erwärmen sich. Häufig schmerzen sie auch. Aus abgestorbenen Fresszellen, zerstörten körpereigenen Zellen und den Krankheitserregern kann sich eine gelbliche Flüssigkeit bilden, der *Eiter.* Wenn sich Krankheitserreger in unserem Körper stark vermehrt haben, reagiert er häufig mit einer länger andauernden Erhöhung der Körpertemperatur, dem *Fieber.* Die hohe Temperatur beschleunigt den Stoffwechsel in den Zellen und führt so dazu, dass die Immunabwehr schneller verläuft.

LYMPHGEFÄSSSYSTEM · Außer im Blut und im Gewebe findet man die Immunzellen vor allem in einem System von kleinen Röhren, das wie das Blutgefäßsystem den gesamten Körper durchzieht. Dieses **Lymphgefäßsystem** ist mit einer Flüssigkeit gefüllt, der *Lymphe,* die an frischen Schürfwunden austritt. Im oberen Brustbereich sind Blut- und Lymphgefäßsystem miteinander verbunden. In besonderen Bereichen des Lymphgefäßsystems, den **Lymphknoten,** gibt es sehr viele Immunzellen. Bei einer Infektion schwellen die Lymphknoten im Halsbereich, unter den Achseln und in der Leistengegend an und schmerzen dann häufig. Wenn ein Arzt die Schwellung der Lymphknoten feststellt, weiß er, dass der Patient an einer Infektion leidet.

1 Beschreibe die unspezifische Immunabwehr!

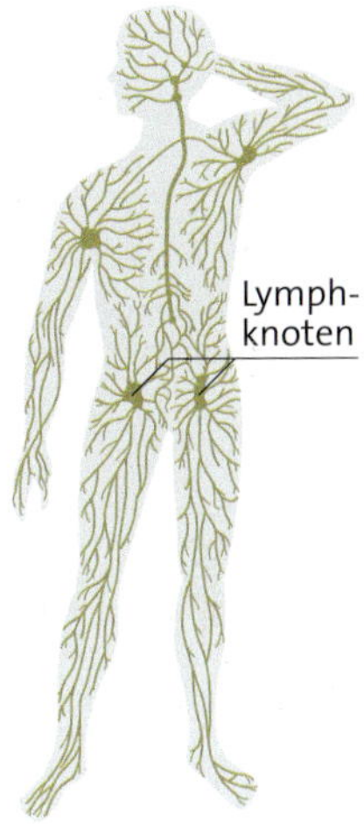

03 Lymphgefäßsystem

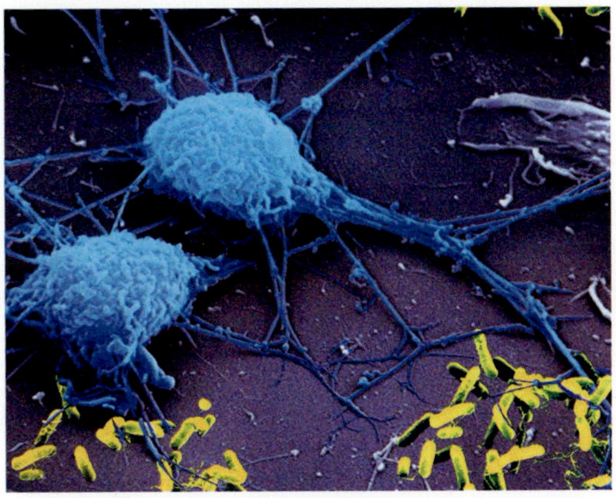

04 Fresszellen greifen Bakterien an

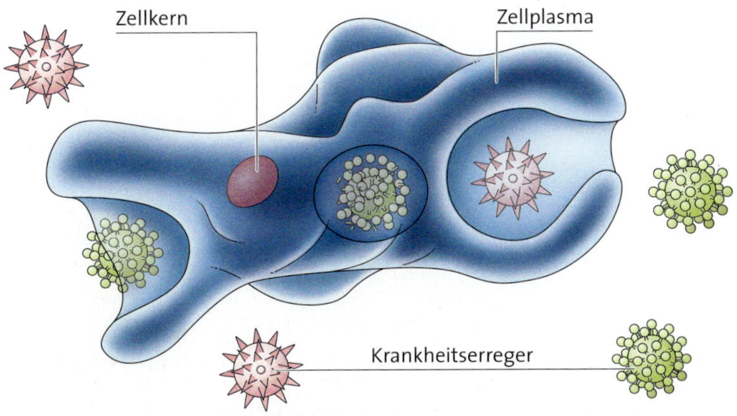

05 Fresszelle vernichtet Krankheitserreger

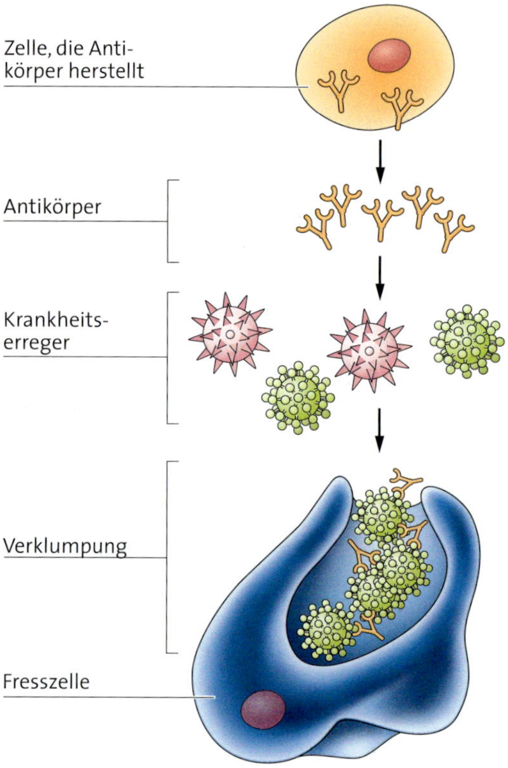

06 Spezifische Immunabwehr durch Antikörper

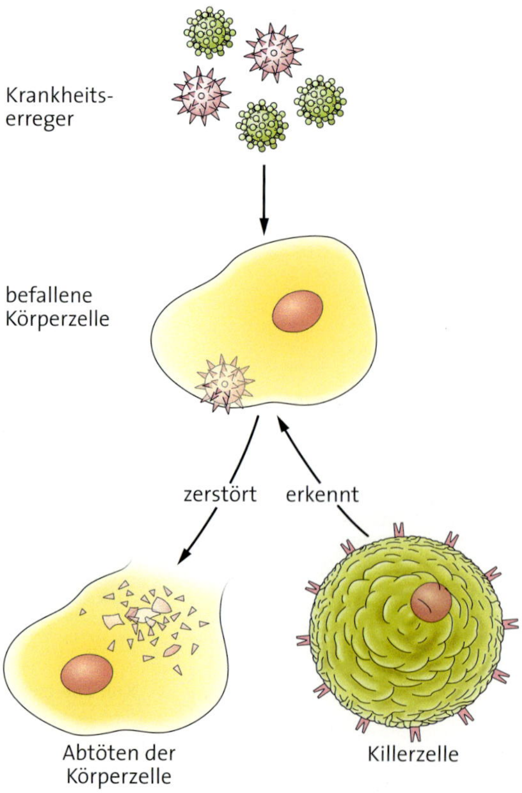

07 Spezifische Immunabwehr durch Killerzellen

SPEZIFISCHE IMMUNABWEHR · Manchmal reicht die unspezifische Immunabwehr nicht aus, um die eingedrungenen Erreger daran zu hindern, sich stark zu vermehren. Dann setzt eine gezielte Bekämpfung der jeweiligen Krankheitserreger ein.

Jeder Krankheitserreger besitzt auf seiner Oberfläche charakteristische Strukturen, die **Antigene.** Er unterscheidet sich dadurch von allen anderen Krankheitserregern. Wenn Erreger, zum Beispiel Grippeviren, ins Blut eingedrungen sind, beginnen bestimmte weiße Blutzellen mit der Produktion spezifischer Abwehrstoffe, der **Antikörper.** Diese Antikörper passen in einem solchen Fall jedoch nur zu den Antigenen dieser Grippeviren wie ein *„Schlüssel zu seinem Schloss".* Jeder Antikörper hat zwei Bindungsstellen für die gleichen Antigene. So kann er zwei Grippeviren miteinander verbinden. Mithilfe mehrerer Antikörper werden viele Grippeviren zu größeren Klumpen zusammengefügt. So können Fresszellen durch einen einzigen Fressvorgang viele Erreger vernichten. Grippeviren, die durch Antikörper und Fresszellen nicht vernichtet wurden, dringen in Körperzellen ein und lassen sich dort vermehren. Wie werden Viren bekämpft, die sich in den Zellen befinden? Dazu dienen weitere weiße Blutzellen. Sie können von Viren befallene Körperzellen erkennen und töten. Man nennt diese Zellen daher **Killerzellen.** In toten Zellen ist die Vermehrung von Viren nicht mehr möglich.

Weil die gebildeten Antikörper und die Killerzellen nur gezielt eine bestimmte Form von Krankheitserreger abwehren können, bezeichnet man diese Immunantwort als **spezifische Immunabwehr.** Erst wenn durch die Immunabwehr alle Erreger zerstört wurden, kann der Körper wieder gesund werden.

2 Beschreibe den Teil der spezifischen Immunabwehr, der in Abbildung 06 dargestellt ist!

Material A ▸ Übertragungswege von Krankheitserregern

A1 Beschreibe die in den Abbildungen dargestellten Übertragungswege von Krankheitserregern!

A2 Nenne weitere Möglichkeiten der Übertragung von Krankheitserregern aus deinem Schulalltag!

A3 Beschreibe, wie man sich vor Infektionen mit Krankheitserregern schützen kann!

Material B ▸ Antikörper

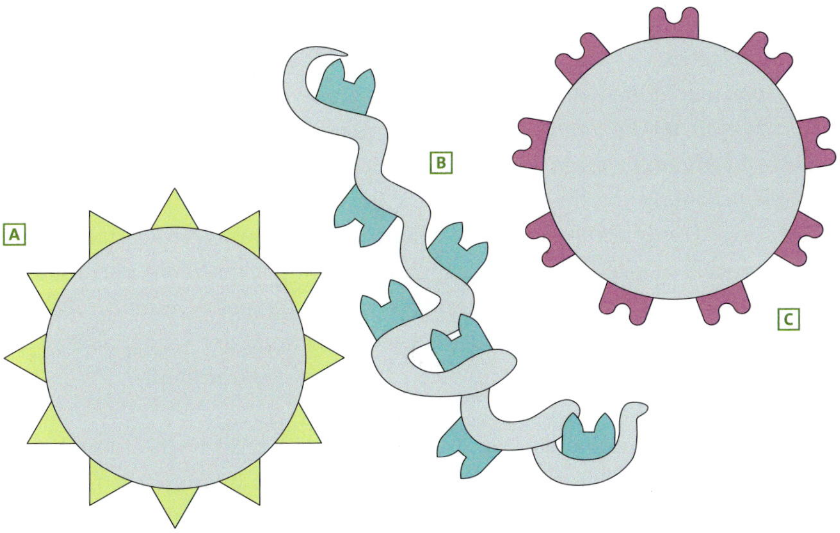

B1 Zeichne zu den drei abgebildeten Erregern die spezifischen Antikörper!

B2 Erläutere anhand dieser Beispiele das Schlüssel-Schloss-Prinzip!

B3 Erläutere die Vorteile der Bekämpfung von Krankheitserregern durch Antikörper!

B4 Nenne ein weiteres Beispiel für das Schlüssel-Schloss-Prinzip!

Material C ▸ Fieber

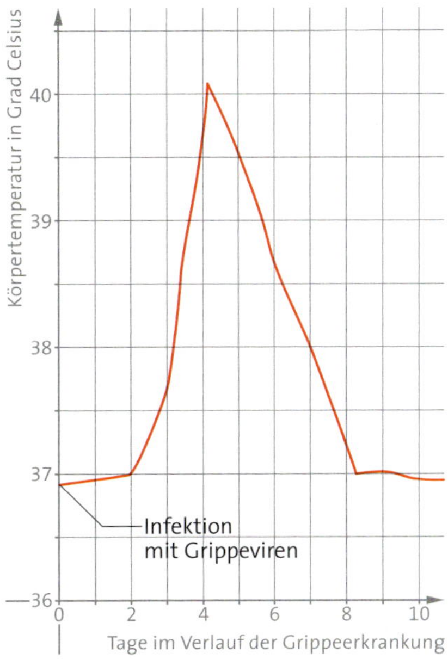

C1 Werte das Diagramm aus!

C2 Begründe den Rückgang des Fiebers ab dem 4. Tag!

01 Junge mit Windpocken

Immunisierung

Ein Junge leidet unter Windpocken, die auf seiner Haut einen Juckreiz verursachen. Der Name Windpocken leitet sich von der hohen Ansteckungswahrscheinlichkeit ab, da die Viren mehrere Meter über die Luft verbreitet werden und somit auch ohne direkten Kontakt übertragen werden können. Dennoch erkrankt der Bruder des Jungen nicht, obwohl sich beide häufig in denselben Räumen aufhalten. Wie ist das zu erklären?

IMMUNITÄT · Wenn die Windpockenviren zum ersten Mal in den Körper eindringen, nehmen die Immunzellen ihre Tätigkeit auf. Fresszellen vernichten die Erreger und antikörperproduzierende Zellen werden aktiviert. Sie vermehren sich und bilden Antikörper gegen die Antigene der Windpockenviren. Allmählich werden dadurch immer mehr Windpockenviren verklumpt und vernichtet. Die Windpockenviren, die durch die Antikörper nicht abgefangen werden, können bestimmte Körperzellen befallen. Hier greifen jedoch die Killerzellen an. Sie zerstören die befallenen Zellen und verhindern so die Vermehrung der Windpockenviren. Bei dieser **Erstinfektion** läuft die Immunabwehr nicht schnell genug ab, sodass sich die Windpockenerreger trotzdem stark vermehren können. Wie bei dem Jungen kann das Immunsystem daher den Ausbruch der Windpocken nicht verhindern. Vor einigen Jahren ging es seinem Bruder genauso. Weshalb erkrankt der Bruder aber nicht erneut an dieser Kinderkrankheit?

Bei der Erstinfektion wird noch ein weiterer Vorgang eingeleitet: Es bilden sich nicht nur Zellen, die Antikörper produzieren, sondern auch Zellen, die die Information speichern, dass es sich um Windpocken-Antigene handelt. Sie heißen daher **Gedächtniszellen.** Wenn Jahre später bei einer **Zweitinfektion** die Windpockenviren wieder in den Körper eindringen, sorgen die zahlreich vorhandenen Gedächtniszellen dafür, dass in kürzester Zeit eine große Anzahl an Antikörpern entsteht.

Die Windpockenviren werden dadurch schnell bekämpft, bevor sie sich stark vermehren können. Der Körper ist gegen diesen Krankheitserreger **immun** geworden. Der Bruder des Jungen ist also nach der Erstinfektion vor Windpocken geschützt.

AKTIVE IMMUNISIERUNG · Neben den vergleichsweise harmlosen Symptomen können bei einer Windpockenerkrankung aber auch schwere Krankheitserscheinungen auftreten, zum Beispiel eine Hirnhautentzündung mit bleibenden Ausfällen von Gehirnfunktionen. Ärzte empfehlen daher schon für das frühe Kleinkindesalter eine vorbeugende Behandlung, die vor Windpocken schützt. Wie kann eine solche Maßnahme aussehen?
Der Arzt spritzt einem Kleinkind abgeschwächte Windpockenviren in den Oberarm, er **impft** das Kind. Bei anderen gefährlichen Infektionskrankheiten kommen auch abgetötete Erreger oder sogar nur Bruchstücke des Erregers als Impfstoff zum Einsatz. Wie bei einer Erstinfektion bildet das Immunsystem des Kindes nun nicht nur spezifische Antikörper gegen die Antigene der geimpften Erreger, sondern auch die entsprechenden Gedächtniszellen. Die Krankheit bricht nicht aus, weil die Krankheitserreger abgeschwächt oder unvollständig sind, sodass sie sich nicht vermehren können. Gelangen Jahre später vermehrungsfähige, krank machende Erreger in den Körper, können die Gedächtniszellen sofort und in kürzester Zeit dafür sorgen, dass eine große Anzahl von Antikörpern bereitsteht. Diese verhindern den Ausbruch der Krankheit. Nach einer Windpockenimpfung ist das Kind gegen die Windpockenviren immun. Da der Körper bei dieser Impfung selbst einen Schutz gegen eine bestimmte Infektionskrankheit aufbaut, spricht man von **aktiver Immunisierung.** Bei Kleinkindern verwendet man bei solchen *Schutzimpfungen* in der Regel Mehrfachimpfstoffe, die gegen verschiedene Krankheiten vorbeugen. So lässt sich bei der Vielfalt der möglichen Krankheitserreger die Anzahl der erforderlichen Impfungen verringern.

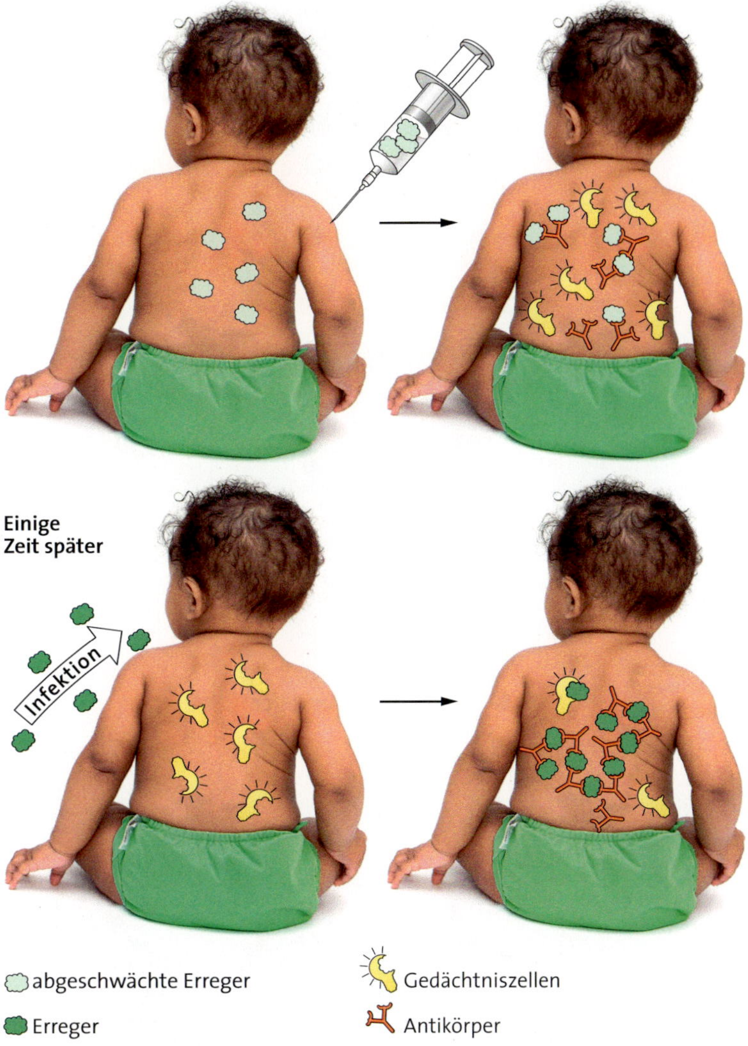

02 Aktive Immunisierung

Die Immunität geht jedoch häufig nach einigen Jahren verloren, weil die bei der aktiven Immunisierung gebildeten Gedächtniszellen nicht lebenslang erhalten bleiben. In solchen Fällen muss der Impfstoff durch eine *Auffrischungsimpfung* erneut gespritzt werden.
Die Impfstoffe für die aktive Immunisierung werden gewonnen, indem man Bakterien oder Viren vermehrt und diese so behandelt, dass sie ihre Fähigkeit zur Vermehrung verlieren.

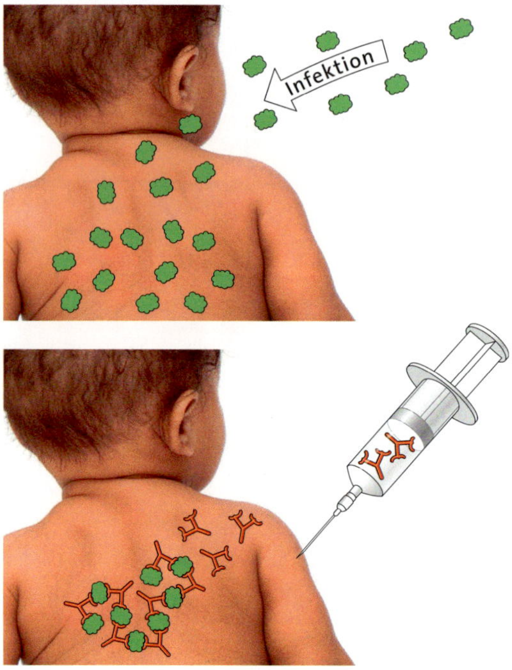

03 Passive Immunisierung

PASSIVE IMMUNISIERUNG · Wenn die Windpockenviren sich stark vermehrt haben, bricht die Krankheit aus. In einem solchen Fall kann man spezifische Antikörper gegen Windpockenviren spritzen. Diese Impfung verkürzt deutlich den Heilungsprozess einer bereits erkrankten Person und wird daher als *Heilimpfung* bezeichnet. Da die eingespritzten Antikörper nach einiger Zeit verbraucht oder abgebaut sind, erlischt der vorübergehende Impfschutz. Der Körper ist nicht dauerhaft immun, da die eigene spezifische Immunabwehr durch die schnelle Heilung nicht oder zumindest nicht ausreichend aktiviert wurde. Bei einer Zweitinfektion fehlen die notwendigen Gedächtniszellen für die schnelle Bekämpfung der Windpockenviren. Da der Körper die Krankheitserreger nicht selbst abwehrt, sondern die Heilwirkung auf den gespritzten spezifischen Antikörpern beruht, bezeichnet man diese Art der Impfung als **passive Immunisierung.**

Diese Impfmethode entwickelte 1890 der deutsche Arzt Emil VON BEHRING. Um den Impfstoff zu erhalten, spritzt man Säugetieren, wie zum Beispiel Pferden oder Schafen, abgeschwächte Krankheitserreger. Die Tiere bilden spezifische Antikörper gegen den jeweiligen Krankheitserreger. Diese Antikörper werden anschließend aus dem Blut gewonnen und zur Herstellung von sogenanntem *Heilserum* zur Behandlung erkrankter Personen verwendet.

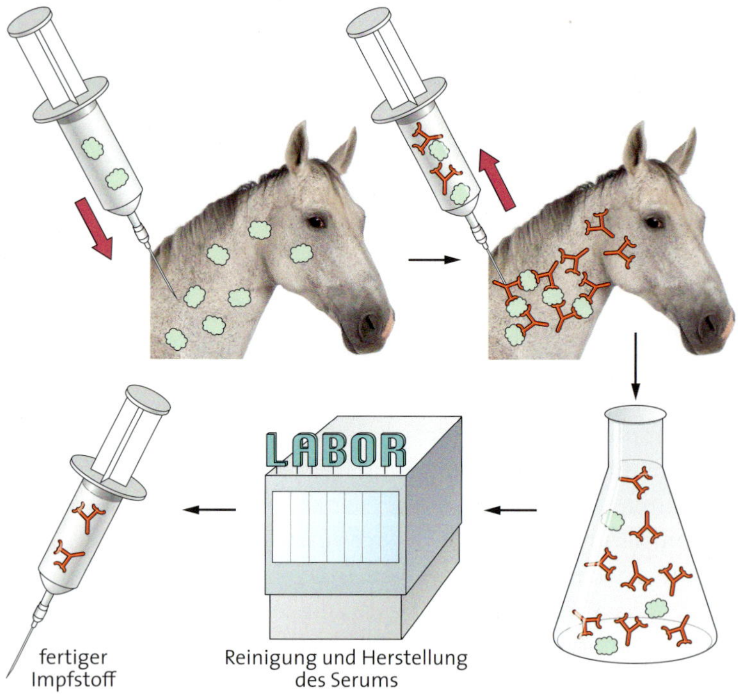

04 Herstellung von Heilserum

1 Erkläre, weshalb die aktive Immunisierung als Schutzimpfung bezeichnet wird!

2 Nenne die Unterschiede zwischen aktiver und passiver Immunisierung! Fertige dazu eine Tabelle an!

3 Erstelle ein Fließschema, das die einzelnen Verfahrensschritte zur Herstellung eines Heilserums beschreibt!

MATERIAL

Material A ▸ Experiment mit Blut

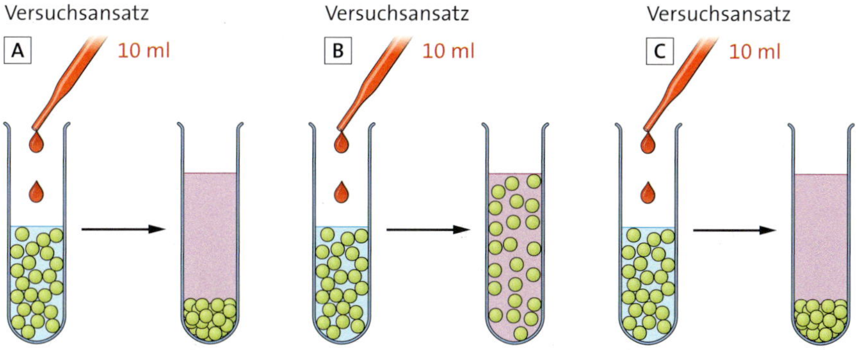

Zugabe von Blut einer an Typhus erkrankten Person

Zugabe von Blut einer gesunden Person

Zugabe von Blut einer Person, die zwei Wochen zuvor gegen Typhus aktiv immunisiert wurde

● Typhuserreger in Flüssigkeit

A1 Beschreibe die Durchführung des Experiments!

A2 Formuliere eine Fragestellung, die mit dem Experiment beantwortet werden kann!

A3 Deute die Ergebnisse!

A4 Wenn man in Ansatz C Blut einer Person verwendet, die mehrere Jahre zuvor gegen Typhus aktiv immunisiert wurde, erhält man das gleiche Ergebnis wie in Ansatz B. Erkläre!

Material B ▸ Impfbuch

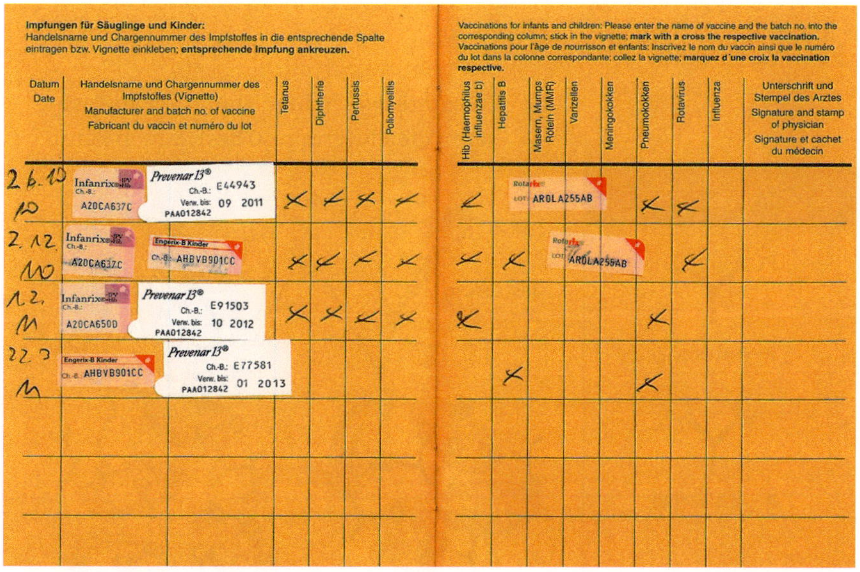

B1 Nenne fünf Krankheitserreger oder Krankheiten, gegen die das einjährige Kleinkind bereits geimpft wurde! Informiere dich dazu in Nachschlagewerken oder im Internet!

B2 Erläutere, weshalb Auffrischungsimpfungen erforderlich sind!

B3 „Impflücken", wie zum Beispiel bei Diphtherie, entstehen, wenn man die Auffrischungsimpfungen unterlässt. Die Diphterie kann sich dann in der Bevölkerung wieder stark ausbreiten. Erkläre diesen Sachverhalt!

Material C ▸ Historisches Experiment

Der englische Arzt Edward JENNER wagte 1796 ein Experiment: Er infizierte einen Jungen zuerst mit harmlosen Kuhpockenviren. Einige Wochen später spritzte er dem Jungen die gefährlichen echten Pockenviren.

C1 Stelle eine Vermutung an, weshalb der Junge durch die Infektion mit den Kuhpockenviren auch gegen die gefährlichen Pockenviren geschützt war!

C2 Nenne die Methode, die Edward JENNER erfunden hat!

IM BLICKPUNKT MEDIZIN

Blutgruppen

Bei einer Bluttransfusion passt nicht das Blut jedes Spenders zu dem des Empfängers. Es können Unverträglichkeiten auftreten, die zu Verklumpungen der roten Blutzellen führen. Dadurch kommt es zu lebensgefährlichen Verstopfungen der Blutgefäße. Die Ursache dafür liegt darin, dass sowohl die roten Blutzellen als auch das Blutserum nicht bei jedem Menschen gleich sind. Die roten Blutzellen können sich in bestimmten Eiweiße auf ihrer Oberfläche unterscheiden, den **Antigenen.** Bei der Einteilung der Blutgruppen ging ihr Entdecker, der Wiener Arzt Karl LANDSTEINER, von diesen Antigenen aus. Die roten Blutzellen der Blutgruppe A tragen das Antigen A. Die Blutgruppe B besitzt das Antigen B. Die Blutgruppe AB trägt beide Antigene und die Blutgruppe 0 trägt keine von beiden.

Karl LANDSTEINER (1868 bis 1943)

Im Blutserum sind **Antikörper** enthalten, die zu den Blutgruppenantigenen passen. Das Blutserum der Blutgruppe A enthält B-Antikörper. Treffen sie auf rote Blutzellen mit dem Antigen B, kommt es zur Verklumpung. Das geschieht durch eine **Antigen-Antikörper-Reaktion.** Blutgruppe B enthält hingegen A-Antikörper, Blutgruppe 0 enthält beide Antikörpertypen und Blutgruppe AB keine.
Bei Blutübertragungen wird daher nur Blut der gleichen Blutgruppe verwendet. Zur Bestimmung der Blutgruppen genügen zwei *Testseren.* Davon enthält das eine Testserum A-Antikörper, das andere B-Antikörper. Wenn zum Beispiel die Blutprobe ausschließlich mit dem Testserum Anti-A verklumpt, handelt es sich um die Blutgruppe A.

1 Erläutere, wie man mithilfe zweier Testseren die Blutgruppe 0 bestimmen kann!

Blutgruppe	Rote Blutzellen	Blutserum
A	Antigene A	B - Antikörper
B	Antigene B	A - Antikörper
AB	Antigene A und B	keine Antikörper
0	keine Antigene	A - Antikörper, B - Antikörper

01 Blutgruppen A, B, AB und 0

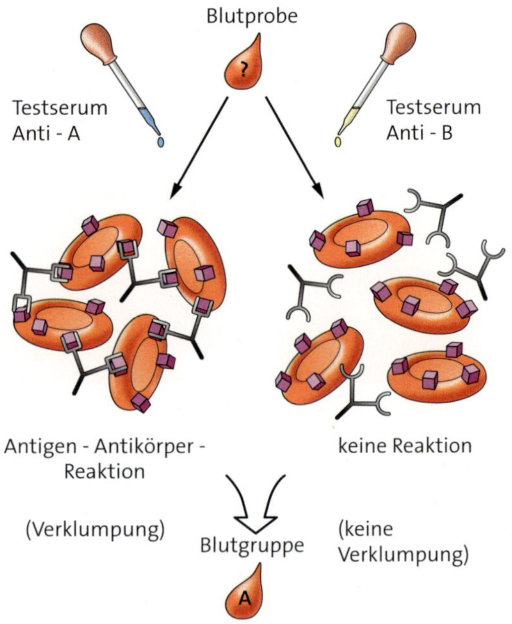

02 Blutgruppenbestimmung

IM BLICKPUNKT MEDIZIN

Allergien

Sobald manche Menschen in Kontakt mit Katzenhaaren kommen, tränen ihre Augen und ihre Nase läuft. Auch Kopfschmerzen und Atembeschwerden können auftreten. Die Katzenhaare tragen Antigene, die bei den meisten Menschen keine Beschwerden verursachen. Bei manchen jedoch lösen sie eine unangemessene Immunantwort aus, eine **Allergie.** Antigene, die eine Allergie auslösen, werden als **Allergene** bezeichnet.

Am häufigsten tragen die Pollen von Blütenpflanzen Allergene. Diese Allergene können *Heuschnupfen* auslösen. Die Nasenschleimhaut schwillt an und bildet sehr viel Schleim. Die Augen jucken, tränen und die Atemwege verengen sich. Bei besonders heftigen Allergien tritt schwere Atemnot auf. Solche allergischen Symptome können auch durch den Kot von Hausstaubmilben hervorgerufen werden. Allergische Hautausschläge entstehen oft durch den Kontakt mit bestimmten Metallen, zum Beispiel Nickel im Schmuck. Weitere Allergene können auch in Nahrungsmitteln, der Kleidung, Kosmetika, Medikamenten, Insektengiften, Reinigungs- und Waschmitteln vorkommen. Bei manchen Allergenen setzt die allergische Reaktion sofort nach dem Kontakt mit der Haut oder der Schleimhaut ein, bei anderen erst nach Tagen oder Wochen.

Um herauszufinden, welche Allergene für eine allergische Reaktion infrage kommen, führt der Arzt einen *Allergietest* durch. Dazu tropft der Arzt verschiedene Testsubstanzen mit jeweils einem anderen Allergen auf die Haut. Danach sticht er mit einer Nadel durch die Tropfen hindurch in die Haut. Durch eine Rötung der Haut lässt sich das auslösende Allergen erkennen. Zur Milderung der allergischen Symptome kann man Medikamente einsetzen. Allerdings wirken sie nur kurze Zeit. Ganz ohne Beschwerden bleiben Allergiker nur, wenn sie den Kontakt mit dem Allergen vermeiden.

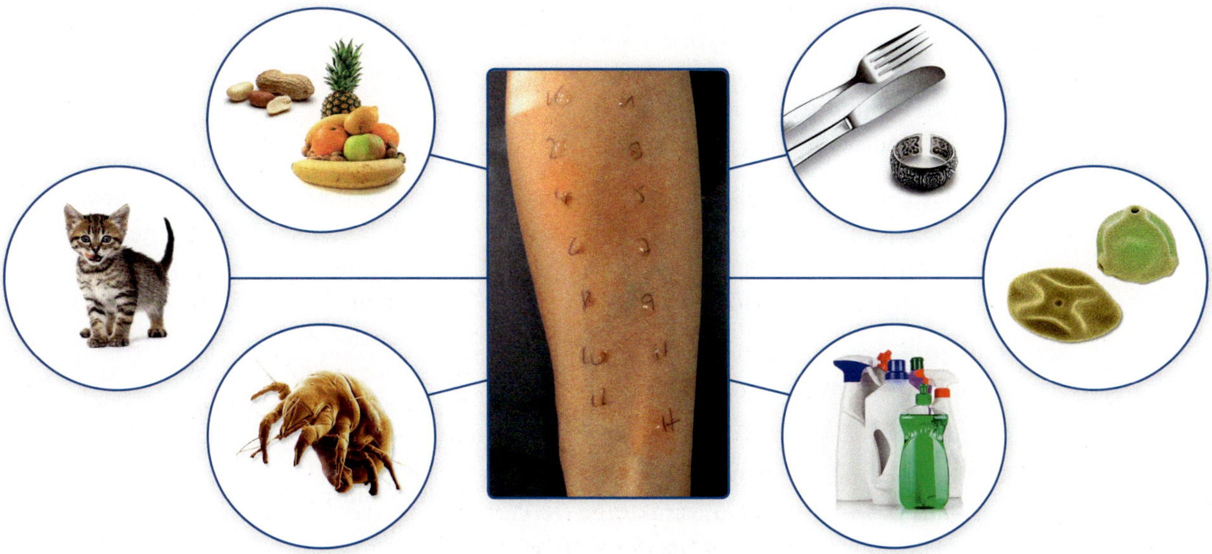

01 Vorkommen von Allergenen und Allergietest

A ▸ Herz – Kreislauf-System

Blutplasma: 56 Prozent des Blutes bestehen aus flüssigen Bestandteilen und werden Blutplasma genannt.

Rote Blutzellen: Sie befinden sich in den 44 Prozent der festen Bestandteile des Blutes und kommen dort in sehr großer Zahl vor. Die Zellen erkennt man unter dem Mikroskop gut an ihrer Form einer leicht eingedellten Scheibe. Außerdem besitzen sie keinen Zellkern.

Hämoglobin: Der rote Farbstoff bewirkt das einheitlich rote Aussehen des Blutes. Er befindet sich ausschließlich in den roten Blutzellen. Das Hämoglobin ist für den Sauerstofftransport zuständig.

Weiße Blutzellen: Die etwas größeren, verschieden geformten weißen Blutkörperchen besitzen einen Zellkern. Sie kommen in geringerer Zahl als die roten Blutzellen im Blut vor und erfüllen verschiedene Aufgaben für das Immunsystem.

Blutplättchen: Diese Zellbruchstücke enthalten keinen Zellkern. Für ihre Aufgabe, dem Wundverschluss, werden sie im Knochenmark ständig neu gebildet.

Blutgerinnung: Dieser komplexe Vorgang beschreibt die Bildung eines Blutpfropfes, der die Wunde verschließt.

Blutserum: Dieses entspricht dem Blutplasma abzüglich der Gerinnungsfaktoren, vor allem des Fibrin bildenden Fibrinogens.

Herz: Dieser faustgroße Hohlmuskel liegt in einem Herzbeutel und dient dem Pumpen des Blutes. Das Herz ist der Motor des Blutkreislaufs, in dem es ununterbrochen den Körper mit Blut und darin enthaltenem Sauerstoff und anderen Stoffen versorgt.

Herzkammern: Die linke und rechte Herzkammer sind durch eine Herzscheidewand voneinander getrennt. Darüber liegen die deutlich kleineren Vorhöfe.

Herzklappen: Die Klappe zwischen Vorhof und Herzkammer heißt Segelklappe. Die Verbindung zwischen Herzkammer und abgehender Arterie wird als Taschenklappe bezeichnet.

Diastole: In diesem Zeitabschnitt strömt das Blut aus den Vorhöfen durch die Segelklappen in die Herzkammern. Der Herzmuskel ist dabei entspannt.

Systole: Der Herzmuskel zieht sich zusammen und Blut wird aus den Herzkammern durch die Taschenklappen in die Arterien gedrückt.

Blutgefäße: Die Blutgefäße sind Röhren, die in alle Bereiche des Körpers gelangen. In ihnen fließt das Blut.

Arterien: Blutgefäße, die Blut vom Herzen wegführen.

Kapillaren: Blutgefäße verzweigen sich in ihrem Verlauf zu immer kleiner werdenden Ästen. Dadurch entsteht eine sehr große Anzahl an kleinsten Blutgefäßen. Geflechte aus Kapillaren, die Kapillarnetze, versorgen die Organe mit Blut. In den Kapillarnetzen nimmt das Blut Kohlenstoffdioxid und Abfallstoffe aus den Zellen auf und gibt Sauerstoff und Nährstoffe an sie ab.

Venen: Blutgefäße, die Blut dem Herzen zuführen.

Blutkreislauf: Da das Blut immer wieder zum Herzen zurückkehrt, spricht man von einem Kreislauf, dem Blutkreislauf. Wenn das Blut die Blutgefäße nicht verlässt, ist der Blutkreislauf geschlossen. Beim Menschen als Säugetier handelt es sich sogar um einen doppelten Kreislauf, da der größere Körperkreislauf vollständig vom kleineren Lungenkreislauf getrennt ist.

B ▸ Immunabwehr

Schutzbarriere: Die äußere Haut und alle Schleimhäute stellen eine natürliche Schutzschicht gegen eindringende Krankheitserreger dar.

Immunsystem: Alle Abwehrmechanismen des Körpers, die zusammen eingedrungene Erreger unschädlich machen, bezeichnet man als Immunsystem und seine Zellen als Immunzellen.

Fresszellen: Diese Immunzellen machen die bereits in den Körper eingedrungenen Erreger unschädlich. Da sie nicht auf bestimmte Erreger spezialisiert sind, wird von der unspezifischen Immunabwehr gesprochen.

Lymphgefäßsystem: Ein System von kleinen Röhren, das den ganzen Körper durchzieht. Es ist mit einer Flüssigkeit, der Lymphe, gefüllt. In der Lymphe und vor allem in den Lymphknoten befinden sich sehr viele Immunzellen.

Unspezifische Immunabwehr: Sie ist das erste Bollwerk gegen Krankheitserreger. Alle körperfremden Strukturen werden am Eindringen in den Körper gehindert und gleichzeitig bekämpft.

Spezifische Immunabwehr: Darunter versteht man die gezielte, auf Antigene gerichtete Bekämpfung von bestimmten Krankheitserregern. Sie ist sehr effizient, benötigt aber drei bis vier Tage bis zur vollen Schlagkraft.

Antigene: Antigene sind Strukturen, die auf der Oberfläche eines Erregers sitzen und diesen unverwechselbar machen.

Antikörper: Die Immunzellen produzieren spezielle Antikörper, welche nach dem Schlüssel-Schloss-Prinzip in die Bindungsstellen der Antigene passen. Dadurch können die Erreger unschädlich gemacht werden.

Killerzellen: Diese speziellen weißen Blutzellen sind in der Lage, durch Viren oder an Krebs erkrankte Körperzellen zu vernichten.

Aktive Immunisierung: Beim Impfen werden Antigene in Form von abgeschwächten oder getöteten Krankheitserregern injiziert. Infolge der Immunisierung werden Gedächtniszellen gebildet, welche bei einer erneuten Infektion sehr schnell die Bereitstellung einer großen Zahl von Antikörpern ermöglichen. Die Krankheit bricht nicht aus.

Passive Immunisierung: Den infizierten Personen wird ein Heilserum injiziert. Das Serum beinhaltet Antikörper gegen die betreffende Infektion. Es entwickelt sich keine Immunität.

Ernährung, Ausscheidung und Bewegung

1 Ernährung und Verdauung 78

2 Atmungssystem 100

3 Haut 108

4 Niere als Ausscheidungsorgan 112

5 Stütz- und Bewegungssystem 118

6 Organsysteme im Überblick 126

In diesem Kapitel beschäftigst du dich mit

- der Ernährung. Du lernst Nahrungsmittel und ihre Inhaltsstoffe kennen. Dabei erfährst du etwas über die Bedeutung der Inhaltsstoffe für den Menschen und über gesunde Ernährung.
- der Verdauung von Nährstoffen. Du lernst, wie der Körper die Inhaltsstoffe der Nahrung nutzbar machen kann. Außerdem erfährst du, wie man Nährstoffe nachweisen kann.
- der Atmung. Du erfährst wie Sauerstoff aufgenommen und Kohlenstoffdioxid abgegeben wird. Du lernst den Bau und die Funktion der Lunge kennen.
- dem Bau und der Funktion der Haut als Ausscheidungs- und Sinnesorgan des Menschen.
- der Niere als Ausscheidungsorgan. Hier lernst du etwas über die Funktion der Nieren und wie sie Abfallstoffe aus dem Körper transportieren.
- Knochen und Muskeln. Du lernst ihren Bau und ihre Funktion kennen. Dabei erfährst du, wie Bewegungen ermöglicht werden.
- den Organsystemen des Menschen und ihren Funktionen.

01 Reisgericht

Nahrungsmittel und ihre Inhaltsstoffe

Bei der Zubereitung von Speisen werden häufig viele verschiedene Nahrungsmittel verwendet. In einem Reisgericht sind neben Reis oft auch Gemüse und Fleisch enthalten. Woraus bestehen die unterschiedlichen Nahrungsmittel?

INHALTSSTOFFE · Fleisch, Gemüse, Reis und alle anderen Nahrungsmittel bestehen jeweils aus vielen verschiedenen Stoffen. Diese *Inhaltsstoffe* sind zum größten Teil *Kohlenhydrate, Fette* und *Eiweiße*. Sie liefern die lebensnotwendige Energie für den Körper und stellen Baustoffe für sein Wachstum und seine Entwicklung bereit. Weil Kohlenhydrate, Fette und Eiweiße über die Nahrung aufgenommen werden, nennt man sie **Nährstoffe.** Diese drei Nährstoffe sind in unterschiedlichen Mengen in den Nahrungsmitteln enthalten. Sie machen den größten Anteil der Inhaltsstoffe eines Nahrungsmittels aus. Für viele lebenswichtige Vorgänge im Körper sind noch weitere Inhaltsstoffe von großer Bedeutung. Dies sind *Vitamine, Mineralstoffe* und *Ballaststoffe*. Die Art und Menge der Inhaltsstoffe ist auf der Verpackung eines Lebensmittels angegeben.

KOHLENHYDRATE · Kohlenhydrate können in unterschiedlichen Zusammensetzungen in den verschiedenen Nahrungsmitteln vorkommen. Der kleinste Baustein eines Kohlenhydrats ist ein Einfachzucker, zum Beispiel Traubenzucker, die Glukose. Wenn sich zwei *Einfachzucker* zusammenlagern, entsteht ein *Zweifachzucker*. Der Malzzucker zum Beispiel, die Maltose, besteht aus zwei Traubenzuckerbausteinen. Lagern sich viele Zuckerbausteine zusammen, bilden sie einen *Vielfachzucker*, wie zum Beispiel die Stärke. Sie besteht aus Tausenden von Traubenzuckerbausteinen. Traubenzucker, Malzzucker und Stärke werden wie viele weitere Zuckerverbindungen als *Kohlenhydrate* bezeichnet.
Große Mengen an Kohlenhydraten sind vor allem in den meisten pflanzlichen Nahrungsmitteln enthalten. Hierzu zählen beispielsweise Getreideprodukte wie Nudeln, Brot und Haferflocken, aber auch Kartoffeln und viele Früchte. Kohlenhydrate können bei der Verdauung leicht abgebaut werden. Sie liefern dem Körper dadurch schnell Energie für alle Lebensvorgänge. Sie sind eine wichtige Energiequelle.

02 Lebensmittelverpackung

FETTE · Fette sind Nährstoffe, die jeweils aus *Glycerin* und drei *Fettsäuren* zusammengesetzt sind. Sie können sowohl in pflanzlichen als auch in tierischen Nahrungsmitteln vorkommen. Große Mengen tierischer Fette sind zum Beispiel in Butter, Käse oder Wurst enthalten. Reich an pflanzlichen Fetten sind zum Beispiel Speiseöl oder Nüsse.

Fette liefern dem Körper hauptsächlich Energie und dienen als Energiespeicher. Sie stellen dem Körper doppelt so viel Energie zur Verfügung wie die gleiche Menge an Kohlenhydraten. Der Abbau der Fette bei der Verdauung und damit die Bereitstellung der Energie benötigt jedoch viel mehr Zeit als der Abbau der Kohlenhydrate. Pflanzliche Fette lassen sich leichter verdauen als tierische. Neben der Aufgabe als Energielieferanten und Energiespeicher haben Fette auch als Baustoffe eine Bedeutung für den Körper. Sie sind für den Aufbau von Membranen in Zellen und Fettgewebe als Speicher oder Polster wichtig. Außerdem benötigt der Körper Fette, um bestimmte Vitamine aufnehmen zu können.

EIWEISSE · Eiweiße bestehen aus aneinandergereihten Eiweißbausteinen, den *Aminosäuren.* Der Sammelbegriff Eiweiße bezeichnet verschiedene Formen dieser Aminosäureketten. Sie unterscheiden sich in der Menge, der Art und der Reihenfolge der Aminosäuren, von denen es 20 verschiedene gibt. Man unterscheidet pflanzliche und tierische Eiweiße. Fleisch, Fisch und Eier enthalten zum Beispiel viel tierisches Eiweiß. Viel pflanzliches Eiweiß befindet sich in Erbsen und Bohnen, vor allem in Sojabohnen.

Eiweiße sind als Baustoffe wichtig für das Wachstum und die Entwicklung des Körpers. Die verschiedenen Eiweiße können vielfältige Aufgaben im Körper übernehmen. Sie regulieren Vorgänge im Körper oder spielen bei der Immunabwehr eine große Rolle. Sie können vom Körper aber auch zusätzlich als Energiequelle genutzt werden.

03 Kohlenhydratreiche Nahrungsmittel

04 Fettreiche Nahrungsmittel

05 Eiweißreiche Nahrungsmittel

06 Obst und Gemüse

VITAMINE · Vitamine sind Inhaltsstoffe von Nahrungsmitteln, die der Mensch nicht selber herstellen kann. Man unterscheidet viele verschiedene Vitamine. Sie sind vor allem in frischem Obst und Gemüse enthalten, aber auch in anderen Nahrungsmitteln wie beispielsweise Vollkornprodukten.
Vitamine sind für viele lebenswichtige Vorgänge im Körper unbedingt erforderlich. Sie spielen zum Beispiel eine wichtige Rolle bei der Blutbildung, der Arbeit des Immunsystems und der Regulation von Vorgängen in den Zellen. Sie wirken schon in sehr geringen Mengen von nur wenigen Milligramm. Da Vitamine lebensnotwendig sind, müssen auch sie in der Nahrung enthalten sein. Ohne eine ausreichende Vitaminversorgung kommt es zu ernsthaften Krankheiten, die sogar tödlich sein können.

MINERALSTOFFE · Mineralstoffe können ebenso wie Vitamine nicht selbst vom Körper gebildet werden. Auch wenn der Mensch sie nur in geringen Mengen benötigt, müssen sie über die Nahrung aufgenommen werden. Mineralstoffe sind in allen Lebensmitteln in unterschiedlichen Mengen vorhanden. Vor allem Gemüse, Milchprodukte und Getränke wie Obstsäfte oder Kräutertees sind reich an Mineralstoffen. Sie sind lebensnotwendig, weil sie vielfältige Aufgaben für das Wachstum und die Entwicklung des Körpers erfüllen. Auch bei der Aufnahme und der Umwandlung von Stoffen sind Mineralstoffe beteiligt.
Natrium sorgt beispielsweise für einen ausgewogenen Flüssigkeitshaushalt des Körpers. Kalzium ist unter anderem wichtig für die Knochen- und Zahnbildung.
In kleinsten Mengen benötigte Mineralstoffe werden als *Spurenelemente* bezeichnet. Hierzu zählen zum Beispiel Iod und Zink.

BALLASTSTOFFE · Neben den Nährstoffen, den Vitaminen und den Mineralstoffen gibt es weitere Inhaltsstoffe in Nahrungsmitteln. Diese kann der Körper nicht als Energie- oder Baustoffe nutzen. Sie werden fast unverändert ausgeschieden. Sie füllen den Darm und sind so von großer Bedeutung, weil sie die Darmtätigkeit zusätzlich anregen. Man nennt solche Inhaltsstoffe der Nahrungsmittel **Ballaststoffe.**

1 Nenne die Bedeutung der Inhaltsstoffe von Lebensmitteln für den Menschen!

07 Bedeutung der Inhaltsstoffe von Lebensmitteln

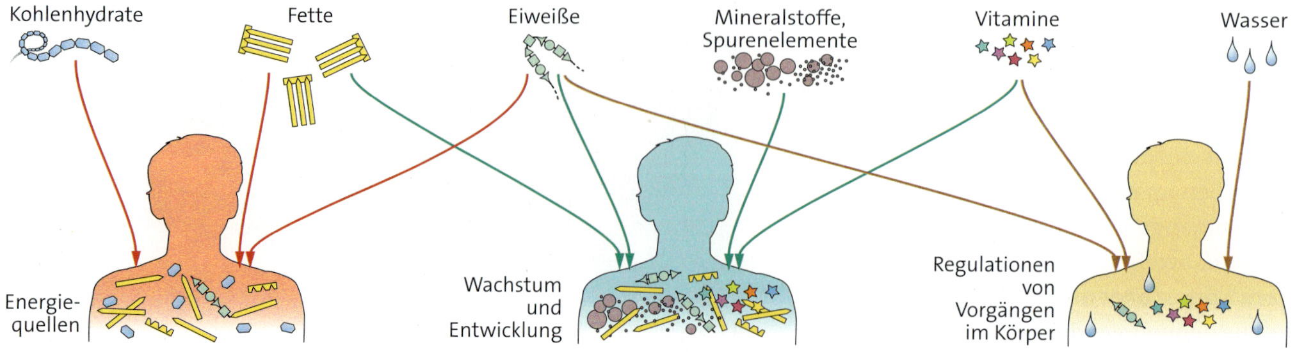

VERSUCH A ▸ Nachweis von Traubenzucker mit Teststreifen

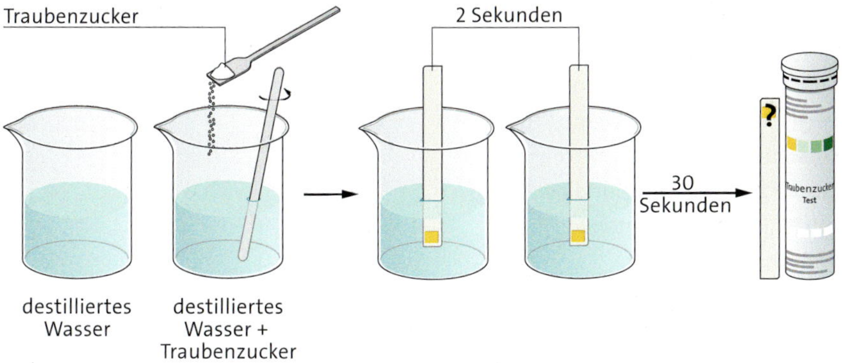

Material:
5 Bechergläser (50 ml), Spatel, Glasstab, destilliertes Wasser, Traubenzucker, Traubenzucker-Teststreifen, Filterpapier, Honig, heller Traubensaft, Milch

Durchführung:
Fülle in 2 Bechergläser jeweils 25 ml destilliertes Wasser. Gib in eines der Bechergläser 1 Spatellöffel Traubenzucker und rühre mit dem Glasstab um.

Tauche jeweils einen Traubenzucker-Teststreifen 2 Sekunden in jedes Becherglas. Tupfe die Teststreifen mit der Kante auf einem Filterpapier ab und warte 30 Sekunden.

A1 Vergleiche sofort die Färbungen der Testfelder mit der Farbskala auf der Teststreifendose! Beschreibe deine Beobachtungen!

A2 Prüfe mit neuen Teststreifen, ob Traubensaft, Milch und 25 ml destilliertes Wasser, in dem ein Spatellöffel Honig gelöst wurde, Traubenzucker enthalten!

VERSUCH B ▸ Nachweis von reduzierenden Zuckern mit der Fehling-Probe

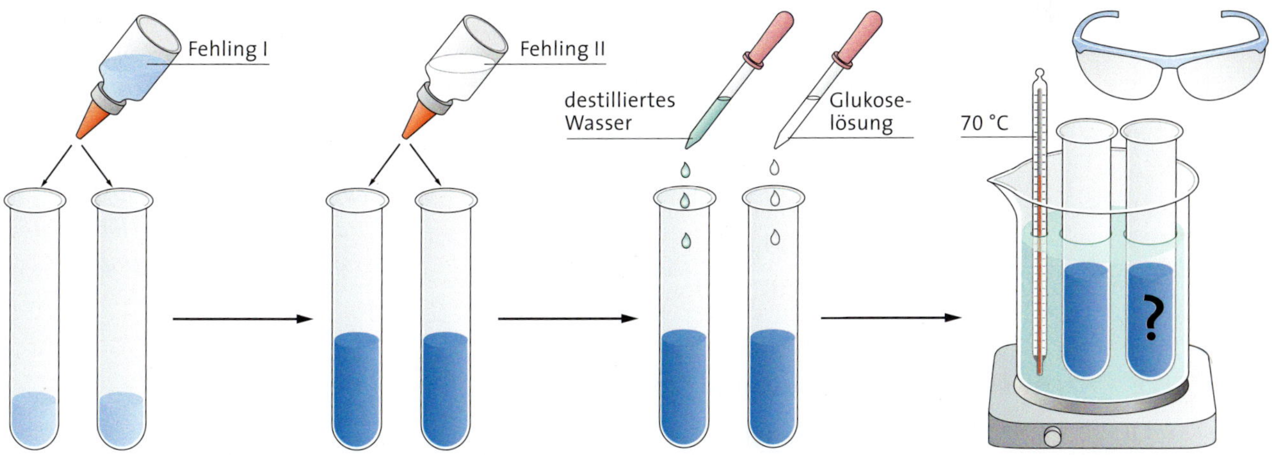

Material:
Schutzbrille, Becherglas (250 ml), Heizplatte, Thermometer, Reagenzglasständer, 5 Reagenzgläser, Pipette (3 ml), Fehling-I- und Fehling-II-Lösung, alle Lebensmittel aus Versuch A

Durchführung:
Fülle das Becherglas mit Wasser und erhitze es auf der Heizplatte. Gib in die 5 Reagenzgläser jeweils 20 Tropfen beider Fehlingscher Lösungen. Gib dann in die einzelnen Reagenzgläser jeweils 3 ml Wasser, Traubenzuckerlösung, Honiglösung, Traubensaft oder Milch und schüttele vorsichtig. Stelle die Reagenzgläser in das heiße Wasserbad und beobachte einige Minuten.

B1 Beschreibe deine Beobachtungen!

B2 Erkläre, welche Proben einen reduzierenden Zucker enthalten!

B3 Erkläre mithilfe des Versuchs A, welches der Lebensmittel keinen Traubenzucker enthält!

Hinweis: *Reduzierende Zucker sind Trauben-, Frucht-, Malz- und Milchzucker. Sie können mit der Fehling-Probe nachgewiesen werden.*

VERSUCH C ▸ Nachweis von Stärke mit Iod-Kaliumiodid-Lösung

Material:
6 kleine Petrischalen, Spatel, Iod-Kaliumiodid-Lösung in Tropffläschchen, Stärke;
verschiedene Lebensmittel, zum Beispiel Kartoffel, Apfel, Joghurt, Banane, Reis, Speck

Durchführung:
Gib in eine Petrischale einen Spatellöffel Stärke und in weitere Petrischalen jeweils kleine Proben verschiedener Lebensmittel.
Tropfe auf die Stärke und die Lebensmittel jeweils 3 Tropfen Iod-Kaliumiodid-Lösung.

C1 Beschreibe, woran man das Vorhandensein von Stärke erkennt!

C2 Nenne die Lebensmittel, die Stärke enthalten!

VERSUCH D ▸ Nachweis von Fett mit der Fettfleckprobe

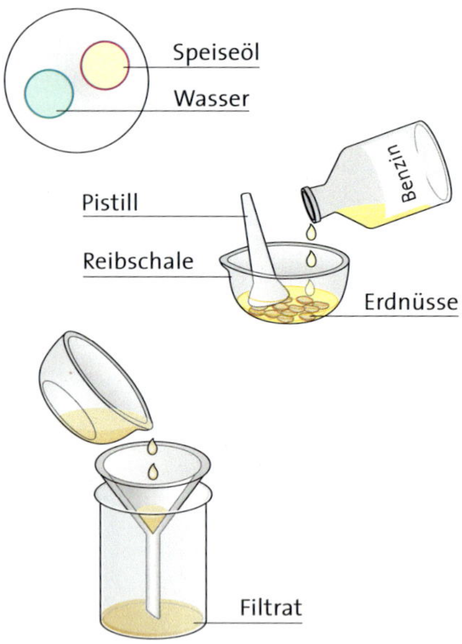

Material:
Rundfilterpapier, Pipetten, Reibschale mit Pistill, Speiseöl, Waschbenzin, kleiner Trichter mit Filterpapier, kleines Becherglas;
verschiedene Lebensmittel, zum Beispiel Milch, Erdnüsse, Äpfel, Käse

Durchführung:
Gib auf einen Rundfilter mit einer Pipette einen Tropfen Wasser und daneben einen Tropfen Speiseöl. Umrande die Tropfen mit verschiedenen Farbstiften. Lass das Filterpapier trocknen und halte es dann gegen das Licht.

D1 Beschreibe, woran man das Vorhandensein von Fett erkennt!

D2 Untersuche mit dieser Methode verschiedene Lebensmittel!
Nenne die Lebensmittel, die Fett enthalten!

Hinweis: *Von festen Lebensmitteln müssen kleine Proben in der Reibschale unter Zugabe von etwas Waschbenzin zerkleinert werden. Das Gemisch wird mithilfe eines Trichters und eines Filterpapiers in ein Becherglas filtriert und ein Tropfen der filtrierten Flüssigkeit auf ein Filterpapier getropft.*

VERSUCH E ▸ Nachweis von Fett mit Sudan-III-Lösung

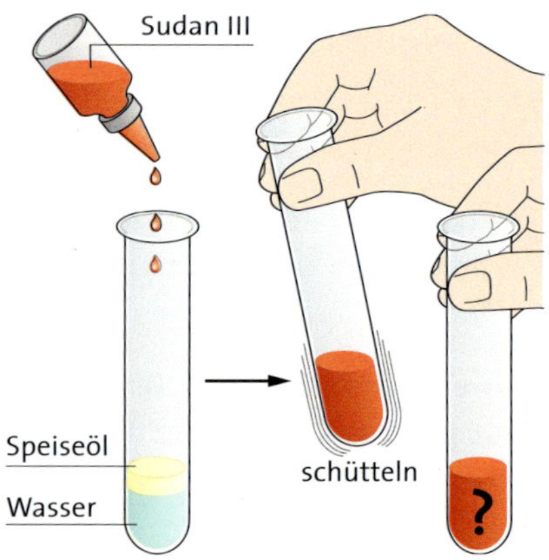

Material:
5 Reagenzgläser, Reagenzglasständer, Pipetten, Sudan-III-Lösung in Tropffläschchen; Speiseöl, Milch und filtrierte Flüssigkeiten aus Versuch D

Durchführung:
Fülle in ein Reagenzglas eine Daumenbreite hoch Wasser und gib etwa 2 ml Speiseöl dazu. Gib 3 Tropfen Sudan-III-Lösung dazu und schüttele vorsichtig.

E1 Beschreibe, woran man das Vorhandensein von Fett erkennt!

E2 Stelle mit dieser Methode fest, welche Lebensmittel aus Versuch D Fett enthalten!
Vergleiche die Ergebnisse mit denen der Fettfleckprobe!

VERSUCH F ▸ Nachweis von Eiweiß mit Teststreifen

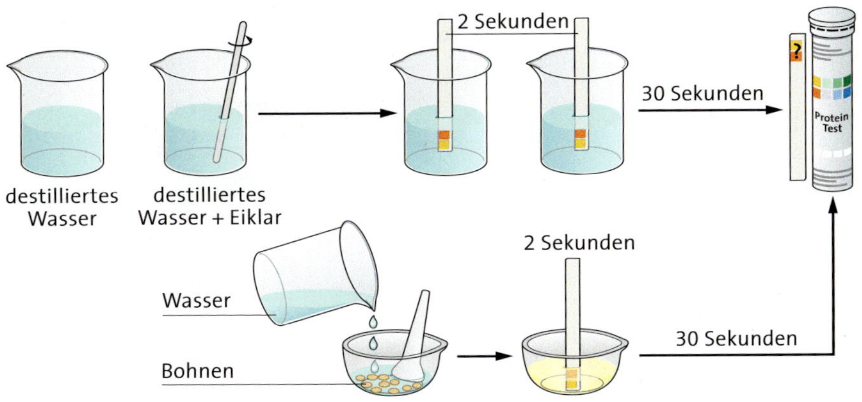

Material:
5 Bechergläser (50 ml), destilliertes Wasser, Eiklar, Glasstab, Eiweiß-Teststreifen, Reibschale mit Pistill; verschiedene Lebensmittel, zum Beispiel Milch, Orangensaft, Bohnen

Durchführung:
Fülle in 2 Bechergläser jeweils 25 ml destilliertes Wasser. Gib in eines der Bechergläser etwas Eiklar und rühre mit dem Glasstab um. Tauche jeweils einen Eiweiß-Teststreifen 2 Sekunden in jedes Becherglas. Tupfe die Teststreifen mit der seitlichen Kante auf einem Filterpapier ab und warte 30 Sekunden.

F1 Vergleiche sofort die Färbungen der Testfelder mit der Farbskala auf der Teststreifendose! Beschreibe deine Beobachtungen!

F2 Prüfe mit neuen Teststreifen das Vorkommen von Eiweiß in verschiedenen Lebensmitteln! Nenne die Lebensmittel, die Eiweiß enthalten!

Hinweis: *Feste Lebensmittel müssen vorher in der Reibschale zerrieben und mit Wasser aufgeschwemmt werden.*

VERSUCH G ▸ Nachweis von Eiweiß mit der Biuretprobe

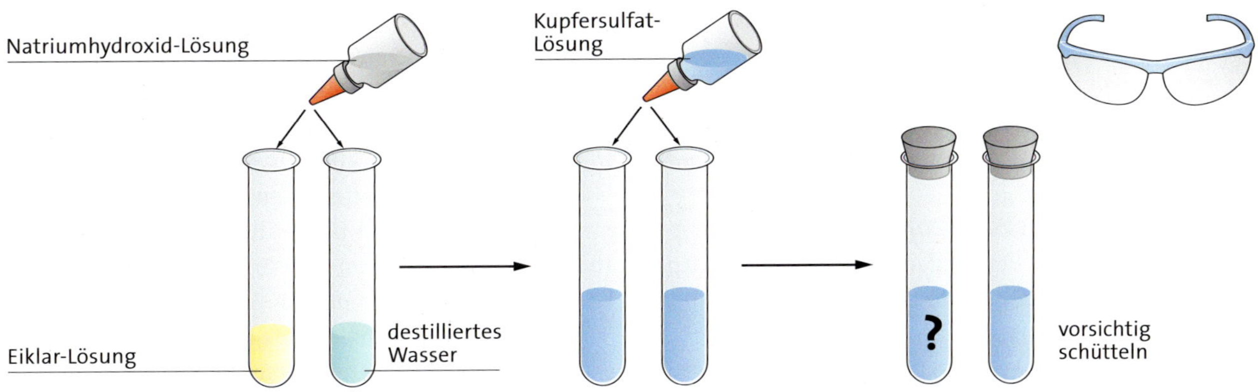

Material:
Schutzbrille, Reagenzgläser mit Stopfen, Reagenzglasständer, Pipetten, Eiklar-Lösung, 10%ige Natriumhydroxid-Lösung und 1%ige Kupfersulfat-Lösung in Tropffläschchen; Lebensmittel aus Versuch F

Durchführung:
Trage während des gesamten Versuchs eine Schutzbrille!

Verdünne etwas Eiklar mit destilliertem Wasser und gib etwa 2 ml der Eiklarlösung in ein Reagenzglas. Gib in ein zweites Reagenzglas etwa 2 ml destilliertes Wasser. Füge in beide Reagenzgläser jeweils 20 Tropfen Natriumhydroxid-Lösung und 5 Tropfen Kupfersulfat-Lösung dazu. Verschließe die Reagenzgläser mit Stopfen und schüttele vorsichtig.

G1 Beschreibe, woran man das Vorhandensein von Eiweiß erkennt!

G2 Untersuche in gleicher Weise die Lebensmittel aus Versuch F! Vergleiche die Ergebnisse mit denen aus Versuch F!

01 Kind beißt in einen Apfel

Gesunde Ernährung

> *„An apple a day keeps the doctor away" besagt: Wenn man jeden Tag einen Apfel isst, bleibt man gesund. Äpfel sind zwar sehr gesund, reichen jedoch für unsere Ernährung nicht aus. Wie aber kann man sich gesund ernähren?*

ENERGIEBEDARF · Selbst wenn wir entspannt im Bett liegen, benötigt unser Körper ständig Energie, vor allem für die Atmung, die Herztätigkeit, die Verdauung, die Nerventätigkeit und für die Erzeugung der Körperwärme. Die innerhalb von 24 Stunden bei völliger Ruhe verbrauchte Energiemenge bezeichnet man als **Grundumsatz.**

Früher wurde die Energiemenge in *Kalorien* angegeben. Heute verwendet man die Maßeinheit *Joule*. Ein Joule Energie benötigt man zum Beispiel, um eine Tafel Schokolade mit 100 Gramm Masse einen Meter hochzuheben. 1000 Joule sind ein Kilojoule. Der Grundumsatz im Körper liegt im Durchschnitt bei 4,2 Kilojoule pro Kilogramm Körpermasse und Stunde. Für einen Mann, der 70 Kilogramm wiegt, sind das 7 056 Kilojoule pro Tag. Die Höhe des Grundumsatzes hängt auch von Geschlecht, Alter und Gesundheitszustand ab. Frauen haben einen etwas niedrigeren Grundumsatz, bei alten Menschen ist er ebenfalls niedriger und bei Kranken etwas höher. Die höchsten Anteile am Grundumsatz beanspruchen die Leber und die Muskulatur.

Sobald wir uns bewegen oder denken, benötigen wir mehr Energie. Diese zusätzlich erforderliche Energiemenge bezeichnet man als **Leistungsumsatz.** Dieser beträgt zum Beispiel beim Spazierengehen etwa 450 Kilojoule pro Stunde, beim Skilanglaufen dagegen 3 200 Kilojoule pro Stunde. Die Summe von Grund- und Leistungsumsatz ist der **Gesamtumsatz.** Die täglich aufgenommene Energiemenge sollte den Gesamtumsatz decken, also den tatsächlichen Energiebedarf eines Tages. Wollte man dies allein mit Äpfeln tun, müsste man etwa vier Kilogramm täglich essen.

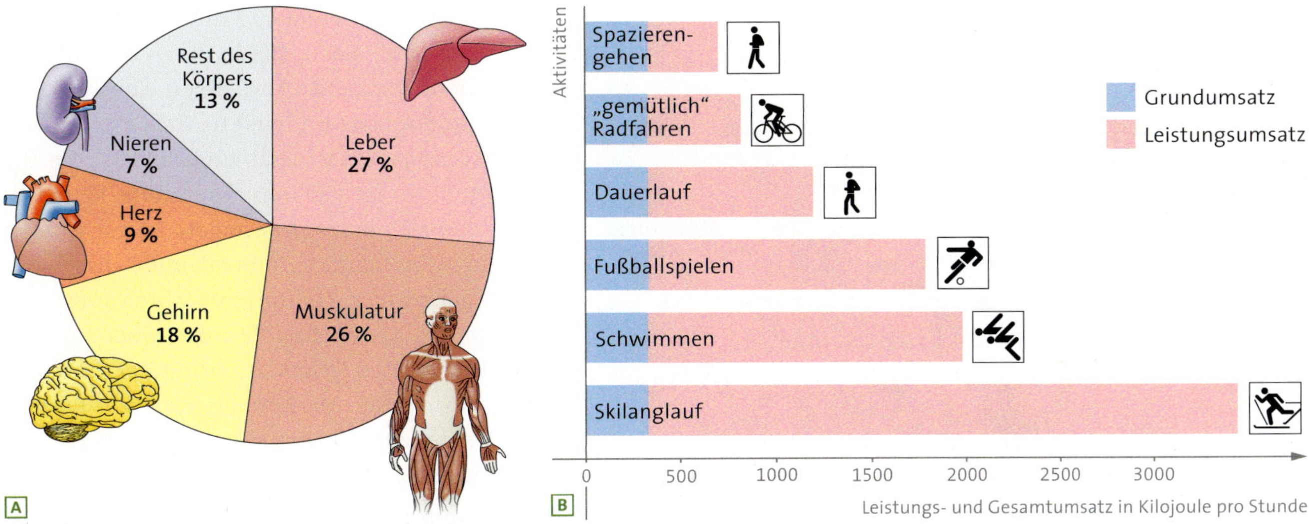

02 Energiebedarf: **A** Anteil verschiedener Organe am Grundumsatz, **B** Leistungs- und Gesamtumsatz bei verschiedenen Tätigkeiten

NÄHRSTOFFBEDARF · Die benötigte Energie wird vor allem aus Kohlenhydraten und Fetten gewonnen. Ein Gramm Kohlenhydrate liefert 17 Kilojoule und ein Gramm Fett 40 Kilojoule Energie. Die in Kohlenhydraten enthaltene Energie kann schneller freigesetzt werden. Deshalb kann man mit einem Stück Traubenzucker dem Körper sehr rasch Energie zuführen. Je nach Gesamtumsatz beträgt der tägliche Bedarf an Kohlenhydraten etwa 320 Gramm und an Fetten etwa 90 Gramm. Kohlenhydrate sind nur begrenzt in der Leber und den Muskeln speicherbar. Überschüssige Kohlenhydrate werden zu Fetten umgebaut. Diese können langfristig als Fettgewebe gespeichert werden und stellen so eine Energiereserve dar. Da beide Nährstoffe wichtige Energielieferanten sind, dienen sie vor allem als *Betriebsstoffe*.

Ein Gramm Eiweiß liefert 17 Kilojoule Energie. Eiweiße sind aber nicht wegen ihres Energiegehalts bedeutsam, sondern vor allem wegen ihrer Bausteine, der Aminosäuren. Diese werden zum Beispiel für den Aufbau von Zellen, etwa in Muskeln, aber auch für Haare und Nägel benötigt. Sie dienen daher vor allem als *Baustoffe*. Weil Jugendliche noch wachsen, benötigen sie mehr Baustoffe als Erwachsene. Der tägliche Eiweißbedarf von Jugendlichen beträgt ungefähr 1,2 Gramm pro Kilogramm Körpermasse. Erwachsene benötigen etwa 0,8 Gramm pro Kilogramm Körpermasse am Tag, da ständig Zellen erneuert und Gewebe umgebaut werden. Äpfel enthalten nur sehr wenig Eiweiß. Zur Deckung des täglichen Bedarfs wären 30 Kilogramm Äpfel erforderlich.

VITAMINE, MINERALSTOFFE UND BALLASTSTOFFE · Damit die Nährstoffe als Energie- und Baustofflieferanten richtig genutzt werden können, sind zusätzlich eine Reihe von Vitaminen und Mineralstoffen notwendig. Sie werden zwar nur in winzigen Mengen benötigt, müssen aber mit der Nahrung aufgenommen werden. Vitamine sorgen für einen geregelten Ablauf vieler Vorgänge im Körper. Mineralstoffe sind beispielsweise für die Blut- und Knochenbildung sowie die Nerven- und Muskeltätigkeit notwendig. Man sollte auch auf eine reichliche Aufnahme von Ballaststoffen achten. Sie sind für die Darmtätigkeit sehr wichtig. Ein Apfel pro Tag trägt zu einer gesunden Ernährung vor allem dadurch bei, dass er viele Vitamine, Mineral- und Ballaststoffe enthält.

1 Erkläre, was man unter Energiebedarf versteht!

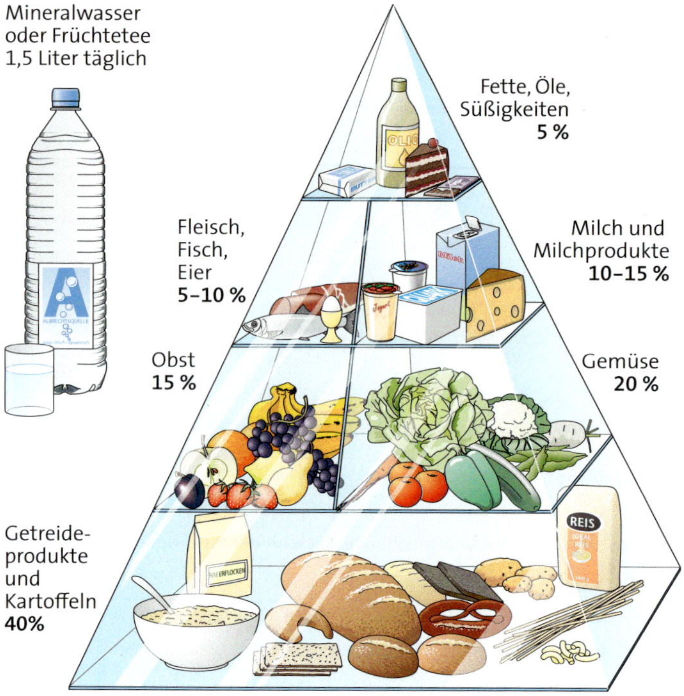

03 Ernährungspyramide

AUSGEWOGENE ERNÄHRUNG · Alle Lebensvorgänge laufen in Körperflüssigkeiten ab. Unser Körper besteht zu 70 Prozent aus Wasser. Die Aufnahme einer ausreichenden Menge von Wasser ist daher grundlegend für die Ernährung. Man sollte täglich zusätzlich zur Nahrung mindestens 1,5 Liter Wasser zu sich nehmen. Kohlenhydrate, Fette, Eiweiße, Vitamine, Mineralstoffe, Ballaststoffe und Wasser stellen die sieben Säulen der Ernährung dar. In Lebensmitteln sind diese Stoffe in unterschiedlichen Mengenanteilen enthalten. Für die verschiedenen Mahlzeiten sollten die Lebensmittel so zusammengestellt werden, dass der tägliche Bedarf an allen Stoffen gedeckt wird. So kann man eine **ausgewogene Ernährung** erreichen. Die für eine ausgewogene und deshalb gesunde Ernährung empfohlenen Anteile verschiedener Lebensmittel veranschaulicht eine *Ernährungspyramide.* Neben dem Wasser, das in Form von Mineralwasser, Kräutertees oder Saftschorle getrunken werden sollte, bilden *Getreideprodukte* und *Kartoffeln* mit etwa 40 Prozent der täglichen Nahrung die Basis. Die in ihnen enthaltenen Kohlenhydrate decken einen Großteil des Energiebedarfs und liefern auch einige Vitamine und viele Mineral- und Ballaststoffe. Die Anteile an *Obst* sollten mindestens 15 und an *Gemüse* 20 Prozent betragen. Damit werden sehr viele Vitamine, Mineral- und Ballaststoffe aufgenommen, bei Hülsenfrüchten außerdem Eiweiße. Als wichtige Eiweiß- und Fettlieferanten sollten *Fleisch, Fisch* und *Eier* etwa 5 bis 10 Prozent und *Milchprodukte* 10 bis 15 Prozent betragen. Damit wird auch der Bedarf an Vitaminen, die nur zusammen mit Fett aufgenommen werden können, und an weiteren Mineralstoffen gedeckt. Fette, wie *Butter* und *Öl,* sowie *Süßigkeiten* mit einem hohen Gehalt an Zucker und Fett sollten höchstens 5 Prozent unserer täglichen Nahrung ausmachen.

GESUNDE LEBENSMITTEL · Voraussetzung für eine gesunde Ernährung sind Lebensmittel, die keine Schadstoffe enthalten. Reste von Pflanzenschutzmitteln und Tiermedikamenten in Lebensmitteln können den Menschen krank machen. Pflanzen, die auf schadstofffreien Böden ohne Insektengifte angebaut wurden, sowie Fleisch, das nicht von Tieren aus Massentierhaltung stammt, sind in der Regel unbelastet und deshalb gesünder. Einige Stoffe, die Lebensmittel haltbar machen, sogenannte Konservierungsstoffe, sowie die vor allem in Fertigprodukten enthaltenen Geschmacksverstärker können für einige Menschen schädlich sein. Frische Lebensmittel sind meistens gesünder. Lebensmittel, die in der nahen Umgebung erzeugt werden, erhält man auf Wochenmärkten meistens frisch. Damit die Inhaltsstoffe nicht bereits vor dem Verzehr zerstört werden und keine Schadstoffe entstehen, sollten die Lebensmittel rasch und schonend zubereitet werden.

2 Beschreibe, worauf man achten sollte, wenn man sich gesund ernähren möchte!

Material A ▸ Energiebedarf

Aktivität	Leistungsumsatz pro 30 Minuten in Kilojoule
Schlafen	0
Liegen	42
Sitzen, Essen, Lesen, Fernsehen	54
Stehen	92
Sitzend schreiben, Teilnahme am Unterricht	130
Zu Fuß gehen 5 km/h	393
Radfahren 10 km/h	352
Radfahren 20 km/h	976
Fußballtraining	971
Dauerlauf 15 km/h	1 616

Wie hoch der Grundumsatz pro Stunde ist, errechnet sich aus dem Wert der Körpermasse in Kilogramm multipliziert mit 4,2 Kilojoule (kJ).

Ein 50 Kilogramm schwerer Schüler hat folgenden Tagesablauf: 9 Stunden Schlaf, 6 Stunden Schule, 30 Minuten Radfahren zur Schule mit 10 km/h, 15 Minuten Heimfahrt mit 20 km/h, 2 Stunden Hausarbeiten, 2 Stunden Fußballtraining, die übrige Zeit Essen, Lesen und Fernsehen.

A1 Ermittle den täglichen Leistungsumsatz dieses Schülers!

A2 Ermittle den täglichen Gesamtumsatz dieses Schülers!

A3 Ermittle deinen ungefähren Gesamtumsatz pro Tag!

Material B ▸ Ausgewogene Ernährung

A

B

Nährwerttabelle – Die Angaben gelten für 100 g Lebensmittel

Lebensmittel	Energie (kJ)	Kohlenhydrate (g)	Fett (g)	Eiweiße (g)	Vitamine (mg)	Mineralstoffe (mg)	Ballaststoffe (g)
Hackfleisch	1 243	-	24,5	18,8	2,74	644	-
Bratwurst	1 436	-	36	12,7	3,7	666	-
Spaghetti	1 520	75,2	1,2	13	62,3	193,6	0,3
Pommes frites	1 351	36,0	15,5	4,3	23,77	1272,2	1,5
Mayonnaise	3 058	3	80	2,0	6,3	109,2	
Tomatensoße	1 428	67,5	4,0	8,5	-	-	-
Ketchup	436	24		2,0	-	-	-
Kopfsalat	71	2,2	0,2	1,4	11,09	270	0,8
Karotten	172	8,7	0,2	1,1		477	12,4
Cola	185	11	-	-	-	25	-
Apfelsaft	197	11,7	-	0,1	1,25	130,4	0,1
Eiskrem	815	21	11,1	4,5	-	-	-
Frische Erdbeeren	155	7,3	0,5	0,8	63	223	1,3

Eine ausgewogene Ernährung sollte ein Nährstoffverhältnis von etwa 55 Prozent Kohlenhydrate, 30 Prozent Fette und 15 Prozent Eiweiße haben. *Gericht A* enthält 120 g Spaghetti, 60 g Hackfleisch und 30 g Tomatensoße. *Gericht B* besteht aus 120 g Bratwurst, 70 g Pommes frites und 20 g Ketchup.

B1 Stelle die Menge der Inhaltsstoffe der beiden Gerichte in einer Tabelle gegenüber! Berechne die relativen Nährstoffanteile und trage sie ebenfalls in die Tabelle ein!

B2 Vergleiche die in B1 dargestellten Werte mit den Empfehlungen für ein ausgewogenes Nährstoffverhältnis!

B3 Ergänze die beiden Gerichte sinnvoll durch einen Salat oder Nachtisch! Begründe deine Wahl!

01 Stärkung mit Weintrauben

Verdauung von Kohlenhydraten

Wenn wir Weintrauben essen, erhalten unsere Muskeln sehr schnell viel Energie. Der Traubensaft enthält große Mengen des energiereichen Kohlenhydrats Traubenzucker. Wie macht unser Körper Kohlenhydrate für die Muskeln und die übrigen Organe nutzbar?

VERDAUUNG IM MUND · Traubenzucker ist als Einfachzucker so klein, dass die Moleküle von den Schleimhäuten aufgenommen und mit dem Blut im Körper verteilt werden können. Kohlenhydrate, die größer als der Traubenzucker sind und aus mehreren zusammenhängenden Bausteinen, den Einfachzuckern, bestehen, müssen zunächst zerkleinert werden, damit sie ins Blut aufgenommen werden können. Die Vorgänge, durch die die Nährstoffe in kleinere Bestandteile zerlegt werden, nennt man **Verdauung.** Die Verdauung der langen Traubenzuckerketten der Stärke zum Beispiel beginnt im Mund. Die Speicheldrüsen bilden pro Tag etwa 1,5 Liter Speichel. Dieser zerlegt den Vielfachzucker Stärke in kleine Stücke, die aus je zwei Traubenzuckerbausteinen bestehen. Dieser Zweifachzucker wird als **Malzzucker** bezeichnet. Er ist auch noch zu groß, um ins Blut zu gelangen.

VERDAUUNG IM DÜNNDARM · Der Malzzucker kommt vom Mund durch die Speiseröhre in den Magen und von dort in den Dünndarm. Die vom Dünndarm gebildete Flüssigkeit, der *Dünndarmsaft,* spaltet die Malzzucker. So entstehen einzelne Traubenzuckerbausteine. Diese wandern dann durch die Dünndarmoberfläche in die darunterliegenden zahlreichen Kapillaren. Die Stärke, die im Mund noch nicht abgebaut wurde, wird über die Speiseröhre und den Magen unverändert bis in den Anfangsteil des Dünndarms, den Zwölffingerdarm, transportiert. Hier mündet der Ausführgang einer großen Drüse, der Bauchspeicheldrüse. Ähnlich wie der Mundspeichel baut die von dieser Drüse abgegebene Flüssigkeit, der *Bauchspeichel,* die Stärke zu Malzzucker ab. Der Malzzucker wird anschließend zu Traubenzucker

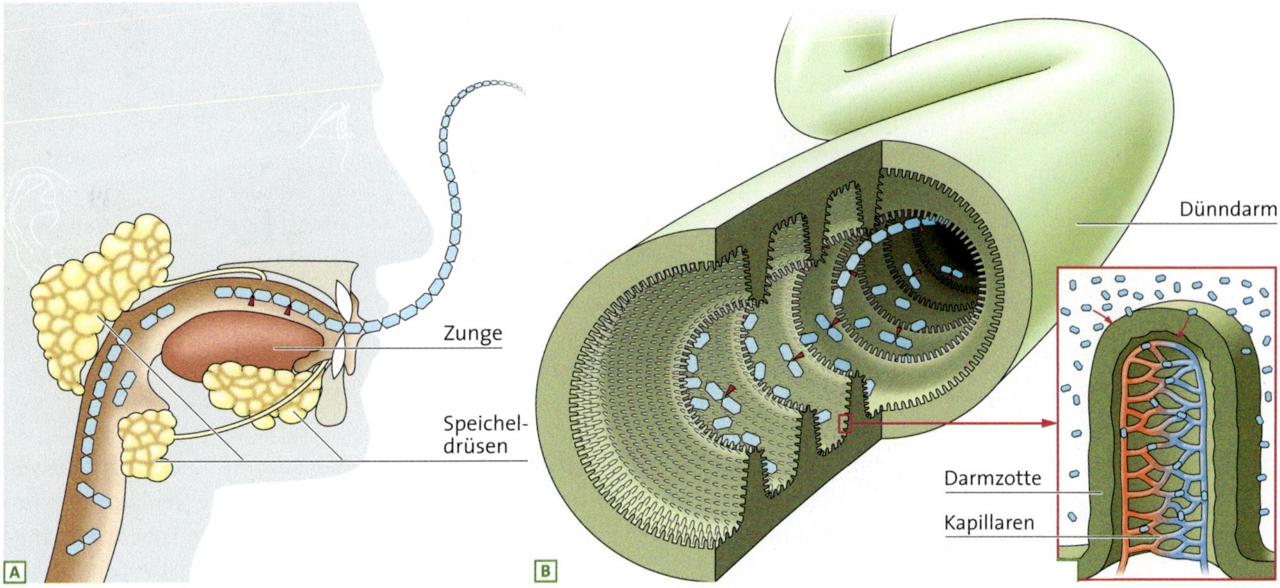

02 Verdauung der Stärke: **A** im Mund, **B** im Dünndarm, **C** Aufnahme von Traubenzucker in die Kapillaren einer Darmzotte

gespalten. Die Flüssigkeiten, die den Abbau der Nährstoffe besorgen, bezeichnet man als *Verdauungssäfte*.

Die Verdauungsvorgänge in unserem Körper benötigen eine gewisse Zeit. Der im Traubensaft enthaltene Traubenzucker jedoch bringt so schnell Energie, weil er nicht verdaut werden muss. Mit dem Blut erreicht der Traubenzucker in kurzer Zeit die Zellen, zum Beispiel die Muskelzellen, wo die in ihm enthaltene Energie durch die Zellatmung freigesetzt wird.

Um in die Blutbahn übertreten zu können, müssen die Bausteine der Nährstoffe, zum Beispiel der Traubenzucker, Kontakt mit der Oberfläche der Verdauungsorgane bekommen. Die Wand des Dünndarms ist in Falten gelegt. Aus diesen *Dünndarmfalten* ragen wie winzige Finger viele kleine, dicht stehende Ausstülpungen nach innen in den Darm hinein. Man nennt sie *Darmzotten*. Die Oberfläche des Dünndarms ist daher sehr viel größer, als sein Durchmesser von etwa drei Zentimetern und seine Länge von drei bis vier Metern vermuten lassen. Diese **Oberflächenvergrößerung** wird durch den Bau der Zellen der Darmzotten noch weiter verstärkt. Sie tragen an der Seite, die gegen den Darminnenraum gerichtet ist, zahlreiche sehr dünne Fortsätze, die *Mikrovilli*.

Die Dünndarmfalten, die Darmzotten und die Mikrovilli ergeben insgesamt eine Oberfläche der Darminnenwand von etwa 200 Quadratmetern. Das entspricht ungefähr der Fläche eines Tennisplatzes. Durch diese riesige Oberfläche kommen sehr viele Nährstoffbausteine zur gleichen Zeit mit der Darmwand in Kontakt. Die hohe Anzahl der Kapillaren in der Wand des Dünndarms bildet insgesamt ebenfalls eine sehr große Oberfläche. Die verdauten Nährstoffe, in dem Fall die Einfachzucker der Kohlenhydrate können so sehr schnell ins Blut aufgenommen werden.

Die Vorteile, die das Prinzip der Oberflächenvergrößerung bietet, treten auch beim Kauen auf. Wenn man dabei zum Beispiel ein Stück Brot zerteilt, wird seine Oberfläche größer. So hat der Speichel eine größere Fläche, über die er auf die im Brot enthaltene Stärke einwirken kann.

1 Beschreibe, wie Stärke verdaut wird!

2 Erkläre, wie der Dünndarm im Bau seiner Funktion der Nährstoffaufnahme angepasst ist!

griechisch mikros = klein

lateinisch villus = Zottelhaar, Fransen

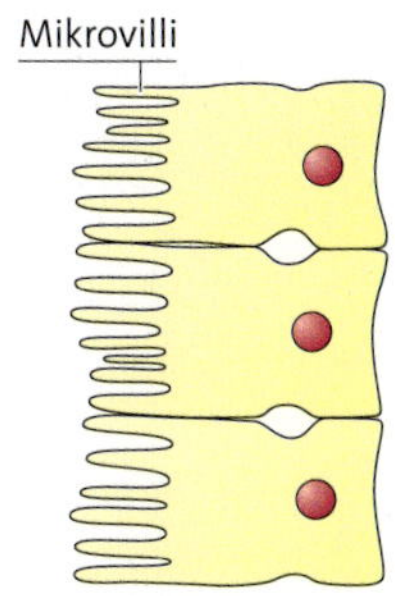

03 Dünndarmzelle mit Mikrovilli

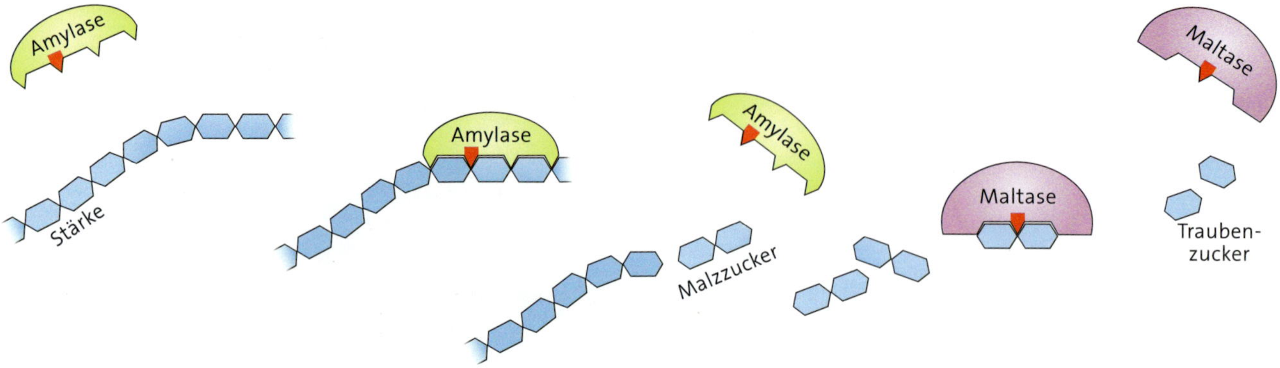

04 Abbau der Stärke durch Amylase und Maltase

ENZYME · Die Stärke, zum Beispiel im Brot, ist sehr stabil. Sie lässt sich nur in ihre Bestandteile auftrennen, wenn man sie stark erhitzt. Der Mundspeichel und der Bauchspeichel enthalten aber einen Stoff, der Stärke auch bei Körpertemperatur zerlegt. Dieser Stoff heißt *Amylase*. Dazu heftet sich die Amylase für sehr kurze Zeit an eine Stelle der Stärke und zerschneidet sie, sodass *Malzzucker* entsteht. Danach löst sich die Amylase wieder von der Stärke und heftet sich an eine andere Stelle eines Stärkemoleküls.

Die Amylase verändert sich durch ihre Tätigkeit nicht. Weil sie sich daher immer wieder in kurzen Zeitabständen für einen neuen Spaltungsvorgang einsetzen lässt, kann mit sehr wenig Amylase eine große Menge von Stärke abgebaut werden. Stoffe, die so wie die Amylase für die Umwandlung von Stoffen bei Körpertemperatur sorgen, nennt man **Enzyme.** Enzyme sind Eiweiße. Sie sind nicht nur für die Verdauung erforderlich, sondern für fast alle Lebensvorgänge innerhalb und außerhalb der Zellen.

Die Amylase kann nur Stärke spalten, nicht aber Malzzucker. Sie ist so gebaut, dass sie genau zur Stärke passt, nicht aber zum Malzzucker. Die Amylase kann daher nur Stärke spalten. Für die Zerlegung von Malzzucker in zwei Traubenzuckerbausteine ist ein anderes Enzym zuständig, die *Maltase*. Vergleichbar ist das mit einem Schlüssel, der nur in ein ganz bestimmtes Schloss passt. Bei allen Enzymen ist diese Passgenauigkeit die Voraussetzung dafür, dass sie wirken können. Man spricht daher vom **Schlüssel-Schloss-Prinzip.** Enzyme können also ihre Funktion, die Veränderung von Stoffen, nur erfüllen, wenn ihr Bau, ihre Struktur, zu der des Stoffes passt, der verändert werden soll. Alle Enzyme sind auf eine bestimmte Wirkung spezialisiert. Maltase zum Beispiel kann nur Verbindungen zwischen zwei Traubenzuckerbausteinen lösen, sie aber nicht miteinander verknüpfen.

Für alle Enzyme gilt: Sie bewirken die Umwandlung von Stoffen. Sie verändern sich bei den Umwandlungen der Stoffe selbst nicht. Jedes Enzym ist auf ganz bestimmte Stoffe und eine ganz bestimmte Wirkung spezialisiert.

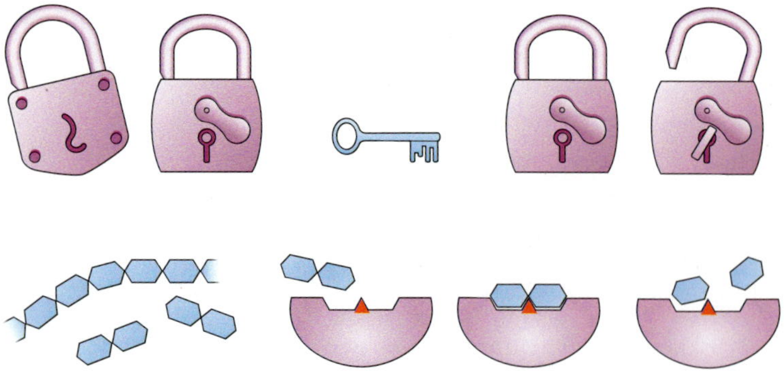

05 Schema des Schlüssel-Schloss-Prinzips der Enzymwirkung

3 Beschreibe die Arbeitsweise von Enzymen!

Material A ▸ Wirkung des Speichels auf Stärke

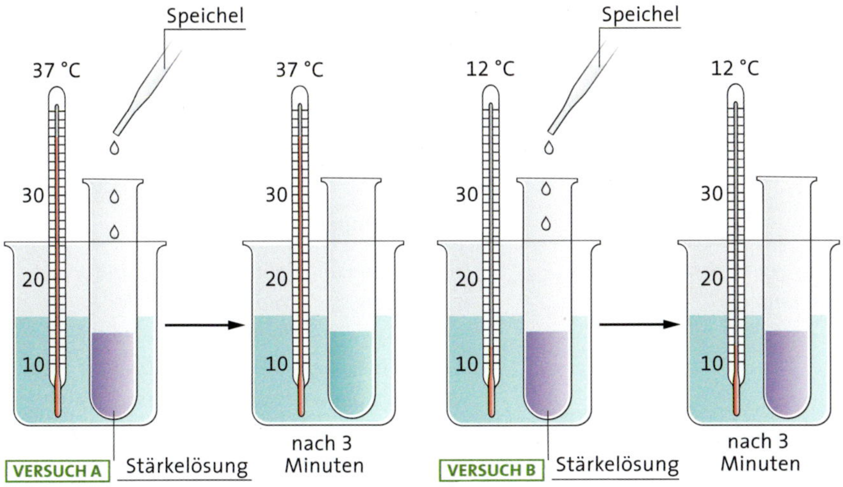

In den schematisch dargestellten Versuchen A und B wurde in Wasser gelöste Stärke mit Iod-Kaliumiodid-Lösung blau angefärbt. In beiden Versuchen waren alle Versuchsbedingungen, bis auf eine, gleich.

A1 Beschreibe den Versuchsaufbau!

A2 Erkläre das Ergebnis des Versuchs A!

A3 Stelle Vermutungen an, wie sich das Ergebnis des Versuchs B erklären ließe!

A4 Begründe, weshalb die Stärke angefärbt wurde!

A5 Begründe, weshalb in beiden Versuchen alle Versuchsbedingungen außer einer gleich sein mussten!

Material B ▸ Wirkung von Enzymen

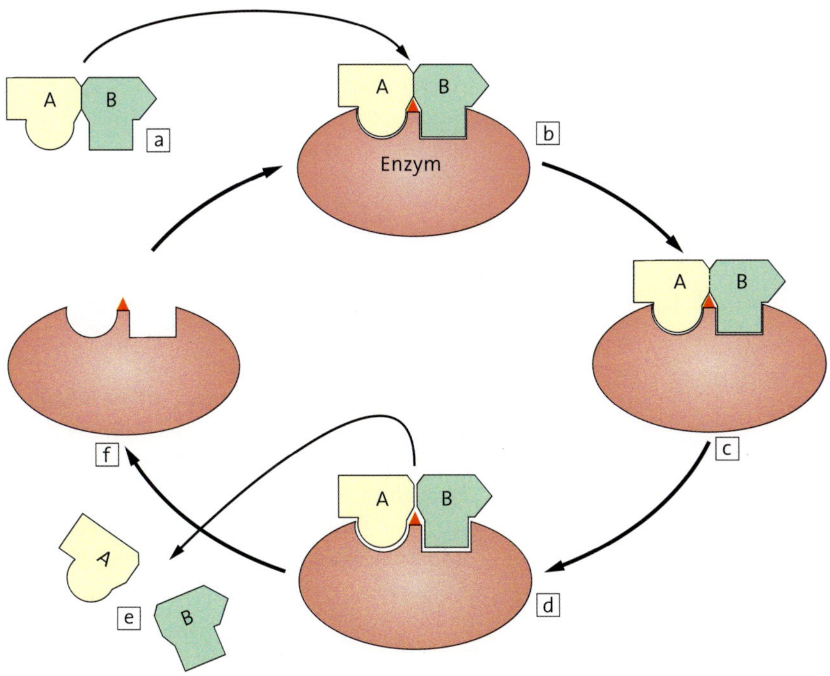

In der Abbildung ist die Wirkung von Enzymen am Beispiel der Spaltung eines Stoffes dargestellt. Das Schema gilt für alle Enzyme.

B1 Beschreibe die im Schema dargestellten Vorgänge, durch die ein Stoff mithilfe eines Enzyms gespalten wird!

B2 Begründe mithilfe des Schemas, weshalb nur eine geringe Menge von Enzymen für die Spaltung einer großen Stoffmenge erforderlich ist!

B3 Fertige ein ähnliches Schema an, in dem dargestellt ist, dass ein Enzym nur einen bestimmten Stoff spalten kann!

B4 Erläutere am Beispiel des bei B3 angefertigten Schemas den Zusammenhang zwischen Struktur und Funktion!

METHODE

Ein Protokoll erstellen

Naturwissenschaftler führen häufig Experimente durch, um Phänomene zu erklären. Um diese Versuche festzuhalten, werden Protokolle angefertigt. Sie dienen der Dokumentation von Durchführung und Ergebnissen.

Aufgabenstellung

Die Aufgabenstellung ergibt sich aus der Beobachtung eines Phänomens.

Vorbetrachtung, Vermutung

Um die Aufgabenstellung zu untersuchen, werden begründete Vermutungen zu ihrer Beantwortung aufgestellt. Dazu werden auch Überlegungen formuliert, wie die Aufgabenstellung gelöst werden kann. Die Vermutungen werden auf ihren Wahrheitswert geprüft.

Materialien

Hier werden alle Materialien, die für den Versuch benötigt werden, aufgezählt. Dazu gehören Laborgeräte, Chemikalien sowie alle weiteren Materialien wie zum Beispiel Pflanzen oder Lebensmittelproben.

Durchführung

Um den Aufbau des Experimentes anschaulich zu machen, können Zeichnungen angefertigt werden. Die Durchführung beschreibt, was man bei dem Experiment macht. Wichtig ist, dass alles so beschrieben wird, dass auch jemand, der das Experiment nicht kennt, dieses nachvollziehen kann.

Beobachtungen

Hier werden alle Beobachtungen und Messwerte notiert, die man während des Experimentes wahrnehmen oder messen kann. Wichtig ist, dass die Beobachtungen hier noch nicht gedeutet werden. Messwerte werden zum Beispiel in Form einer Tabelle zusammengefasst.

Auswertung und Deutung

Um die Aufgabenstellung zu beantworten, werden die Beobachtungen und Ergebnisse hier ausgewertet. Dafür werden die Beobachtungen erklärt und allgemeine Schlussfolgerungen daraus gezogen. Weiterhin wird ein Bezug zu den anfangs aufgestellten Vermutungen hergestellt. Sie sind entweder wahr oder falsch.

Fehlerbetrachtung

Bei Experimenten kommt es oft zu Problemen in der Durchführung, die man bei der Planung nicht bedacht hat. Dadurch entstehen Fehler und nicht auswertbare Ergebnisse. Diese Fehler werden hier genannt und Änderungsvorschläge für die Durchführung entwickelt.

Protokoll

Aufgabenstellung: Überprüfe die Verdauung von Stärke durch Mundspeichel!

Vorbetrachtung/Vermutungen: Stärke wird durch Iod-Kaliumiodid-Lösung nachgewiesen. Ein Rückgang der Blaufärbung zeigt eine Verringerung der Stärkekonzentration an.

Vermutung 1: Speichel verdaut Stärke.

Vermutung 2: Stärke zersetzt sich in wässriger Lösung von selbst.

Materialien: zwei Reagenzgläser, Reagenzglasständer, zwei 50-Milliliter-Bechergläser, Tropfpipette, Spatel, Stärke, Iod-Kaliumiodid-Lösung

Durchführung:

In einem Becherglas werden zehn Milliliter Speichel gesammelt. In dem anderen Becherglas wird die Stärkelösung aus 20 Millilitern lauwarmem Wasser und einer Spatelspitze Stärke hergestellt. Zu diesem Gemisch gibt man fünf Tropfen Iod-Kaliumiodid-Lösung. Die beiden Reagenzgläser werden etwa zwei Zentimeter hoch mit dem Ausgangsgemisch gefüllt.

> Dadurch, dass das Ausgangsgemisch in einem einzigen Becherglas hergestellt wird, ist sichergestellt, dass in jedem Reagenzglas die gleiche Konzentration enthalten ist.

In Reagenzglas A werden zwei Milliliter Speichel gegeben. In Reagenzglas B werden zwei Milliliter Wasser gegeben.

> Der Versuchsansatz ohne Speichel dient in diesem Fall als Kontrollansatz. Darüber hinaus führt das Hinzufügen von Wasser dazu, dass beide Gemische auf gleiche Weise verdünnt werden und in beiden Reagenzgläsern das gleiche Volumen an Flüssigkeit enthalten ist. Somit ist sichergestellt, dass Farbänderungen nicht durch unterschiedliche Konzentrationen hervorgerufen werden.

Beide Proben werden 15 Minuten stehen gelassen.

> In beiden Ansätzen kann die Reaktion über den gleichen Zeitraum ablaufen.

Die Farbintensität der Proben wird gleichzeitig bestimmt.

> Der verbleibende Stärkegehalt, also die Messgröße, wird nach gleicher Einwirkzeit erfasst.

Die Farbintensitäten der Proben werden verglichen.

> Durch den Vergleich der Farbintensität können die Unterschiede der noch enthaltenen Stärkemengen festgestellt werden.

Beobachtungen: Zu Beginn des Versuchs sind die Lösungen in beiden Versuchsansätzen blauviolett gefärbt. Nach 15 Minuten konnte man beobachten, dass das Gemisch in Reagenzglas A gelblich und das Gemisch in Reagenzglas B blauviolett ist.

Auswertung: Die blauviolette Färbung zu Beginn des Versuchs zeigt an, dass Stärke vorhanden ist. In Reagenzglas A ist die Blaufärbung verschwunden. Daraus kann man schließen, dass der Speichel für den Abbau der Stärke verantwortlich ist. In Reagenzglas B konnte keine Farbänderung beobachtet werden. Das ist darauf zurückzuführen, dass keine Zersetzung der Stärke stattgefunden hat. Die Hypothese 1 konnte im Experiment zunächst bestätigt werden. Hypothese 2 wurde widerlegt.

01 Eisbein

Verdauung von Eiweißen und Fetten

Mit der Nahrung müssen wir auch Eiweiße und Fette aufnehmen, zum Beispiel in Form von Fleisch oder fett- und eiweißreichen pflanzlichen Nahrungsmitteln. Wie verdaut und verwertet der Körper diese Nährstoffe?

VERDAUUNG VON EIWEISSEN · Die in der Nahrung, zum Beispiel in einem Eisbein, enthaltenen Eiweiße gelangen nach dem Kauen und Schlucken fast unverändert in den Magen. Die Magenschleimhaut bildet pro Tag etwa zwei Liter Verdauungssaft. Dieser enthält ein Enzym, das Eiweiße in kürzere Ketten von Aminosäuren zerlegt. Man nennt solche Enzyme, die Eiweiße spalten, *Proteasen*. Das eiweißspaltende Enzym des Magensafts **Pepsin** wirkt nur in einer salzsauren Umgebung. Dafür sorgt eine sehr starke Säure, die besondere Zellen der Magenwand abgeben, die *Salzsäure*. Diese Magensäure hat aber noch weitere Wirkungen. Sie lässt die in Flüssigkeiten, zum Beispiel in der Milch, gelösten Eiweiße gerinnen. Dabei entsteht eine weiche Masse aus Eiweißen, die länger im Magen verweilt und somit länger dem eiweißspaltenden Enzym Pepsin ausgesetzt ist.

Außerdem tötet die Magensäure die in der Nahrung enthaltenen meisten Krankheitserreger ab, zum Beispiel Bakterien. Die Muskeln der Magenwand sorgen durch knetende Bewegungen dafür, dass der Mageninhalt mit dem Magensaft gründlich durchmischt wird.

Die schon in kurze Aminosäureketten zerlegten Eiweiße verlassen den Magen und gelangen in den Dünndarm. Dort wirken Verdauungssäfte auf sie ein, die von der Bauchspeicheldrüse und der Dünndarmwand gebildet werden. Die Bauchspeicheldrüse bildet pro Tag etwa 1,5 Liter Bauchspeichel, der durch einen Ausführgang in den vorderen Abschnitt des Dünndarms, den *Zwölffingerdarm*, fließt. Die Dünndarmwand scheidet pro Tag etwa drei Liter Dünndarmsaft ab. Diese beiden Verdauungssäfte enthalten eiweißspaltende Enzyme, die die kurzen Aminosäureketten weiter abbauen, bis die ursprünglich in der Nahrung enthaltenen Eiweiße vollständig in ihre Einzelbausteine, die Aminosäuren, zerlegt sind. Auch die Dünndarmwand ist von Muskeln durchzogen. Sie treiben den Darminhalt weiter und durchmischen ihn mit dem Verdauungssaft.

VERWENDUNG VON EIWEISSEN · Aminosäuren sind so klein, dass sie durch die Oberfläche der Dünndarmzotten und durch die Wand der darin liegenden Kapillaren ins Blut aufgenommen werden können. Das Blut transportiert sie zu den Zellen. Die Zellen verwenden die Aminosäuren, um sie zu eigenen, menschlichen Eiweißen wieder zusammenzusetzen. Die Reihenfolge der Aminosäuren der nun menschlichen Eiweiße ist aber anders als die der Eiweiße in der Nahrung. Die Eiweiße im Eisbein unterscheiden sich deutlich von denen in den Zellen des Menschen.

Die Zellen des Menschen bestehen vorwiegend aus Eiweißen. Diese haben nur eine begrenzte Lebensdauer und müssen daher ständig ersetzt werden. Wenn die Eiweißverdauung gestört ist oder wenn die Nahrung zu wenige Eiweiße enthält, kommt es daher zu sehr ernsthaften gesundheitlichen Störungen. Nicht alle Aminosäuren sind gleich wichtig. Diejenigen, die auf jeden Fall in der Nahrung enthalten sein müssen, bezeichnet man als *essenzielle Aminosäuren*. Für Kinder ist der Eiweißmangel besonders gefährlich, denn sie benötigen für ihr Körperwachstum ständig große Mengen an Eiweißen, um neue Zellen bilden zu können.

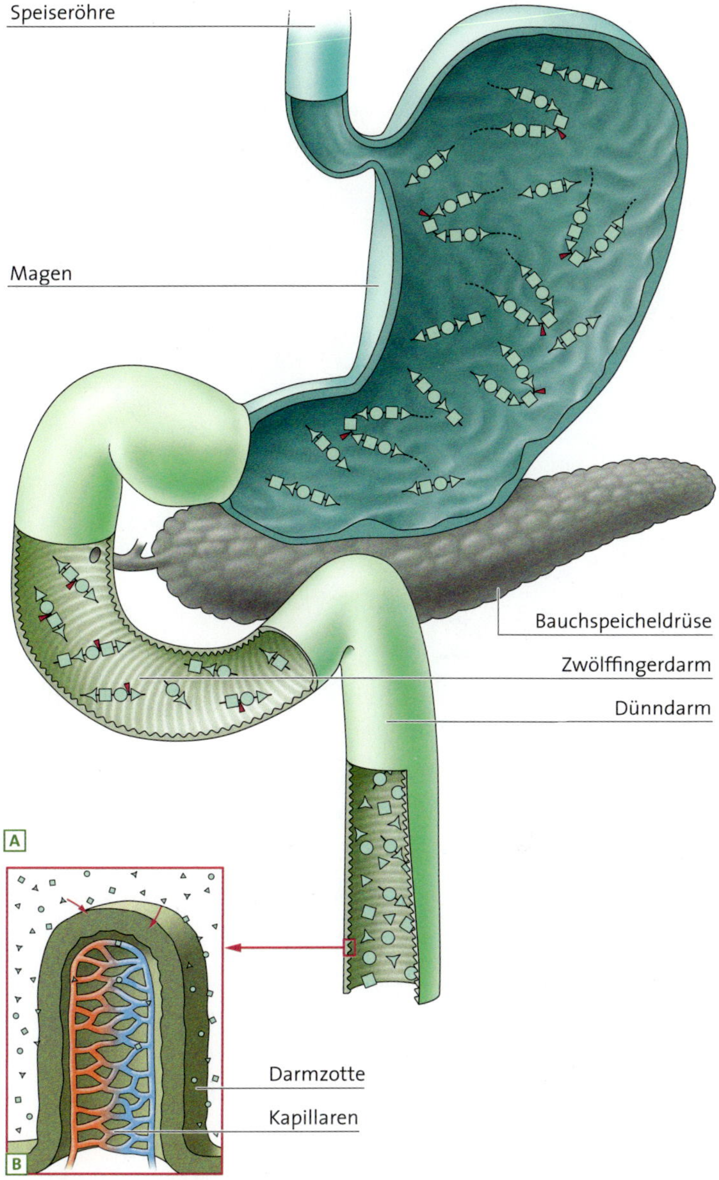

02 Verdauung von Proteinen: **A** im Magen und Dünndarm, **B** Aufnahme von Aminosäuren in die Kapillaren einer Dünndarmzotte

1 Beschreibe, wie Eiweiße verdaut werden!

2 Begründe den unterschiedlichen Aufbau der Eiweiße der Nahrung und der Eiweiße der Zellen des Menschen!

3 Beschreibe die Aufgaben der Magensäure!

4 Begründe, weshalb ein Eiweißmangel besonders gefährlich ist!

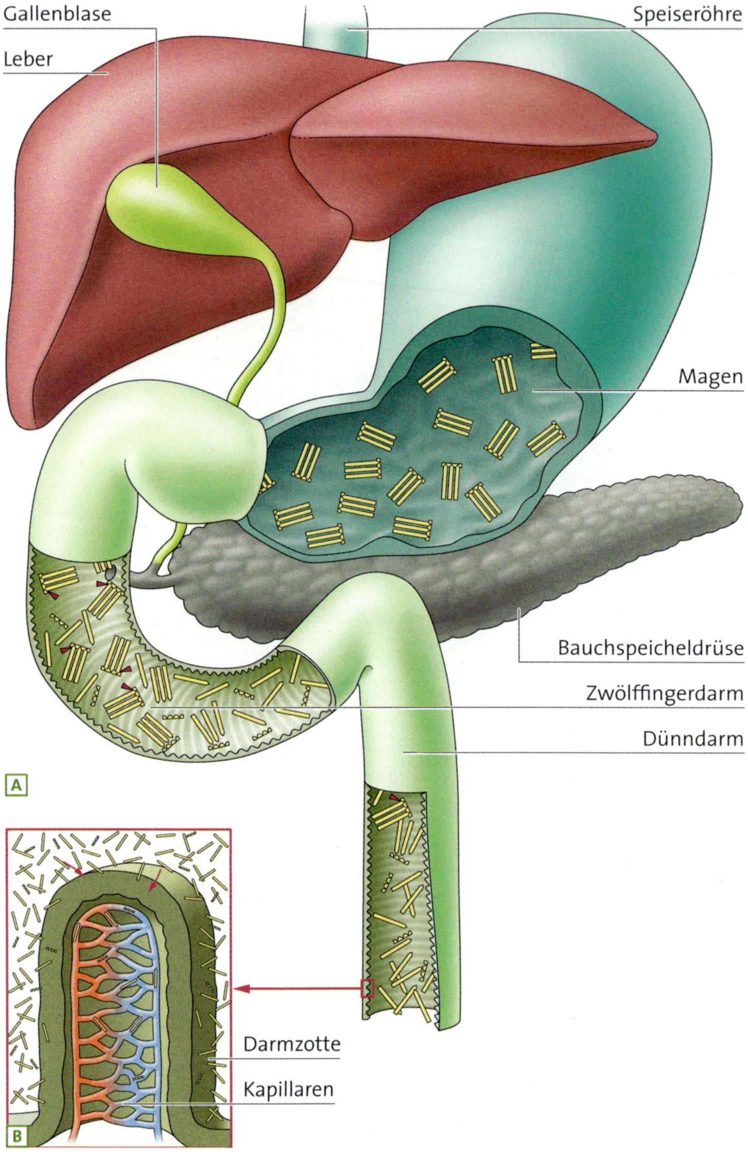

03 Verdauung von Fetten: **A** im Zwölffingerdarm und Dünndarm, **B** Aufnahme von Fettbestandteilen in die Kapillaren einer Dünndarmzotte

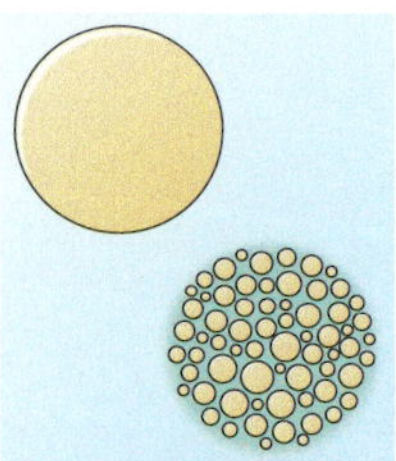

04 Verteilung von Fett durch Galle

5 Nenne Verdauungsorgane, die am Abbau der Fette beteiligt sind!

6 Erläutere das Prinzip der Oberflächenvergrößerung am Beispiel der Wirkung von Galle!

7 Begründe, weshalb die Galle in einigen Fachbüchern nicht als Verdauungssaft bezeichnet wird!

VERDAUUNG VON FETTEN · Die in der Nahrung, zum Beispiel in einem Eisbein, enthaltenen Fette werden auf ihrem Weg vom Mund durch die Speiseröhre und den Magen kaum verändert. Ihre Verdauung beginnt erst im vorderen Abschnitt des Dünndarms, dem *Zwölffingerdarm*. Dort mündet ein Gang, durch den die Bauchspeicheldrüse ihren Verdauungssaft abgibt. Der Bauchspeichel enthält außer den Amylasen und den Proteasen auch Enzyme, die die Fette in ihre Bestandteile, Glycerin und Fettsäuren, zerlegt. Weil man Fette in der Fachsprache als Lipide bezeichnet, nennt man Fett abbauende Enzyme *Lipasen*. Auch der von der Dünndarmwand gebildete Verdauungssaft enthält Lipasen.

In den Zwölffingerdarm mündet noch ein weiterer Ausführgang. Er geht von der *Gallenblase* aus. In der Gallenblase wird eine Flüssigkeit gespeichert, der Gallensaft, der auch *Galle* genannt wird. Die Galle wird in der Leber gebildet. Etwa einen halben Liter dieser gelbgrünen Flüssigkeit gibt die Gallenblase pro Tag in den Zwölffingerdarm ab. Die Galle zerteilt große Fetttropfen in viele kleine. Dadurch vergrößert sie die Oberfläche des Fetts sehr stark. Auf diese Weise kann viel Lipase des Bauchspeichels und des Dünndarmsaftes gleichzeitig an vielen Stellen mit viel Fett in Kontakt treten. So kann in kurzer Zeit eine große Fettmenge abgebaut werden. In Fetten ist sehr viel Energie enthalten. Ohne Galle könnte diese wertvolle Energiequelle nur sehr unvollständig genutzt werden.
Die Bestandteile der Fette, Glycerin und Fettsäuren, können durch die Zotten der Dünndarmwand in die darin liegenden Gefäße eindringen. Ein Teil der Fettbestandteile kommt so direkt in die Kapillaren, ein anderer Teil aber wird zunächst in Lymphgefäße aufgenommen und gelangt von dort in das Blutgefäßsystem. Dafür sorgt ein Gang, der im oberen Brustbereich das Lymphgefäßsystem mit dem Blutgefäßsystem verbindet.

Material A ▸ Verdauung von Nährstoffen

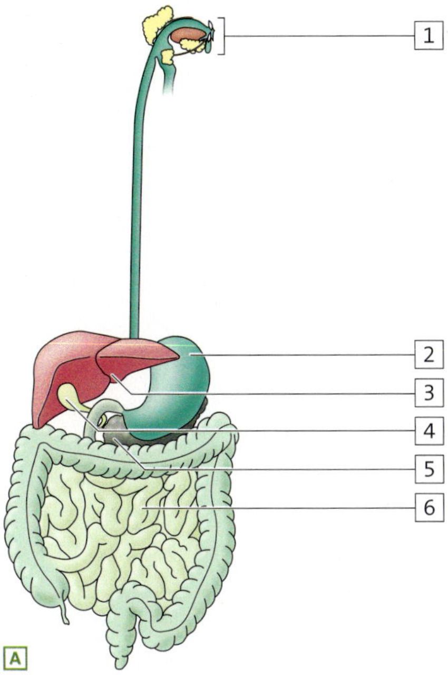

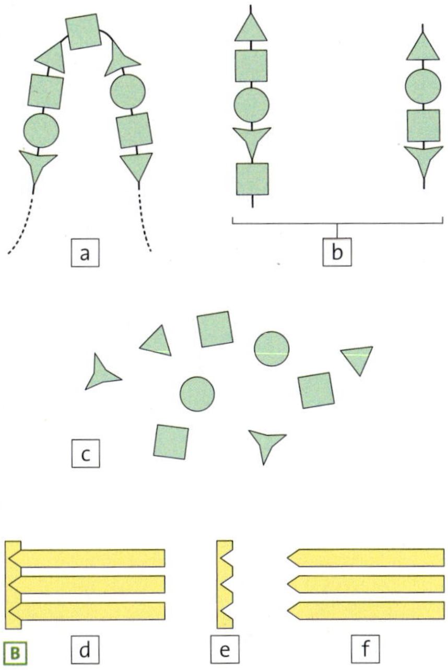

Abbildung A zeigt ein Schema der Verdauungsorgane des Menschen. In der Abbildung B sind Symbole für die Nährstoffe und ihre Bestandteile dargestellt, in die sie durch die Verdauung zerlegt werden.

A1 Benenne die mit Zahlen gekennzeichneten Bereiche!

A2 Nenne die Fachbegriffe für die in der Abbildung B dargestellten Symbole und ordne sie den passenden Stellen des Schemas A zu! Dabei sind Mehrfachnennungen möglich.

A3 Ordne die Enzyme Proteasen, Lipasen, Maltase, Amylasen den Stellen der Abbildung A zu, an denen sie gebildet werden!

A4 Nenne die Organe, die an der Bildung und Speicherung der Flüssigkeit beteiligt sind, die Fett in kleine Tropfen verteilt!

A5 Nenne den Ort, an dem die Nährstoffe oder ihre Bestandteile in das Blut aufgenommen werden!

VERSUCH B ▸ Wirkung von Pepsin

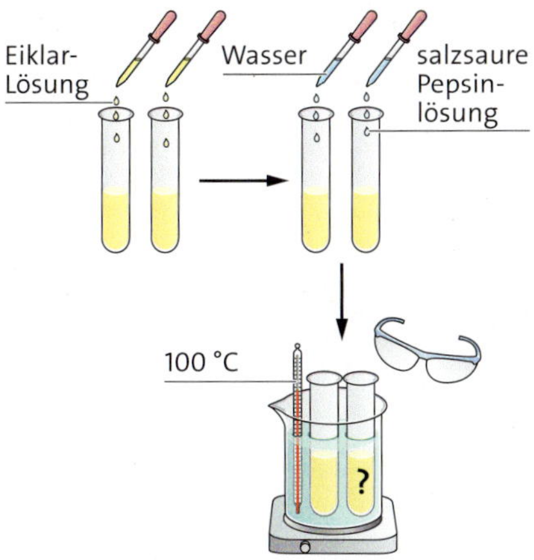

Wird Eiklar gekocht, gerinnen die darin enthaltenen, langkettigen Eiweiße und es entsteht eine feste, weiße Masse. Kürzere Eiweißketten können nicht gerinnen.

Material:
2 Reagenzgläser, siedendes Wasserbad, Eiklar-Lösung, salzsaure Pepsin-Lösung, Wasser, Pipetten

Durchführung:
Gib in zwei Reagenzgläser je 5 ml Eiklar-Lösung. Das Reagenzglas A wird anschließend mit 3 ml Wasser und Reagenzglas B mit 3 ml salzsaurer Pepsin-Lösung gefüllt. Erwärme beide Reagenzgläser nach mindestens 30 Minuten in einem siedenden Wasserbad.

B1 Stelle Vermutungen an, welches Ergebnis das Experiment zeigen wird!

B2 Beschreibe deine Beobachtungen beim gleichzeitigen Erhitzen beider Reagenzgläser im Wasserbad!

B3 Erkläre die erhaltenen Ergebnisse!

Unterscheiden sich die Reagenzgläser nach dem Erhitzen nicht, war das Experiment erfolglos.

B4 Begründe mögliche Fehler, die aufgetreten sein könnten!

Verdauung im Überblick

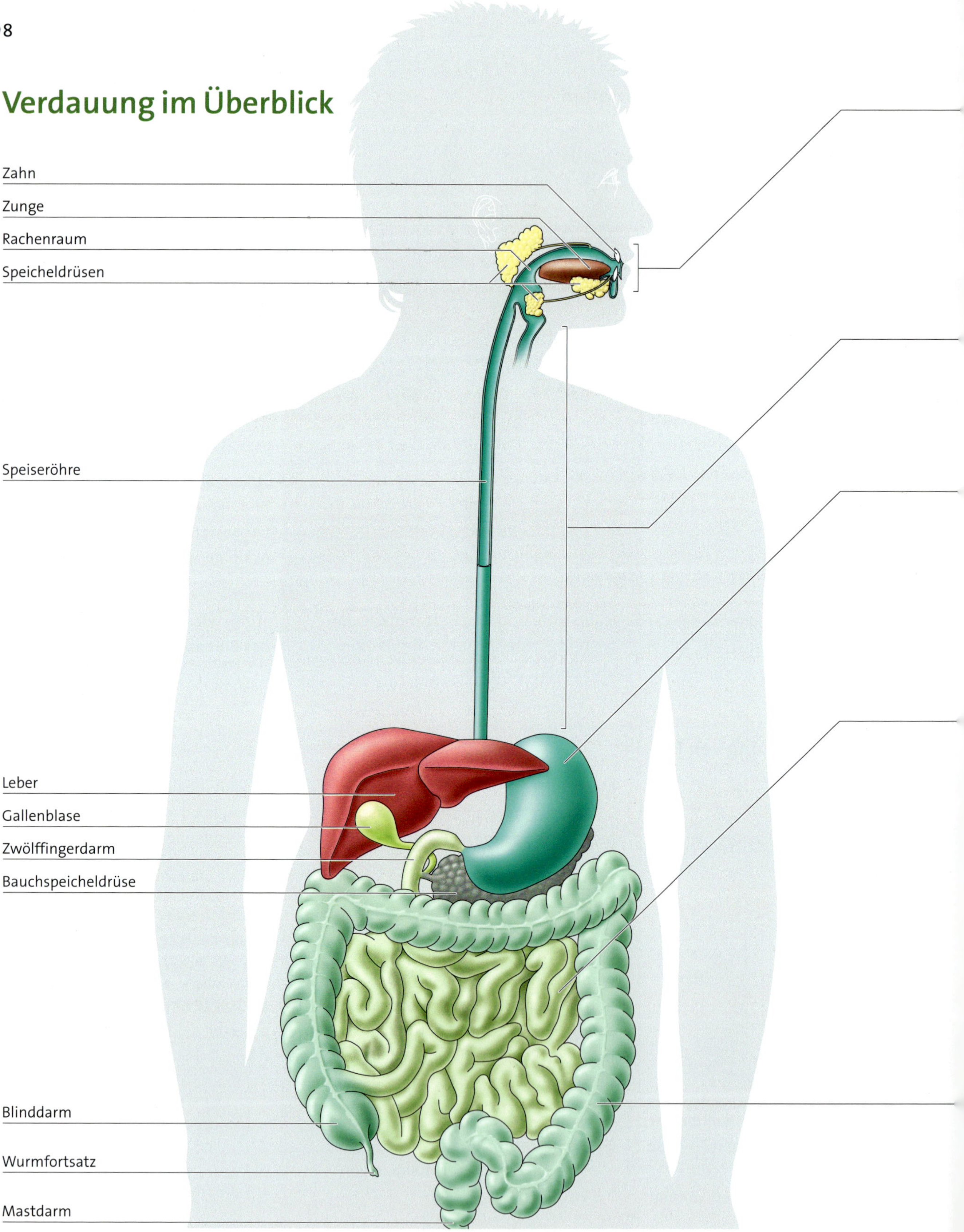

Mundhöhle:

- Mündung der Ausführgänge der Speicheldrüsen
- Speichelproduktion: etwa 1,5 Liter pro Tag
- Zerkleinerung der Nahrung durch Zähne und Zunge

Der Speichel enthält das Enzym Amylase. Dieses zerlegt einen Teil der in der Nahrung enthaltenen Stärke in Malzzucker. Fette, Proteine und Ballaststoffe werden im Mund nicht abgebaut.
Der Nahrungsbrei wird durch den Schluckvorgang in die Speiseröhre befördert.

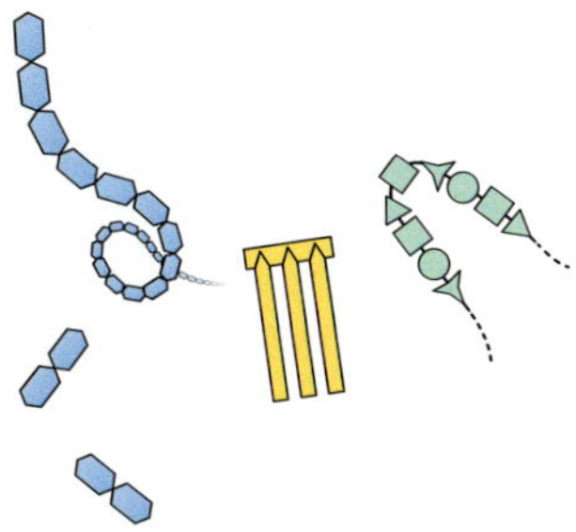

Speiseröhre:

- Länge: etwa 25 Zentimeter
- Durchmesser: etwa 1,5 Zentimeter

Die Speiseröhre dient dem Weitertransport der Nahrung. Verdauungsvorgänge finden nicht statt.

Magen:

- Fassungsvermögen: etwa 1,5 Liter
- Verweildauer der Nahrung: 1 bis 5 Stunden
- Magensaftproduktion: 2 bis 3 Liter pro Tag
- Magensäure: Abtöten von Keimen

Das Pepsin des Magensaftes zerlegt die Eiweiße in kürzere Aminosäureketten. Kohlenhydrate, Fette und Ballaststoffe werden nicht weiter abgebaut.

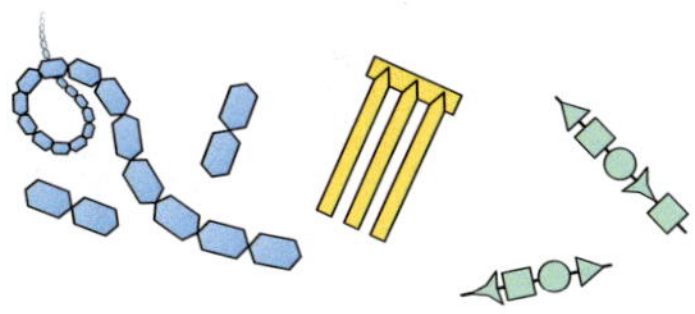

Dünndarm:

- Gesamtinnenfläche: etwa 200 Quadrat meter
- Länge: zwischen 3 und 4 Meter
- Verweildauer des Nahrungsbreis: 2 bis 4 Stunden
- Mündung der Ausführgänge von Bauchspeicheldrüse und Gallenblase in den Zwölffingerdarm
- Leber: Produktion von etwa 650 Milliliter Gallensaft pro Tag
- Gallensaft: Zerteilung großer Fetttropfen in viele kleine
- Bauchspeicheldrüse: Produktion von 700 bis 2500 Milliliter Bauchspeichel pro Tag

Der Dünndarmsaft und der Bauchspeichel enthalten Verdauungsenzyme. Amylasen und Maltasen spalten die Kohlenhydrate in Traubenzucker. Proteasen zerlegen die Aminosäureketten in Aminosäuren. Lipasen spalten die Fette in Glycerin und Fettsäuren. Kohlenhydrate und Aminosäuren werden durch die Zellen der Darmwand ins Blut aufgenommen, Glycerin und Fettsäuren gelangen durch die Zellen der Darmwand in Blut und Lymphe. Ballaststoffe können nicht abgebaut und aufgenommen werden. Ein großer Teil des Wassers wird dem Nahrungsbrei entzogen.

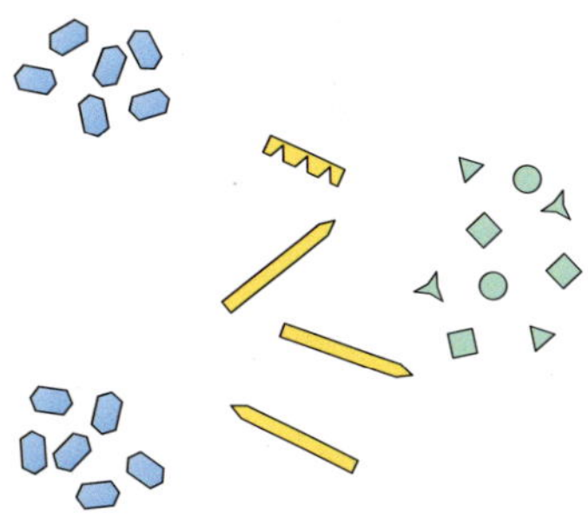

Dickdarm:

- Länge: etwa 1,6 Meter
- Verweildauer der Nahrungsreste: zwischen 5 und 70 Stunden

Durch Wasserentzug werden die Bestandteile, die vom Körper nicht verdaut und aufgenommen werden können, eingedickt und schließlich über den Mastdarm ausgeschieden.

01 Auftauchen, um Luft zu holen

Lunge – Atmung und Gasaustausch

Der Mensch kann nur kurze Zeit unter Wasser bleiben. Dann muss er auftauchen, um zu atmen. Was geschieht bei der Atmung?

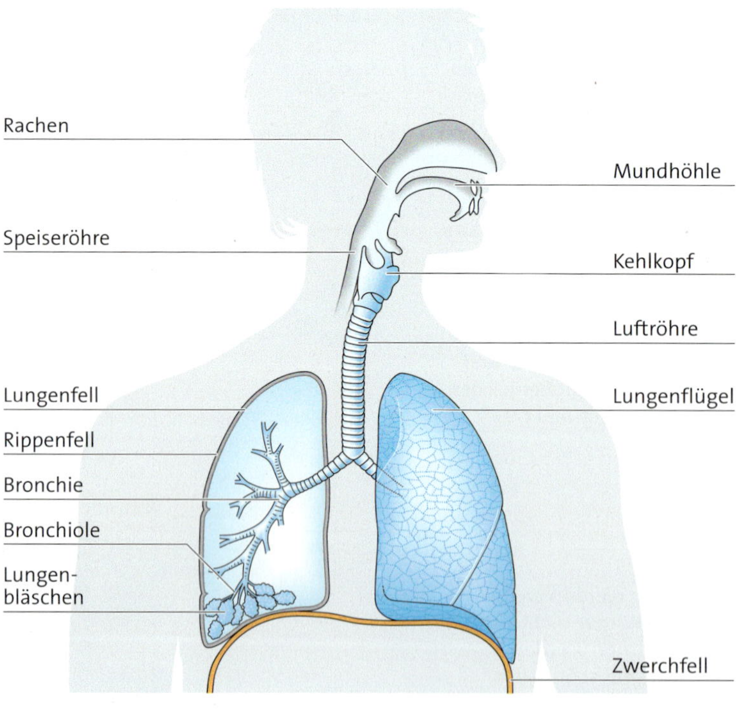

02 Atmungsorgane

ATMUNGSORGANE · Sobald ein Schwimmer den Kopf über Wasser hat, kann er atmen. Mit jedem Atemzug strömt Luft durch den Mund und die Nase in seinen Körper.
Die Nase prüft, ob gefährliche oder unangenehme Stoffe in der Luft sind. Sie ist gut durchblutet und von einer Schleimhaut ausgekleidet, der *Nasenschleimhaut.* Dadurch wird die Luft vorgewärmt und angefeuchtet. Im Nasenschleim bleiben Staub und Krankheitserreger hängen. Beim Naseputzen werden sie aus dem Körper entfernt. Die Nasenschleimhaut ist von dicht stehenden, feinen Härchen, den *Flimmerhärchen,* besetzt. Sie schlagen ständig und transportieren so den Nasenschleim nach hinten in den **Rachen.** Dort wird er verschluckt. Am Ende des Rachens trennen sich die Transportwege von Luft und Nahrung. Dort liegt der **Kehlkopf.** Sein Klappenmechanismus sorgt dafür, dass die Nahrung in die Speiseröhre gelangt und die Luft in eine durch Knorpelringe versteifte Röhre, die **Luftröhre.** Am unteren Ende verzweigt sich die Luftröhre in zwei Äste, die **Bronchien.** Die Luftröhre und die Bronchien sind wie die Nase von einer

Schleimhaut ausgekleidet, die Flimmerhärchen trägt. Durch die Bronchien strömt die Luft in die **Lunge,** die rechts und links vom Herzen fast den ganzen Brustraum ausfüllt. Sie ist in zwei Hälften, die *Lungenflügel,* geteilt. Die Lungenflügel bestehen aus zartem und sehr empfindlichem Gewebe. Die Lunge ist von einer Art Korb eingeschlossen, dem *Brustkorb.* Die Seiten des Brustkorbs sind die Rippen. Den Boden bildet eine kuppelförmige Fläche, das **Zwerchfell.** Es besteht aus Muskeln und Sehnen.

ATEMBEWEGUNGEN · Obwohl die Lunge keine Muskeln hat, kann sie ihre Form verändern. Dafür sind viele kleine Muskeln zuständig, die zwischen den Rippen liegen. Wenn sich diese *Zwischenrippenmuskulatur* zusammenzieht, heben sich die schräg nach unten gerichteten Rippen. Dadurch wird der Brustraum größer. Die äußere Begrenzung der Lunge, das *Lungenfell,* liegt der Innenauskleidung des Brustraums, dem *Rippenfell,* sehr eng an. Der sich vergrößernde Brustkorb zieht die Lunge deshalb mit und erweitert sie so ebenfalls. Dadurch saugt sie Luft an. Diese Form der Atmung bezeichnet man als **Brustatmung.** Die Verbindung zwischen Lungen- und Rippenfell kommt dadurch zustande, dass beide Häute sehr glatt sind und zwischen ihnen ein dünner Feuchtigkeitsfilm liegt. Daher haften sie fest aneinander, ähnlich wie zwei feuchte Glasplatten.
An einer weiteren Atembewegung ist das *Zwerchfell* beteiligt. Wenn sich seine Muskulatur zusammenzieht, wird seine nach oben gewölbte Form flacher. Dadurch senkt sich das Zwerchfell, drückt auf die Bauchorgane und erweitert so den Brustraum nach unten hin. Die Lunge folgt dieser Bewegung, erweitert sich ebenfalls und saugt so Luft an. Diese Form der Atmung nennt man **Bauchatmung.**

Nach dem Einatmen erschlaffen die Zwischenrippenmuskulatur und das Zwerchfell. Damit beginnt das Ausatmen der Luft. Da der Brustkorb elastisch ist, sinken die Rippen wieder schräg nach unten, und die Bauchorgane drücken das Zwerchfell zurück in die gewölbte Stellung. Dadurch verkleinern sich der Brustraum und infolgedessen auch die Lunge, sodass die Luft ausströmt. Der Mensch atmet meistens gleichzeitig durch Brust- und Bauchatmung.

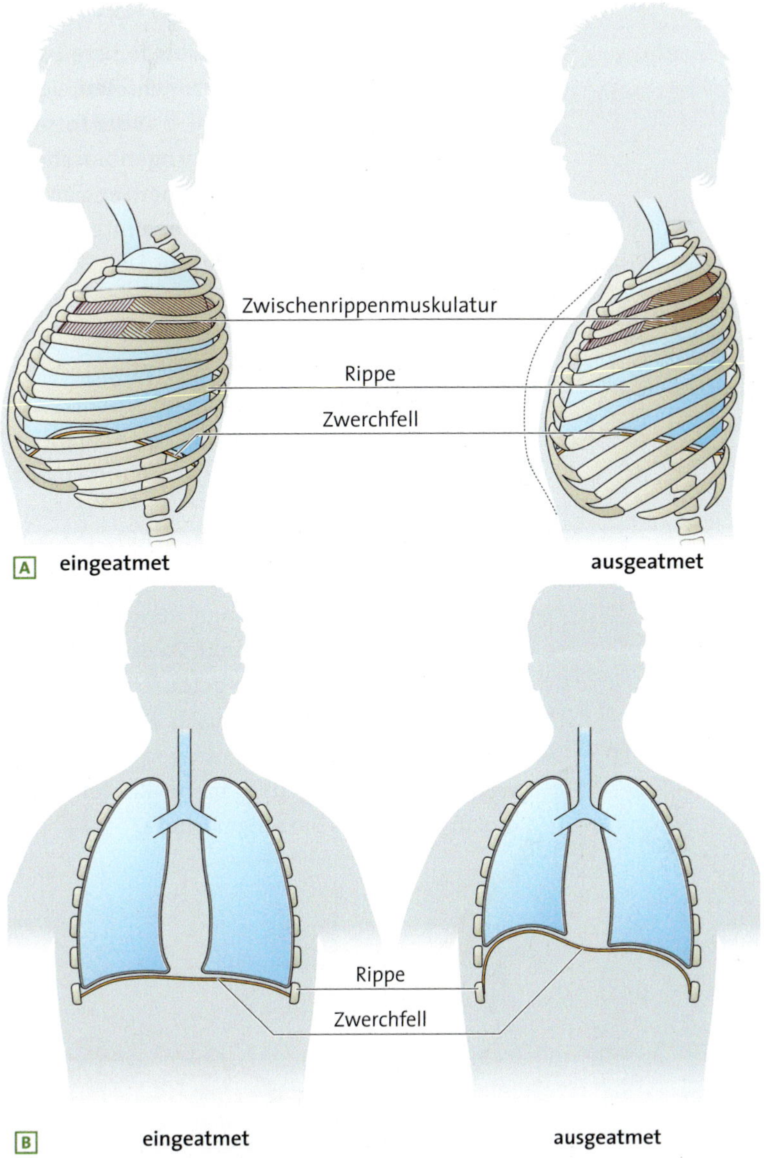

03 Atembewegungen: **A** Brustatmung, **B** Bauchatmung

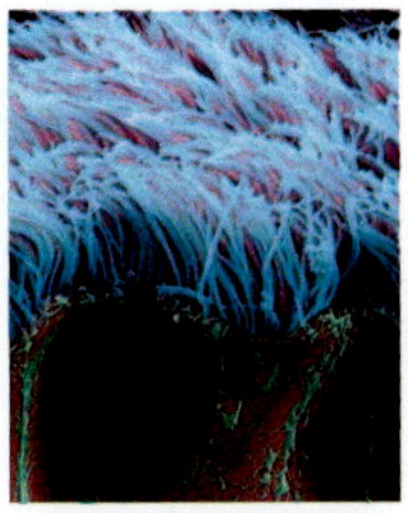

04 Flimmerhärchen auf der Innenwand der Bronchien

1 Beschreibe die Bewegungen bei der Brust- und Bauchatmung!

Diffusion: physikalischer Prozess, der zur gleichmäßigen Verteilung von Teilchen in Flüssigkeiten und Gasen führt

GASAUSTAUSCH · In der Lunge verzweigen sich die Bronchien sehr stark, bis feinste Luftkanälchen entstehen, die **Bronchiolen.** Jede Bronchiole endet in kleinen, traubenförmig angeordneten Bläschen, den **Lungenbläschen.** Die Lungenbläschen sind von einem eng anliegenden dichten Netz aus feinsten Blutgefäßen umhüllt, den **Lungenkapillaren.** Das Blut ist von der Atemluft in der Lunge nur durch die sehr dünnen Wände der Kapillaren und Lungenbläschen getrennt. Diese Wände sind für Sauerstoff und Kohlenstoffdioxid durchlässig. Das Blut, das vom Herzen in die Lunge gepumpt wird, enthält weniger Sauerstoff und mehr Kohlenstoffdioxid als die Luft in den Lungenbläschen. Dieser Unterschied gleicht sich durch den Prozess der Diffusion teilweise aus, sodass im Blut der Sauerstoffgehalt steigt und der Kohlenstoffdioxidgehalt sinkt. Da es so scheint, als ob diese beiden Gase getauscht würden, spricht man vom **Gasaustausch.** Dieser ist die Ursache dafür, dass die ausgeatmete Luft weniger Sauerstoff und mehr Kohlenstoffdioxid enthält als die eingeatmete.

Die Struktur der Lunge, ihr Bau, steht in Zusammenhang mit ihrer Funktion. Sie ist so gebaut, dass in kurzer Zeit sehr viel Gas ausgetauscht werden kann. Dafür sorgt erstens die sehr hohe Anzahl der Lungenbläschen, sodass eine Gesamtoberfläche der Lunge von etwa 200 Quadratmetern entsteht. Diese große Oberfläche ermöglicht einen intensiven Stoffaustausch zwischen der eingeatmeten Luft und dem Blut. Zweitens ist das Blut in den fein verzweigten Kapillaren nur durch dünne Häutchen von der eingeatmeten Luft in den Lungenbläschen getrennt. Diese dünnen Häutchen sind nur eine geringe Hürde für den Stoffübertritt, sodass auch hierdurch der Stoffaustausch erhöht ist.

2 Stelle in einem Fließschema den Weg eines Sauerstoffmoleküls von der Luft in die Nase bis ins Blut dar!

3 Beschreibe den Zusammenhang von Struktur und Funktion am Beispiel der Lunge!

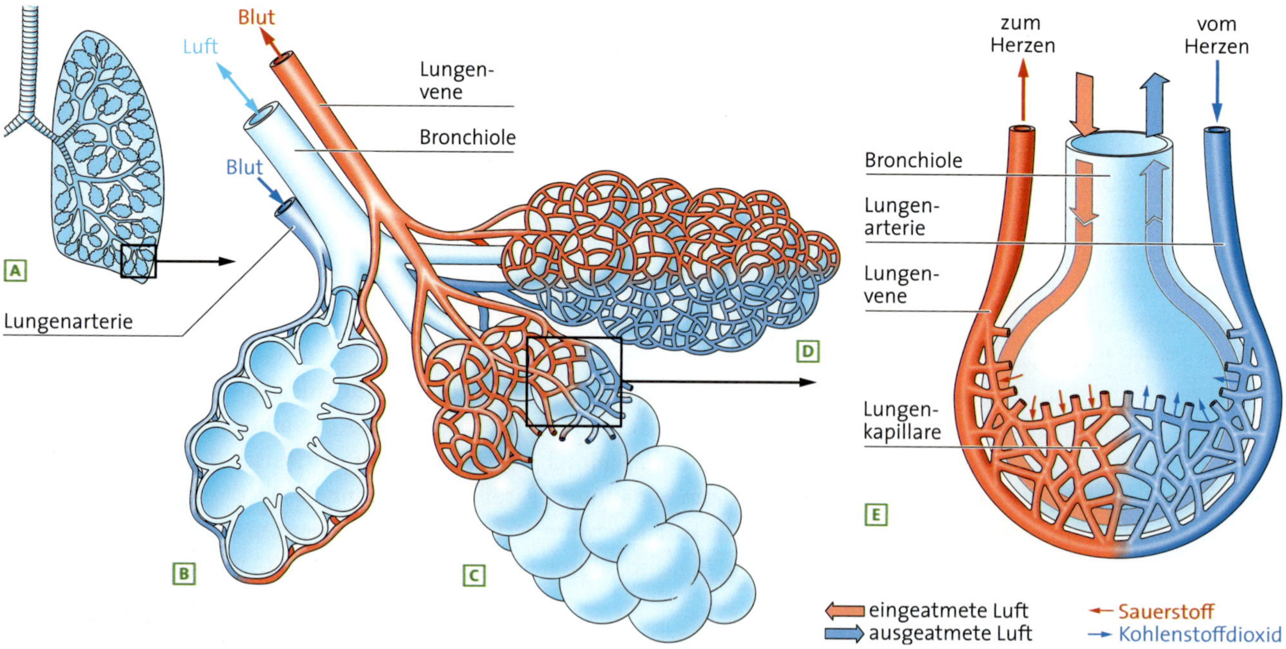

05 Lunge: **A** Lungenflügel, **B** Lungenbläschen im Längsschnitt, **C** Lungenbläschen, Kapillaren teilweise entfernt, **D** Lungenbläschen mit Kapillaren, **E** Gasaustausch am Lungenbläschen (Schema)

GESUNDERHALTUNG DER ATMUNGSORGANE · Etwa 100-mal größer als unsere Hautoberfläche ist die Oberfläche unserer Atmungsorgane. Sie sind komplett mit Schleimhäuten bedeckt und deshalb auch sehr empfindlich. Trotzdem stehen sie mit der Umwelt in engem Kontakt, da sie für den Gasaustausch sorgen müssen. Alles, was in der Luft schweben kann, wird beim Einatmen in die Lunge aufgenommen und wirkt auf die Schleimhäute ein. Neben den Atemgasen sind das auch Viren, Mikroben, Pilzsporen, Pollen, Staub- und Rauchpartikel, gasförmige Stoffe wie Gifte oder Lösungsmittel sowie vieles andere mehr. Durch unsere Immunabwehr, aber auch durch die große Erneuerungsfähigkeit des Lungengewebes, ist die Lunge diesen Belastungen relativ gut gewachsen. Krankheitserreger werden durch das Immunsystem und Medikamente abgewehrt. Partikel auf den Schleimhäuten werden durch die Flimmerhärchen aus der Lunge transportiert. Gasförmige Chemikalien können wieder ausgeatmet werden.

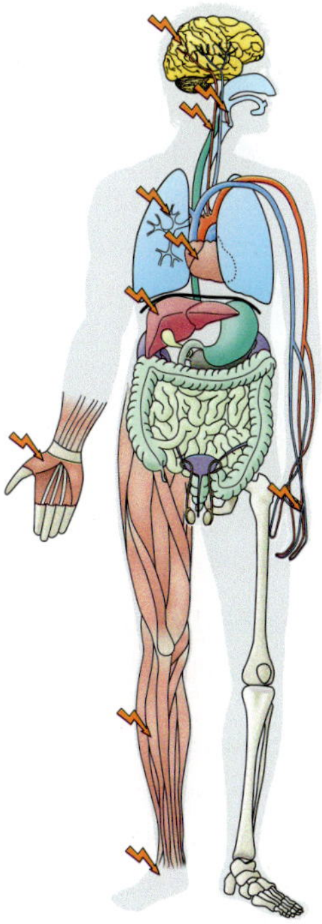

06 Orte der Wirkung von Tabakrauch

Jedoch schädigen all diese Dinge immer das Lungengewebe und können sogar vom Körper aufgenommen werden und dort zu Erkrankungen führen. Je häufiger unser Atmungssystem also diesen schädlichen Faktoren ausgesetzt ist, umso größer wird das Erkrankungsrisiko. Vorbeugend kann nur das Meiden belasteter Luft helfen.

RAUCHEN · Beim Rauchen von Zigaretten werden freiwillig hochgiftige und krebserregende Verbrennungsprodukte des Tabaks und des Zigarettenpapiers inhaliert. Die meisten der etwa 600 Inhaltsstoffe des Rauches werden auch vom Körper aufgenommen und sorgen für die Gesundheitsprobleme, die Raucher bekommen können. Das Nikotin, ein sehr starkes Nervengift der Tabakpflanze, bewirkt, dass sich Blutgefäße verengen, wodurch die Hauttemperatur sinkt, der Blutdruck und der Puls steigen. Nach vielen Jahren kommt es zu Durchblutungsstörungen, weil Arterien sich zusetzen. Das zu versorgende Gewebe kann absterben. Die Haut altert vorzeitig. Rauchen macht süchtig. Verursacht wird dies durch das Nikotin, welches im Gehirn sehr schnell zu Veränderung führt. Die körperliche Abhängigkeit von Nikotin äußert sich durch Entzugserscheinungen, beispielweise Gereiztheit, Konzentrationsstörungen, Nervosität und im Extremfall zitternde Hände. Die inhalierten Teerstoffe, Verbrennungsprodukte des Tabaks, behindern zunehmend die Atmung. Sie lagern sich in der Lunge ab, verkleben die Flimmerhärchen und verhindern die Selbstreinigung der Lunge. Raucherhusten entsteht und die körperliche Leistungsfähigkeit nimmt ab. Da die Teerstoffe krebserregend sind, kann in allen Organen, mit denen sie Kontakt hatten, nach einiger Zeit Krebs entstehen. Das sind neben den Organen des Atmungstraktes wie Nasenhöhle, Kehlkopf, Luftröhre und Lunge auch Lippen, Zunge, Speiseröhre und Magen.

4 Erläutere mithilfe der Abbildung 06 die Wirkung des Rauchens!

Material A ▸ Atembewegungen

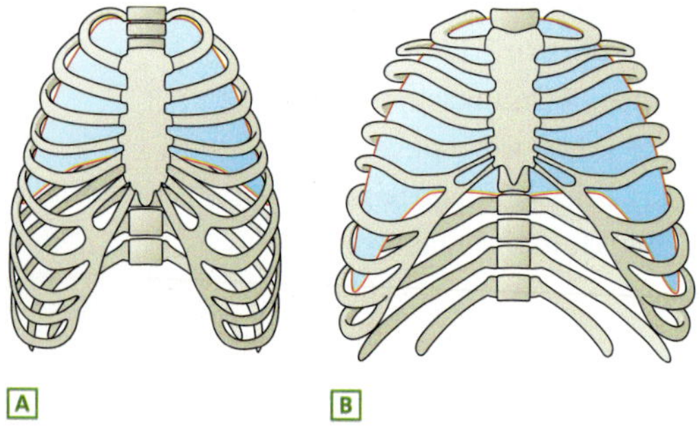

Tabelle 1	
Stickstoff	78 %
Sauerstoff	17 %
Kohlenstoffdioxid	4 %
andere Gase	1 %

Tabelle 2	
Stickstoff	78 %
Sauerstoff	21 %
Kohlenstoffdioxid	0,03 %
andere Gase	1 %

In den Tabellen ist die ungefähre Zusammensetzung der Luft dargestellt, die sich beim Ein- oder Ausatmen in der Luftröhre befindet.

A1 Vergleiche den Zustand des Brustkorbs bei A und B! Erkläre, wie sich A in den bei B dargestellten Zustand ändert!

A2 Vergleiche die beiden Tabellen! Ordne die Tabellen den Abbildungen des Brustkorbs zu! Begründe die Zuordnung!

A3 Erkläre die Vorgänge, die zu den in den Tabellen dargestellten Unterschieden führen!

Material B ▸ Luftvolumen in der Lunge

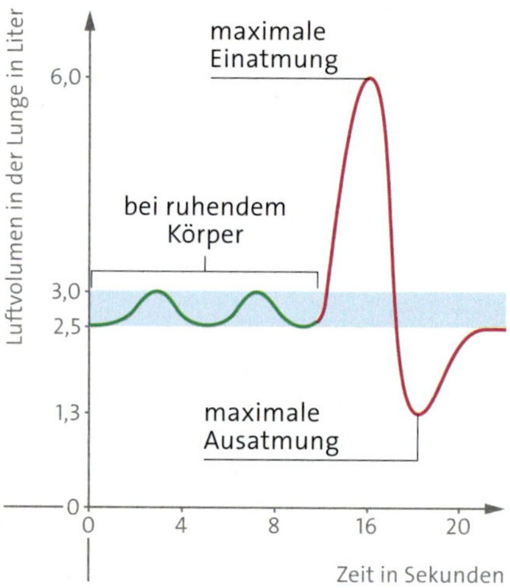

In der Grafik sind die Luftvolumina dargestellt, die die Lunge eines bestimmten Menschen enthalten kann.

B1 Stelle mithilfe der Grafik das Luftvolumen fest, das bei ruhendem Körper mit einem Atemzug aufgenommen wird, und das Luftvolumen, das maximal aufgenommen werden kann!

B2 Berechne das Luftvolumen, das bei ruhendem Körper in die Lunge aufgenommen wird: pro Minute, pro Stunde und pro Tag!

B3 Ein Schwimmer benötigt etwa 45 Liter Luft pro Minute. Beschreibe, wie sich die Grafik ändert, wenn die Atmung eines Schwimmers dargestellt wird!

B4 Die Leistungsfähigkeit einer Lunge kann als das Luftvolumen angegeben werden, die ein Mensch maximal bei einem Atemzug ausatmen kann. Ermittle diesen Wert mithilfe der Grafik!

Material C ▸ Kehlkopf

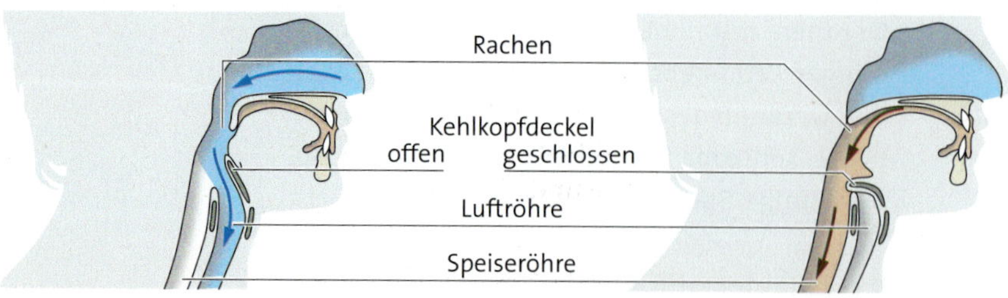

C1 Beschreibe die Aufgabe des Kehlkopfdeckels!

C2 Um die Laute beim Sprechen zu erzeugen, muss Luft durch die Stimmbänder im Kehlkopf strömen. Erkläre mithilfe der Abbildung, weshalb man beim Essen nicht reden sollte!

Material D ▸ Teer im Zigarettenrauch

A

B

In einem Experiment raucht eine Versuchsperson eine Zigarette und atmet den eingezogenen Rauch durch ein Papiertaschentuch wieder aus. Das Experiment, das zur Abbildung A führt, kann aus Gründen des Gesundheitsschutzes bestimmt auch ohne Versuchsperson durchgeführt werden.

A zeigt das Ergebnis, bei dem der Rauch nur in die Mundhöhle eingeatmet und dann wieder ausgeatmet wurde. Bei B wurde der Rauch bis in die Lunge gezogen.

D1 Werte die Abbildungen aus!

D2 Erläutere die Wirkung des Teers!

D3 Entwickle eine Apparatur mit der man das Experiment zur Abbildung A auch ohne eine Versuchsperson durchführen könnte!

Material E ▸ Hauttemperatur und Puls beim Rauchen

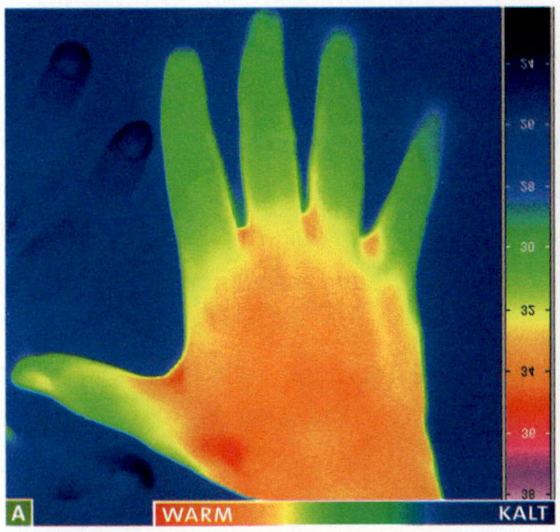

A

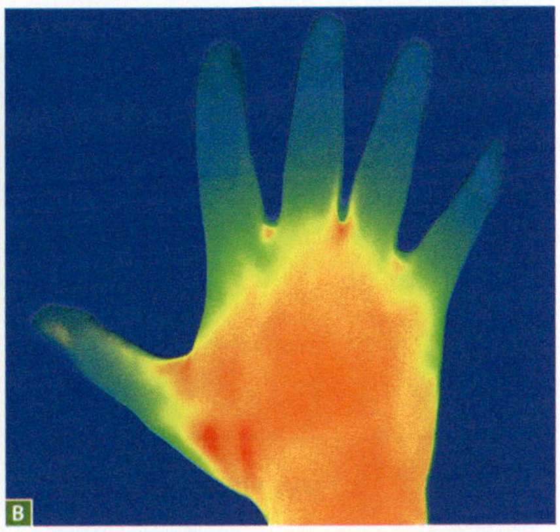
B

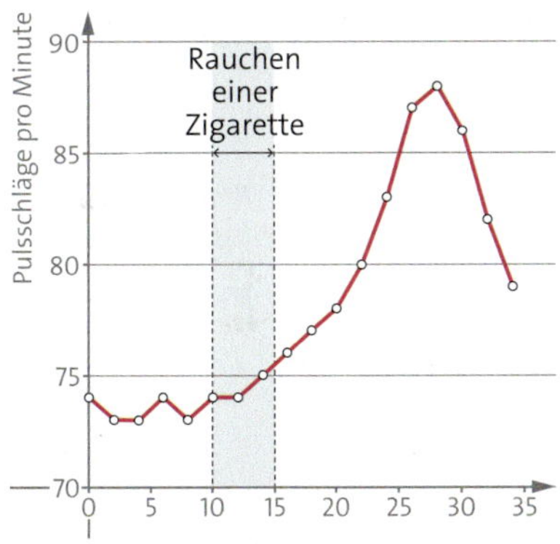

Bild A zeigt das Wärmebild der Hand eines Rauchers vor dem Rauchen, Bild B nach dem Rauchen. Während des Rauchens wurde sein Puls gemessen. Nikotin führt zur Verengung der Gefäße.

E1 Werte die Wärmebilder aus!

E2 Werte das Diagramm aus!

E3 Erkläre, welche Folgen aus den Ergebnissen für den Kreislauf abgeleitet werden können!

Material F ▸ Warnhinweise auf Zigarettenpackungen

Seit dem Jahr 2003 ist vorgeschrieben, das auf Tabakwarenpackungen Warnhinweise stehen:

- Rauchen führt zur Verstopfung der Arterien und verursacht Herzinfarkte und Schlaganfälle.
- Rauchen verursacht tödlichen Lungenkrebs.
- Rauchen in der Schwangerschaft schadet Ihrem Kind.
- Schützen Sie Kinder – lassen Sie sie nicht Ihren Tabakrauch einatmen!

F1 Begründe die Berechtigung der einzelnen Warnhinweise!

METHODE

Arbeiten mit Modellen

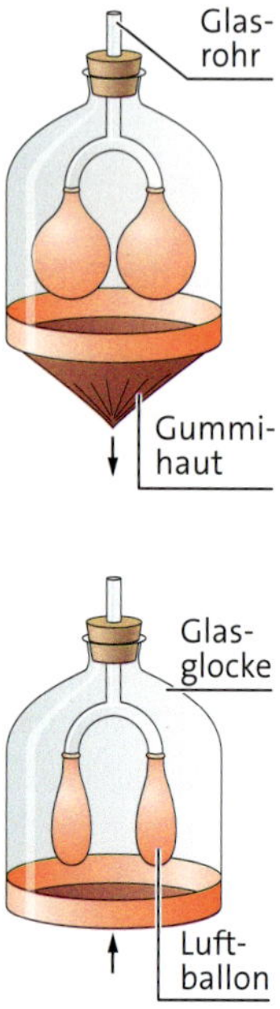

01 Modell zur Bauchatmung

Modelle entwickeln

Um biologische Strukturen oder Funktionsweisen zu verstehen, entwickeln Biologen häufig Modelle. Diese Modellentwicklung kann man gut an einem Modell zur Bauchatmung nachvollziehen. Die Modellentwicklung beginnt mit einer Fragestellung (Wie gelangt Luft in die Lunge?) und einer oder mehreren Ideen (Durch das Senken des Zwerchfells wird das Lungenvolumen vergrößert; durch die Volumenvergrößerung strömt Luft in die Lunge.).
Geleitet von diesen Ideen kann man mit geeigneten Materialien ein Modell bauen. Die Teile des Lungenaufbaus, die man für die Funktion des Einatmens für wesentlich hält, baut man dann im Modell so nach, dass sich der Vorgang des Lufteinströmens beim Testen des Modells zeigt. Ist dies erreicht, muss in weiteren Überprüfungen gezeigt werden, dass das entworfene Modell auch tatsächlich der realen Funktionsweise der Lunge entspricht. Hierzu leitet man aus dem Modell Vorhersagen ab.

So funktioniert beispielsweise das Modell nur dann, wenn der Raum zwischen Luftballon und Glasglocke luftdicht verschlossen ist. Hieraus kann man die Vorhersage ableiten, dass auch die reale Bauchatmung nur dann funktioniert, wenn der Raum zwischen Rippenfell und Lungenfell abgeschlossen ist. Der ***Vergleich zwischen Vorhersage und Original*** *beziehungsweise der Realität gibt Aufschluss darüber, ob die Vorhersage zutrifft.*
In dem Beispiel der Bauchatmung kann sie bestätigt werden: Kommt es beispielsweise durch eine Brustverletzung zu einer Öffnung des Spalts zwischen Rippenfell und Lungenfell, funktioniert die Atmung nicht mehr. Die Vorhersage aus dem Modell stimmt also mit dem Original beziehungsweise der Realität überein. Solange ein Modell durch derartige Überprüfungen bestätigt wird, kann es als (vorläufig) gültig beurteilt werden. Trifft die Vorhersage nicht zu, muss das Modell weiterentwickelt und erneut überprüft werden.

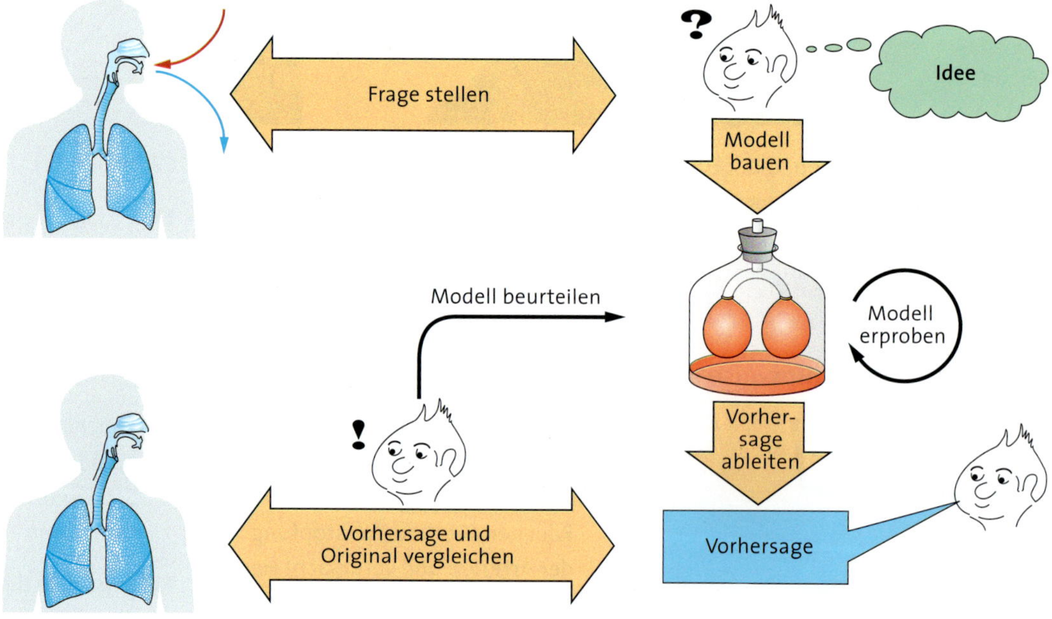

02 Schritte der Modellentwicklung

Struktur- und Funktionsmodelle

Das Modell eines Torsos zeigt den wesentlichen Aufbau der Organe im menschlichen Rumpf, ihre Größenverhältnisse und Lagebeziehungen. So werden beispielsweise Form und Lage der beiden Lungenflügel sowie ihre Verbindung mit den Atemwegen deutlich. Modelle wie diese, die biologische Strukturen darstellen, werden als ***Strukturmodelle*** *bezeichnet. Sie weisen häufig schon auf den ersten Blick eine hohe Ähnlichkeit mit den Originalen auf. Dies beruht meistens darauf, dass sie die Form, Oberfläche, Farbgebung oder auch Größe originalnah darstellen. Im Gegensatz zum Torso zeigt das auf Seite 106 beschriebene Glasglocken-Modell den Mechanismus auf, der auch für das Einströmen der Luft in die Lunge verantwortlich ist. Zieht man die elastische Membran an der Unterseite der Glasglocke nach unten, so strömt Luft in die mit der Außenluft verbundenen Luftballons.*

Modelle, die wie dieses eine Funktionsweise darstellen, werden als ***Funktionsmodelle*** *bezeichnet. Sie weisen im Vergleich zu Strukturmodellen meistens eine geringere Ähnlichkeit zu den Originalen auf, da Merkmale wie Form oder Farbe von nachgeordneter Bedeutung sind.*

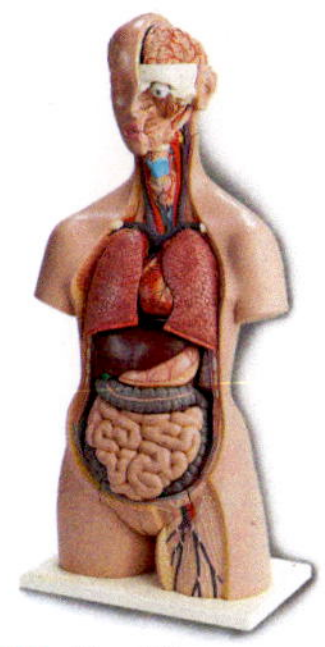

03 Strukturmodell des menschlichen Torsos

Modelle und Originale analogisieren

Die Luft innerhalb der Glasglocke des Funktionsmodells zur Bauchatmung entspricht in der Realität dem mit Flüssigkeit gefüllten Spalt zwischen Lungenfell und Rippenfell. Aufgrund der geringen Ähnlichkeit dieses Teils des Modells mit den originalen Strukturen kann es leicht zu Missverständnissen kommen. Daher ist es wichtig, die Teile eines Modells den entsprechenden Elementen des Originals zuzuordnen; dies bezeichnet man als ***Analogisieren.***

Teile des Modells	Entsprechung im Original
Glasglocke	Brustkorb
Luftballons	Lungenflügel
elastische Unterseite	Zwerchfell
Glasrohr nach außen	Luftröhre, Bronchien und Bronchiolen
luftgefüllter Raum zwischen Glasglocke und Luftballons	mit Flüssigkeit gefüllter Raum zwischen Lungenfell und Rippenfell

Modelle kritisieren

Bei der Entwicklung von Modellen steht meistens eine spezielle Darstellungsabsicht im Vordergrund. Das Glasglocken-Modell stellt beispielsweise den Mechanismus des Lufteinstroms durch Druckunterschiede zwischen Glockeninnenraum und Außenluft dar. Diese Druckunterschiede werden im Modell dadurch erzeugt, dass die elastische Unterseite der Glasglocke nach unten gezogen wird, sodass sich das Volumen im Inneren der Glasglocke vergrößert. Würde man diesen Teil des Modells direkt auf die Realität übertragen, müsste man annehmen, dass ein Muskel am Zwerchfell ansetzt und diesen nach unten zieht. Dies trifft jedoch nicht zu. Vielmehr ist das Zwerchfell selbst ein Muskel, der sich beim Einatmen zusammenzieht. Da das Zwerchfell im entspannten Zustand nach oben gewölbt ist, flacht es sich durch das Zusammenziehen des Muskels nach unten ab. Hierdurch vergrößert sich das Lungenvolumen und die Luft strömt ein. Dieser Teilprozess der Bauchatmung wird also durch das Funktionsmodell falsch dargestellt und muss entsprechend kritisch diskutiert werden. Diese ***Modellkritik*** *bedeutet jedoch nicht, dass es sich um ein „schlechtes Modell" handelt. Vielmehr werden zugunsten einer bestimmten Darstellungsabsicht andere Eigenschaften sinnvollerweise vernachlässigt oder vereinfacht im Modell umgesetzt.*

01 Hautkontakt zwischen Mutter und Kind

Die Haut

Nachdem ein Kind das Licht der Welt erblickt hat, nimmt es Kontakt mit seiner Umwelt auf. Für die gesunde Entwicklung eines Babys ist Hautkontakt besonders wichtig. Welche Informationen über seine Umwelt erhält der Mensch über die Haut?

BAU DER HAUT · Auch als Erwachsener werden über die Haut Empfindungen wahrgenommen. Die Haut schirmt den Körper aber auch von seiner Umgebung ab. Sie schützt vor Verletzungen und Austrocknung und verhindert das Eindringen von Krankheitserregern. Als Organ mit Ausscheidungsfunktion bewahrt sie den Körper auch vor Überhitzung. Die Haut muss also so gebaut sein, dass sie an ihre Aufgaben angepasst ist.

Der äußerste Bereich der Haut, die *Hornschicht*, besteht aus abgestorbenen Zellen. Die Hornschicht wird regelmäßig abgestoßen und von darunterliegenden lebenden Zellen der Bildungsschicht erneuert. Diese Schichten werden als **Oberhaut** zusammengefasst. In der Oberhaut sitzen pigmentbildende Zellen, die den dunklen bräunlichen Farbstoff Melanin produzieren. Melanin schützt darunterliegende Schichten vor zu starker Sonneneinstrahlung.

Eine Schicht aus festem Bindegewebe unter der Oberhaut sorgt für Elastizität und Festigkeit der Haut. Diesen Bereich der Haut nennt man **Lederhaut.** Darin eingelagert sind Blutgefäße, die meisten Sinneszellen, die Schweißdrüsen, die Talgdrüsen und Haare. Die darunterliegende **Unterhaut** enthält Fettgewebe, welches dem Körper als Energiespeicher, Polsterung und Schutz vor Wärmeverlusten dient.

AUSSCHEIDUNGSORGAN HAUT · Wenn es sehr warm ist oder bei körperlichen Belastungen bilden sich schnell auf unserer Haut Schweißtropfen. Der *Schweiß* besteht zu fast 99 Prozent aus Wasser. Daneben enthält er Mineralstoffe, Aminosäuren, Zucker und Harnstoff. Wenn er über die **Schweißdrüsen** ausgeschieden wird, ist er geruchlos. Erst wenn Bakterien der Haut seine Inhaltsstoffe abbauen, entstehen übel riechende Substanzen. Durchschnittlich wird täglich etwa

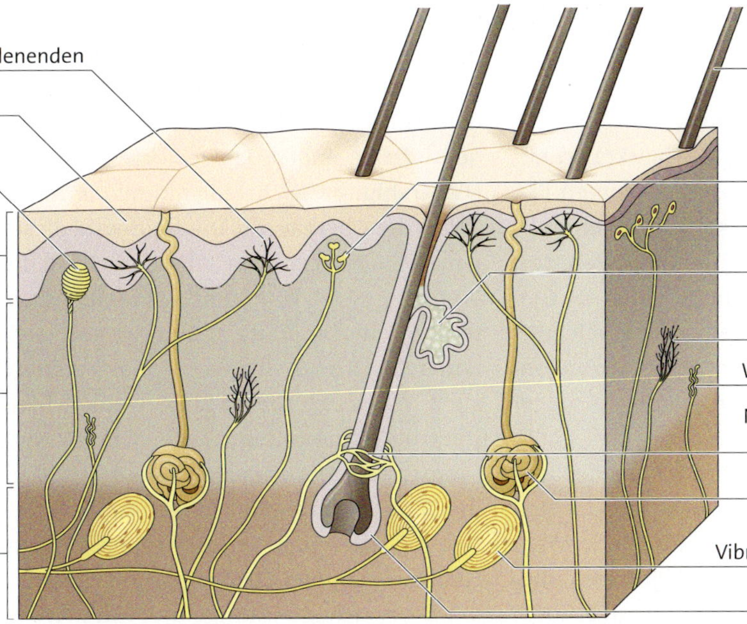

02 Bau der Haut (Schema)

ein Liter Schweiß abgegeben. Es können aber auch bei sehr hohen körperlichen Belastungen bis zu zehn Liter sein. Der Schweiß verdunstet auf der Haut, wozu eine sehr hohe Wärmemenge benötigt wird. Diese wird der Haut entzogen, wodurch die Haut abkühlt. Die Schweißabgabe dient der **Temperaturregulation** des Körpers.
Die **Talgdrüsen** scheiden *Talg* aus. Dieses Hautfett überzieht die trockene Hornschicht der Oberhaut und die Haare. Dadurch werden diese elastisch, wasserabweisend und erschweren das Eindringen von Krankheitserregern.

SINNESORGAN HAUT · Mit einer Fläche von zwei Quadratmetern und einer Masse von mehr als zehn Kilogramm ist die Haut unser größtes Sinnesorgan. Im Gegensatz zu anderen Sinnesorganen können wir mithilfe der Haut verschiedenartige Reize wahrnehmen. Dafür sind Sinneszellen, die vor allem in der Lederhaut liegen, verantwortlich. In der Haut liegen Sinneszellen, die auf leichte Berührungen ansprechen, die *Tastsinneszellen* und die *Berührungssinneszellen*. Die *Drucksinneszellen* werden erst durch stärkeren Druck gereizt. Im Unterhautfettgewebe finden sich vereinzelt *Vibrationssinneszellen,* die für die Wahrnehmung sich schnell ändernder Druckrichtungen erforderlich sind. Um den unteren Bereich der Haare verlaufen Enden von Nervenfasern. Sie werden bei Krümmung der Haare gereizt und lösen so ebenfalls Tastempfindungen aus. All diese Sinneszellen der Haut, die durch mechanische Einflüsse wie Druck gereizt werden, können als Sinneszellen für mechanische Reize zusammengefasst werden. In der Haut befindet sich auch eine Vielzahl von Wärme und Kälte wahrnehmenden Sinneszellen. Mit ihrer Hilfe können wir Temperaturunterschiede feststellen, allerdings nicht die tatsächliche Temperatur. Reize wie sehr starker Druck, Stiche, Schläge oder Temperaturen unter 18 Grad Celsius und über 44 Grad Celsius werden über freie Enden von Nervenfasern aufgenommen. Weil eine solche Reizung zu einer Empfindung von Schmerz führt, bezeichnet man diese Sinneszellen als *Schmerzsinneszellen*.

1 Beschreibe den schichtweisen Aufbau der Haut!

2 Nenne die Funktionen der Haut!

IM BLICKPUNKT MEDIZIN

Hautkrankheiten

AKNE · Akne ist die weltweit häufigste Hautkrankheit und tritt vor allem bei Jugendlichen und jungen Erwachsenen auf. Die typischen Pickel entstehen aufgrund von Vergrößerungen und Entzündungen der Talgdrüsen. Besonders betroffen sind meistens das Gesicht und der Nackenbereich. Akne entsteht durch hormonelle Veränderungen während der Pubertät. Jungen sind häufiger betroffen als Mädchen.

HAUTKREBS · Zu intensive UV-Strahlung kann die pigmentbildenden Zellen so verändern, dass Krebszellen entstehen. Sie teilen sich oft und unkontrolliert. Man erkennt diese krebsartigen Hautveränderungen, die *Melanome*, an ihrer schwarzen Färbung und ihrer Struktur. Nur rechtzeitig erkannte Melanome lassen sich gut behandeln. Sie werden operativ entfernt. Nicht oder zu spät behandelte Melanome sind sehr gefährlich, da die Krebszellen sich im ganzen Körper ausbreiten und in lebenswichtigen Organen Tumore bilden. Muttermale oder Leberflecken sind gutartige Wucherungen der Pigmentzellen, die sich aber in bösartige Krebszellen umwandeln können. Sie sollten deshalb regelmäßig untersucht werden. Nimmt ein solcher Fleck an Größe zu oder verändern sich seine Farbe und Struktur, sollte ein Hautarzt aufgesucht werden.

SONNENBRAND · Bei starker Sonneneinstrahlung bilden die Zellen der Pigmentschicht Melanin zum Schutz der tiefer liegenden Hautschichten vor der schädlichen UV-Strahlung. Gleichzeitig nimmt die Teilungsrate von Zellen der Oberhaut zu. Die Haut wird dicker und brauner. Ist die Haut längere Zeit ungeschützt der UV-Strahlung ausgesetzt, kommt es zu Entzündungsreaktionen in der Haut. Die Blutgefäße erweitern sich, die Haut wird rot und heiß, eine Verbrennung ersten Grades entsteht. Wenn sich zudem Blasen bilden, handelt es sich um eine Verbrennung zweiten Grades. Neben starken Schmerzen, kann es auch zu Schüttelfrost kommen, da die Temperaturregulationsfunktion der Haut beeinträchtigt ist. In der Genesungsphase beginnt sich die Haut zu schuppen. Die Symptome werden als *Sonnenbrand* bezeichnet. Häufige und intensive UV-Bestrahlung können Hautzellen in Krebszellen umwandeln.
Die *Eigenschutzzeit* der Haut bezieht sich auf die Intensität der mitteleuropäischen Sonne zur Mittagszeit im Sommer. Diese Zeit, bei der man ungeschützt, schadlos der Sonne ausgesetzt sein kann, hängt vom Hauttyp ab. Bei Menschen mit sehr heller Haut beträgt sie nur drei Minuten. Deshalb sollten besonders sie stets Sonnencremes mit einem hohen *Lichtschutzfaktor* verwenden. Der Faktor drückt aus, wie viel länger man die eingecremte Haut der Sonne aussetzen darf. Mit Faktor 30 eingecremt, wären es 3 × 30 = 90 Minuten, also 1,5 Stunden.

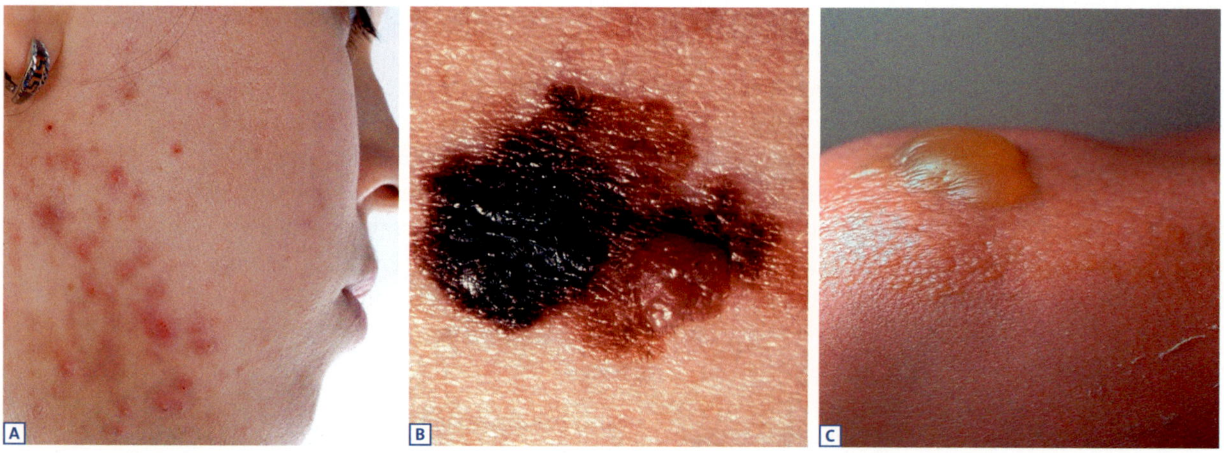

01 Hautkrankheiten: **A** Akne, **B** Hautkrebs, **C** Sonnenbrand

Material A ▸ Tastsinn

Körperstelle	Geringster Abstand von zwei als getrennt wahrgenommenen Berührungspunkten
Stirn	22 mm
Zunge	1 mm
Lippe	4 mm
Fingerkuppe	2 mm
Arm	18 mm
Rücken	50 mm
Oberschenkel	68 mm

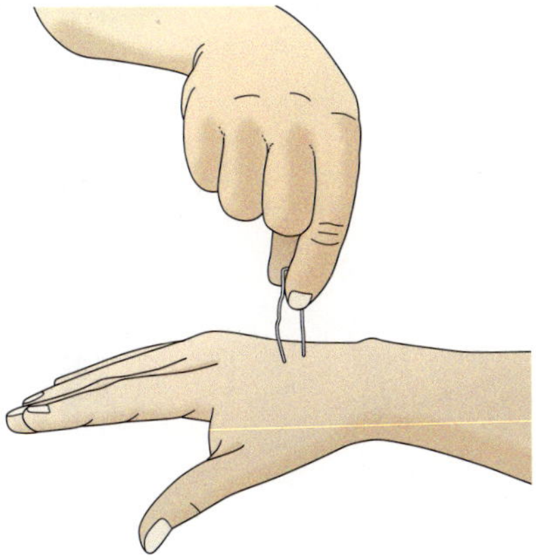

A1 Bestätige experimentell die Versuchsergebnisse der Tabelle. Gehe wie in der Abbildung gezeigt vor!

A2 Stelle die Versuchsergebnisse in geeigneter Form grafisch dar!

A3 Erkläre die Versuchsergebnisse!

A4 Begründe den Zusammenhang zwischen Struktur und Funktion am Beispiel der Daten für die Zunge und die Fingerkuppe!

Material B ▸ Temperatursinn

Körperstelle	Kältesinneszellen	Wärmesinneszellen
Mund	19	9
Nase	13	1
Stirn	7	2
Finger	8	2
Handfläche	6	1

In einem Versuch wurde die Dichte der Kälte- und Wärmesinneszellen an verschiedenen Stellen festgestellt. Die Ergebnisse des Versuchs sind in der Tabelle dargestellt und zeigen die Anzahl der Temperatursinneszellen pro Quadratzentimeter.

B1 Berechne das prozentuale Verhältnis zwischen Wärme- und Kältepunkten an den verschiedenen Körperstellen!

B2 Stelle die Ergebnisse von B1 als Kreisdiagramme dar!

B3 Stelle Vermutungen an, welche Bedeutung die unterschiedliche Anzahl von Wärme- und Kältepunkten an der Nase hat!

Material C ▸ Wärmeregulation

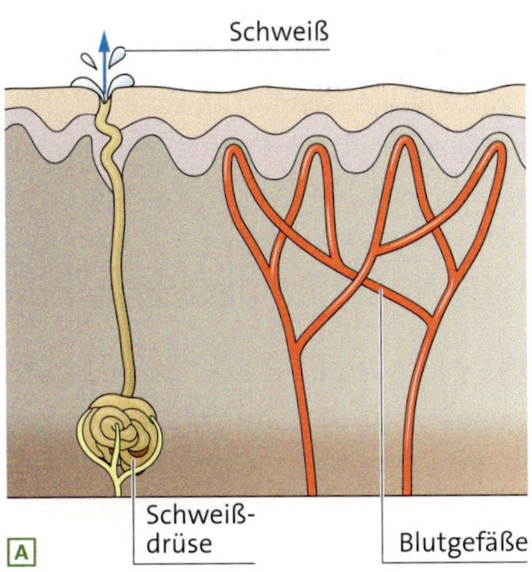

A

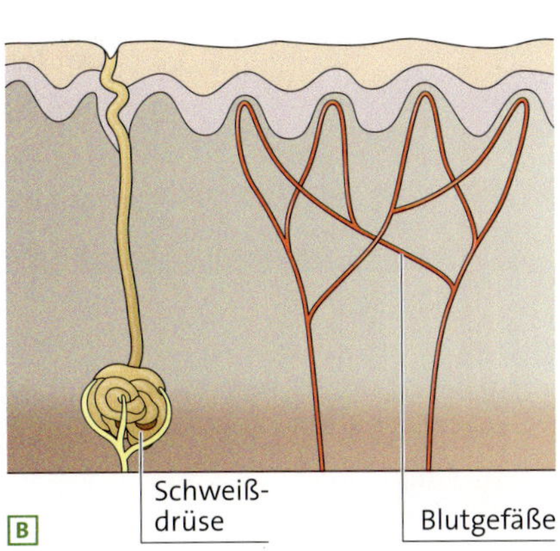

B

Mithilfe der Haut kann man die Körpertemperatur senken, wenn die Außentemperatur zu hoch ist, oder anheben, wenn die Außentemperatur zu niedrig ist.

C1 Vergleiche die beiden Abbildungen! Ziehe eine Schlussfolgerung bezüglich der herrschenden Außentemperatur!

C2 Erkläre die Vorgänge der Temperaturregulation mithilfe der Abbildungen!

C3 Stelle Vermutungen an, warum wir bei 30 °C frieren, wenn wir aus dem Wasser steigen!

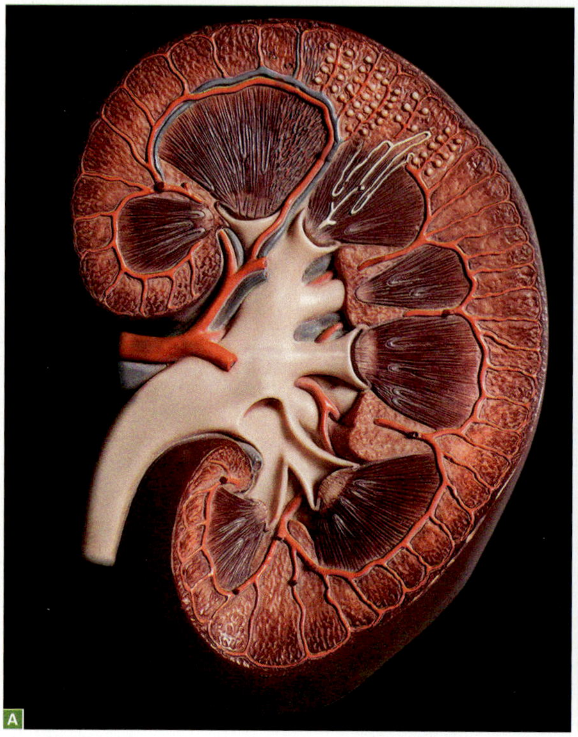

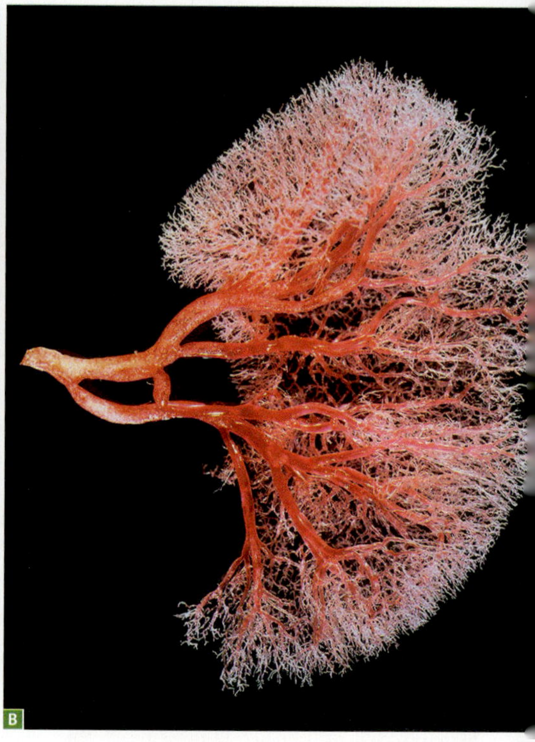

01 **A** Modell einer Niere, **B** Blutgefäße in der Niere

Die Niere

Jeder Mensch besitzt zwei Nieren. Die etwa faustgroßen, bohnenförmigen Organe liegen im oberen Lendenbereich beiderseits der Wirbelsäule. Täglich wird die gesamte Blutmenge ungefähr 300 mal durch die Nieren geleitet. Dabei wird das Blut gereinigt. Wie geschieht das?

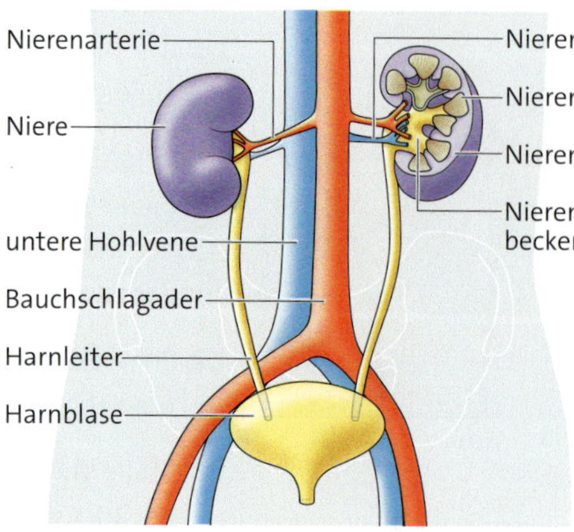

02 Bau und Lage der Nieren

BAU DER NIERE · Nieren sind etwa elf Zentimeter lang, fünf Zentimeter breit und drei Zentimeter dick. Sie zeigen im Längsschnitt einen schichtartigen Aufbau: Die dunklere **Nierenrinde** umschließt das hellere **Nierenmark.** Sie ist insgesamt von einer Bindegewebshaut umgeben. Nierenrinde und Nierenmark sind durch pyramidenförmige Strukturen miteinander verzahnt. Diese enden in einem Hohlraum, dem **Nierenbecken.** Hier hat der *Harnleiter* seinen Ursprung. In diesen Bereich führt auch die *Nierenarterie* in die Niere hinein und die *Nierenvene* aus der Niere heraus.

FUNKTIONEN DER NIERE · Die Hauptaufgabe der Niere besteht in der **Ausscheidung** von Abfallprodukten des Stoffwechsels. Dazu gehören unter anderem Harnstoff und Harnsäure. Da diese Stoffe über den Blutkreislauf in die Nieren transportiert werden, spricht man auch davon, dass die Nieren das Blut reinigen. Die

ausgeschiedenen Stoffe werden mit dem Harn über die Harnblase entsorgt.
Durch Zurückhaltung oder Abgabe von Wasser und darin gelösten Mineralstoffen regulieren die Nieren auch den **Wasser- und Mineralstoffhaushalt** des Körpers. Dies beeinflusst die Zusammensetzung der Blutflüssigkeit, was sich indirekt auch auf den Blutdruck auswirkt. Außerdem produzieren die Nieren **Hormone.** Sie sind unter anderem für die Blutdruckregulation oder die Blutzellbildung wichtig.

DAS NEPHRON · Die Reinigung des Blutes in den Nieren erfolgt in mehr als einer Million gleichen Bauteilen, den **Nephronen.** Ein Nephron setzt sich aus dem **Nierenkörperchen**, das in der Nierenrinde liegt, und dem **Nierenkanälchen,** das sich zu großen Teilen im Nierenmark befindet, zusammen. Das Nierenkörperchen besteht aus einem etwa 0,25 Millimeter großen Säckchen. In dieses führt eine kleine Arterie hinein und gliedert sich in viele kleine Kapillaren auf. Die Kapillaren vereinigen sich zu einer herausführenden Arterie. An den Kapillaren tritt Wasser mit allen darin gelösten Stoffen aus dem Blut in das Nierenkörperchen aus. Blutzellen und Bluteiweiß bleiben in den Kapillaren. Dadurch ist die Blutmenge in der abführenden Arterie kleiner als in der zuführenden. Der Vorgang heißt **Filtration.** Diese winzigen Arterien gliedern sich dann nochmals in Kapillaren auf, die die Zellen der Niere mit allem Nötigem versorgen und vereinigen sich letztendlich zur Nierenvene.
Bei der Filtration entsteht Primärharn, der neben Abfallprodukten auch viel Wasser, Mineralstoffe, Vitamine und Traubenzucker enthält. Diese Stoffe werden von den Nierenkanälchen wieder zurück in das Blut transportiert. Durch den **Rücktransport** entstehen aus täglich etwa 170 Litern Primärharn ein bis zwei Liter Endharn.
Die Nierenkanälchen leiten den Endharn über *Sammelröhrchen* in das Nierenbecken. Von dort gelangt er über den Harnleiter in die Harnblase.

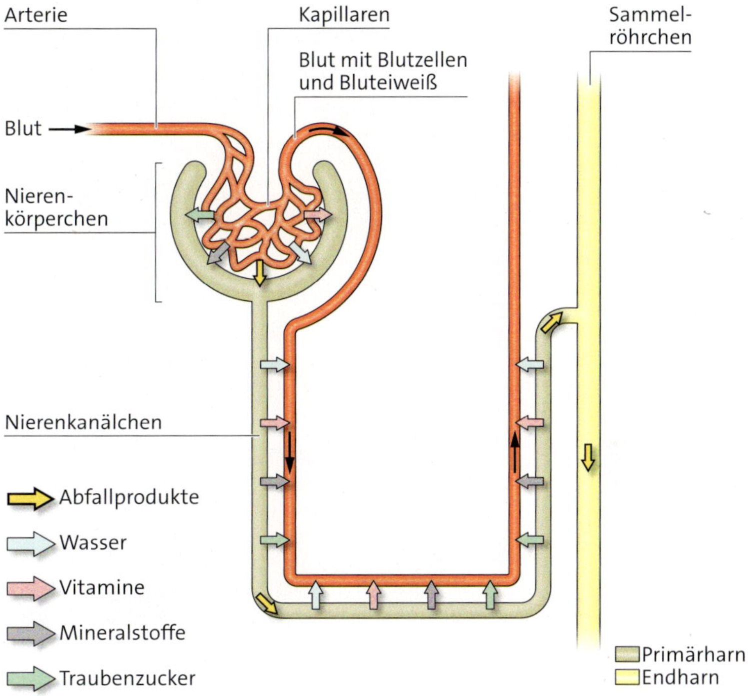

03 Funktionsweise des Nephrons

NIERENERKRANKUNGEN · Wenn im Harn gelöste Stoffe auskristallisieren, entstehen **Nierensteine.** Werden die Kristalle so groß, dass sie den Harnleiter verstopfen, können sie zu Harnstau führen, was mit stechenden Schmerzen verbunden ist. Die wichtigste Vorbeugungsmaßnahme besteht darin, ausreichend viel zu trinken.
Krankheitserreger, die über Harnröhre, Harnblase und Harnleiter in das Nierenbecken gelangen, können dort eine Entzündung hervorrufen. Eine solche **Nierenbeckenentzündung** kann die Nierenfunktion beeinträchtigen.
Zum Leben reicht die Leistung einer Niere völlig aus. Sollten jedoch beide erkrankt sein oder gar versagen, kommt es zu schweren Erkrankungen, die lebensbedrohlich sein können.

1 Beschreibe den Aufbau der Niere und nenne Funktionen ihrer Teile!

2 Erkläre den Begriff Ausscheidung mithilfe der Begriffe Filtration und Rücktransport!

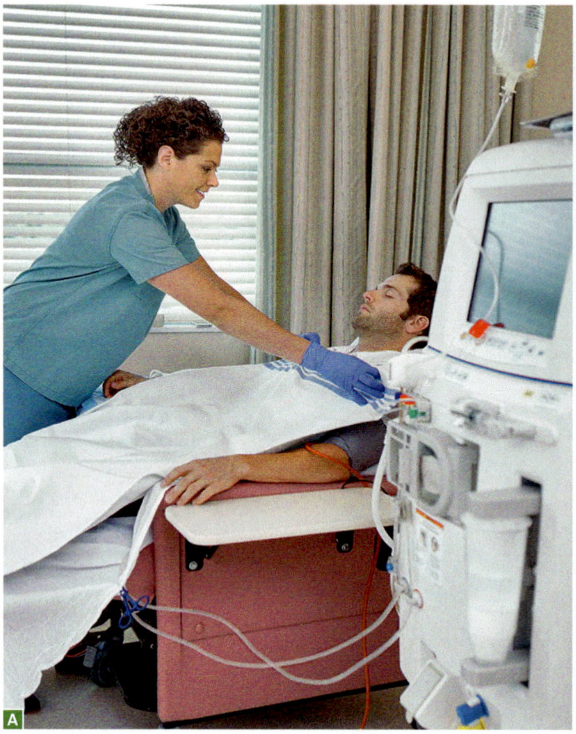

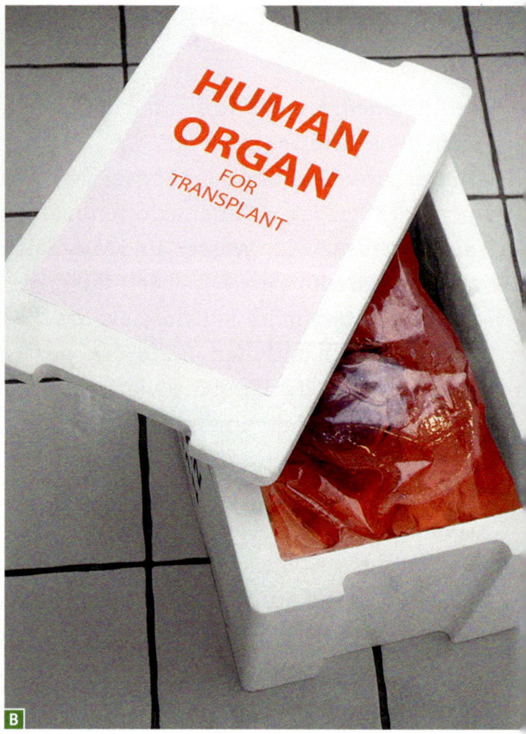

01 **A** Patient bei der Dialyse,
B Kühlbox für transplantierte Organe

Dialyse und Organtransplantationen

Wenn Organe, zum Beispiel die Niere, versagen, kann zunächst mit einer Dialysebehandlung, später nur noch mit einer Organtransplantation das Leben des Patienten gerettet werden. Welche Vorgänge spielen dabei eine Rolle und welche Probleme können bei Transplantationen auftreten?

DIALYSE · Bei einem *Nierenversagen* ist die Niere nicht mehr in der Lage, die Abfallprodukte des Stoffwechsels, zum Beispiel Harnstoff, mit dem Urin aus dem Körper auszuscheiden. Es kommt zu Vergiftungen des Körpers und kann ohne medizinische Behandlung zum Tod der Patienten führen. Ärzte versuchen daher durch eine künstliche Blutwäsche, die **Dialyse**, sozusagen das Blut von den Abfallstoffen zu reinigen. Das *Dialysegerät* ist am Blutkreislauf des Patienten angeschlossen und entzieht dem Blut die Abfallstoffe. Der Patient muss dafür mehrmals in der Woche in mehrstündigen Sitzungen mit dem Gerät verbunden werden.

TRANSPLANTATIONSMEDIZIN · Oft reicht die Dialyse bei fortgeschrittenem Nierenversagen nicht aus, um das Leben der Patienten zu retten. Nur zumindest eine gesunde Niere kann helfen. Die Verpflanzung von Zellen, Geweben, Organen oder Körperteilen in den Körper eines Empfängers nennt man **Transplantation**. In Deutschland gibt es Transplantationszentren, in denen speziell ausgebildete Ärztinnen und Ärzte Transplantationen häufig ausführen. Das Verfahren ist inzwischen medizinischer Alltag. Nach Angabe der Deutschen Stiftung für Organtransplantation werden pro Jahr etwa 4000 Organe übertragen. Davon bilden Nierentransplantationen mit rund 65 Prozent den Hauptanteil.
Eine Schwierigkeit bei Organtransplantationen besteht in einer möglichen **Abstoßungsreaktion** des Empfängerorganismus: Die Oberflächen der Zellen aller Lebewesen sind mit genetisch festgelegten, individuellen Strukturen, den Antigenen, ausgestattet. Dies ist Ursache dafür, dass

der Körper seine eigenen Zellen erkennt und Abwehrstoffe gegen fremde Zellen, beispielsweise der neuen Niere, bildet. Verantwortlich dafür ist das **Immunsystem**. Die Bildung von Abwehrstoffen kann also verhindern, dass das transplantierte Organ die Funktion übernimmt. Dann wird es schließlich abgestoßen.
Da die Antigenstrukturen nah verwandter Personen ähnlich sind, verlaufen Transplantationen zwischen diesen Personen meist ohne größere Komplikationen. Deshalb wurde die erste erfolgreiche Transplantation bei eineiigen Zwillingen durchgeführt. Um die Abstoßungsreaktionen gering zu halten, werden vor einer Transplantation Organe und Empfänger auf relative Verträglichkeit getestet. Auch bei guter Verträglichkeit von Organ und Empfänger muss die körpereigene Abwehr dauerhaft unterdrückt werden. Deshalb ist ein Transplantatempfänger anfälliger für Infektionskrankheiten. Er muss daher regelmäßig medizinisch überwacht werden.

ORGANSPENDE · Im Jahr 2012 warteten in Deutschland etwa 12000 Menschen auf ein Organ, davon 8000 auf eine Niere. Jährlich sterben ungefähr 1100 Patienten, für die nicht rechtzeitig ein geeignetes Organ zur Verfügung stand. Um die Zahl gespendeter Organe zu erhöhen, wurde im Jahr 2012 die so genannte *Entscheidungslösung* eingeführt: Ab sofort werden alle über 16-jährigen Krankenversicherten befragt, ob sie nach ihrem Tod Organe spenden wollen. Früher fand keine solche Befragung statt, sodass vermutlich viele Menschen eine Organspende nicht in Erwägung gezogen haben.
Hat ein Spender eine schriftliche Genehmigung zur Organspende abgegeben, dürfen seine Organe erst nach eindeutig festgestelltem Hirntod entnommen werden. Grundsätzlich erfährt der Empfänger nicht, von wem das Organ stammt. Eine Alternative zu dieser **Organspende nach dem Tod** ist die **Lebendspende.** Gemäß deutschem Transplantationsgesetz ist die Lebendspende einer Niere, Teile der Leber und einiger anderer Organe nur unter nahen Verwandten oder persönlich verbundenen Menschen erlaubt. Die Erfolgsaussichten einer Lebendspende sind gut, da Spender und Empfänger optimal aufeinander abgestimmt werden können.

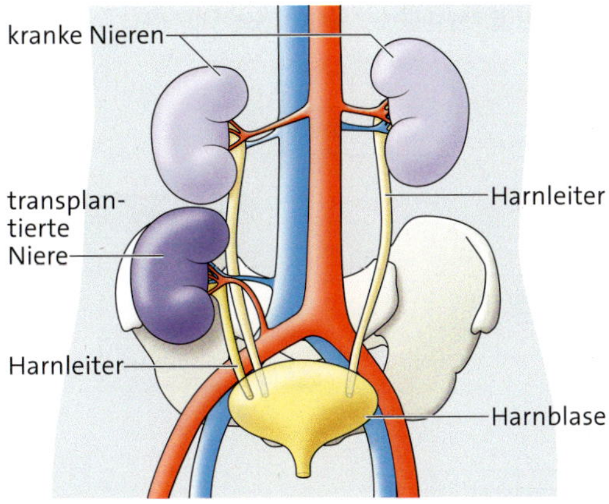

02 transplantierte Niere

03 Organspendeausweis

Hier bekommt man einen Organspendeausweis und alle Informationen zur Organspende:
- *Bundeszentrale für gesundheitliche Aufklärung (BZgA, www.bzga.de)*

1 Beschreibe medizinische und rechtliche Probleme, die mit einer Transplantation verbunden sind!

Material A ▸ Wechselwirkung zwischen Organsystemen

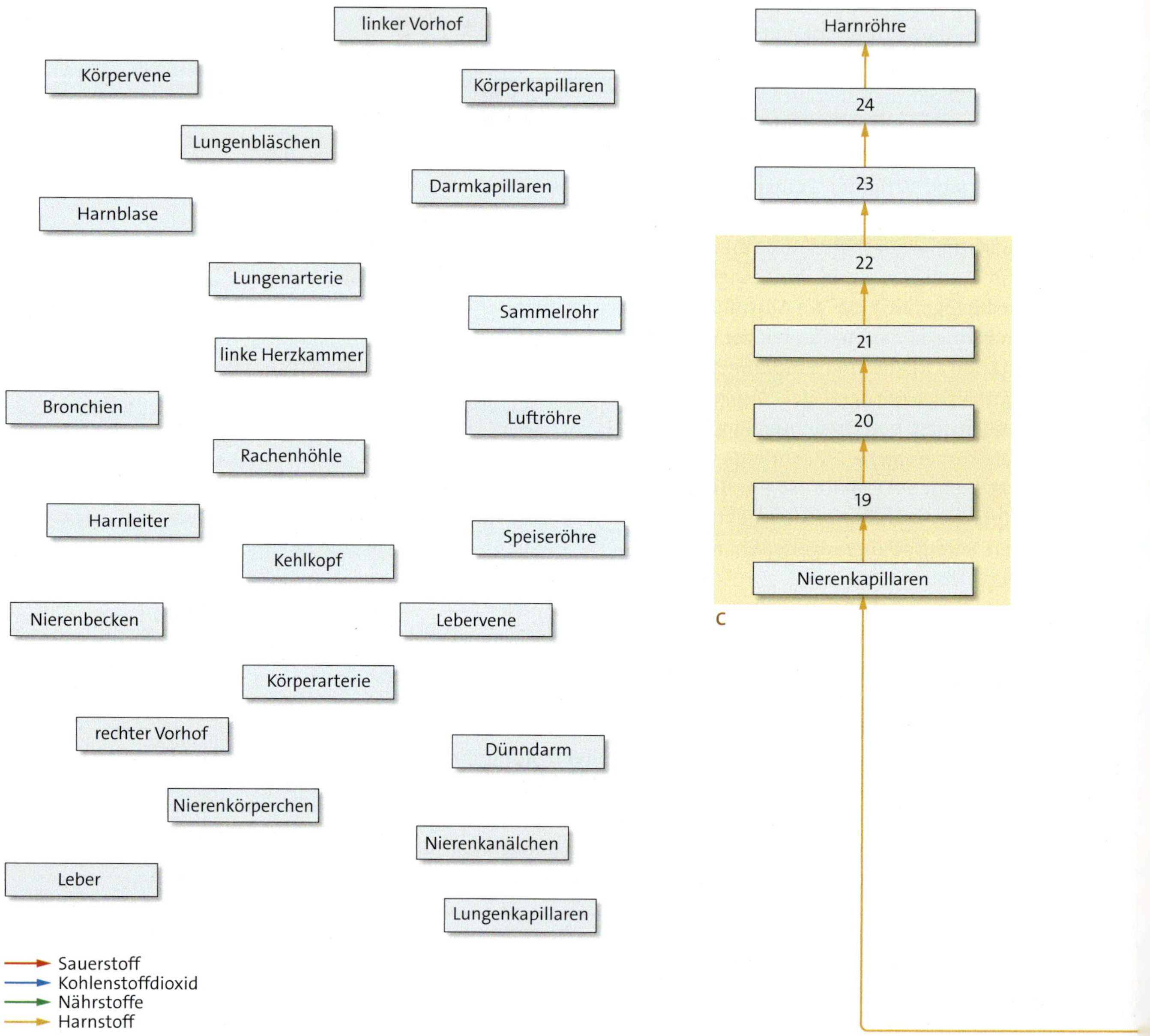

Wechselwirkungen zwischen Organsystemen des Körpers ermöglichen erst sein Leben. Dabei sichern das Verdauungs-, das Atmungs-, das Ausscheidungs- und das Herz-Kreislaufsystem die Versorgung aller Zellen des Körpers mit Stoffen und somit Energie ab. Nicht mehr benötigte Reststoffe oder Abfallstoffe werden durch sie entsorgt. Das Hormon- und das Nervensystem sorgen für die Regulation dieser vielfältigen Prozesse.

A1 Nenne die in der Abbildung mit Zahlen gekennzeichneten fehlenden Begriffe, sodass sich ein sinnvolles Zusammenwirken der Strukturen ergibt!

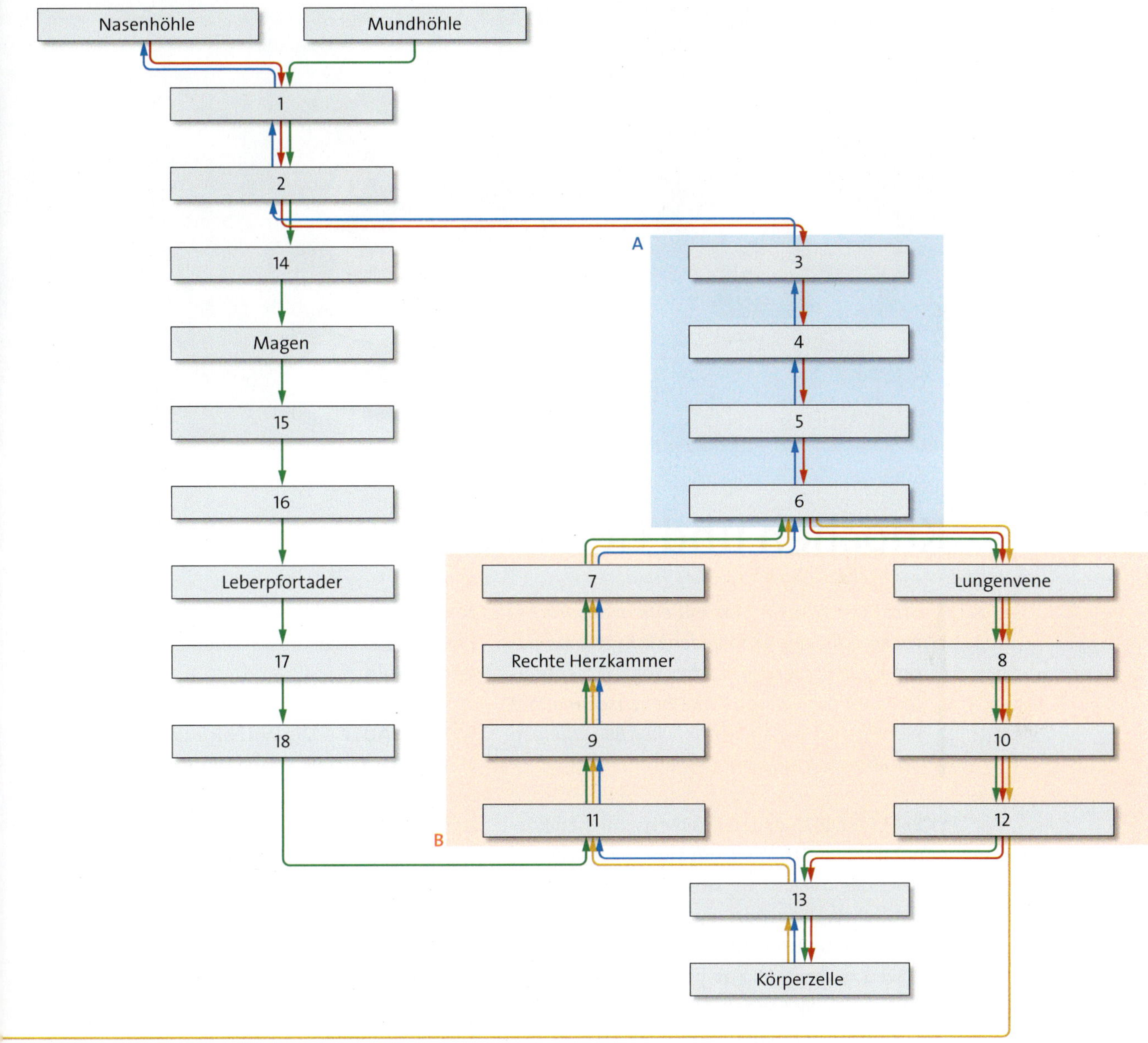

A2 Ordne den Bereichen A, B, C im Fließschema das Herz, die Lunge und die Niere zu!

A3 Beschreibe eine Wechselwirkung, die im Fließschema dargestellt ist!

A4 Beschreibe den Weg des Harnstoffs von seiner Entstehung bis zu seiner Ausscheidung!

A5 Beschreibe die Stoffaustauschprozesse, die an der Zelle im Fließschema dargestellt sind! Erkläre ihre Bedeutung!

A6 Bei einem Nierenversagen ist die Funktion der Nieren gestört. Das Dialysegerät wird über spezielle Zugänge mit einer Arterie und einer Vene meistens des Armes verbunden. Begründe diese Vorgehensweise!

01 Breakdance

Knochen und Gelenke

Breakdance ist ein Tanz mit einem anspruchsvollem Stil. Seine verschiedene Schrittkombinationen und unterschiedlichen Tanzelemente erfordern eine sehr gute Körperbeherrschung. Wie werden diese außergewöhnlichen Bewegungen des Körpers ermöglicht?

SKELETT · Die Knochen des menschlichen Körpers bilden zusammen ein inneres Knochengerüst, das *Skelett*. Es setzt sich aus unterschiedlichen Knochen zusammen, die sich nach Struktur und Funktion unterscheiden. Der Schädel besteht aus plattenartigen, miteinander verwachsenen Knochen und schützt das Gehirn. Die flachen Rippen und das Brustbein bilden den Brustkorb, der Lunge und Herz schützend umgibt. Arme und Beine, die *Extremitäten*, bestehen überwiegend aus langen, röhrenförmigen Knochen.
Das Skelett dient als innere Stütze und gibt dem Körper auch bei Bewegungen die nötige Stabilität. Ohne das Skelett würde der Körper zusammenfallen wie ein Zelt ohne Zeltstangen. Vom Kopf bis zum Becken verläuft die Hauptstütze des menschlichen Körpers, die *Wirbelsäule*.

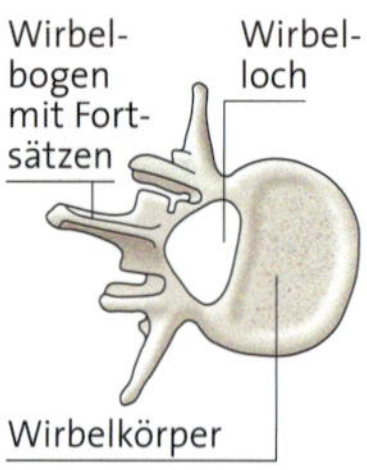

02 Bau eines Wirbels

WIRBELSÄULE · Die Wirbelsäule setzt sich aus vielen einzelnen Knochen, den **Wirbeln,** zusammen. Sie werden nach ihrer Lage in sieben *Hals-*, zwölf *Brust-* und fünf *Lendenwirbel* unterteilt. Fünf Wirbel sind im Bereich des Beckens zu dem breiten *Kreuzbein* verwachsen. Das Ende der Wirbelsäule bilden mehrere verkümmerte Wirbel, die als *Steißbein* bezeichnet werden. Ein Wirbel besteht aus einem massiven *Wirbelkörper* und dem daran anschließenden *Wirbelbogen*, der verschiedene Fortsätze trägt. Zwischen dem Wirbelbogen und dem Wirbelkörper gibt es einen Hohlraum, das *Wirbelloch*. Alle Wirbellöcher der 24 Wirbel bilden zusammen den *Wirbelkanal*. Gut geschützt verläuft darin ein Teil des Zentralnervensystems, das *Rückenmark*.
Die knöchernen Wirbelkörper sind durch zwischen ihnen liegende elastische Scheiben,

die **Bandscheiben,** gut abgepolstert. Wie Kissen verhindern sie, dass die Wirbel gegeneinanderreiben. Gleichzeitig ermöglichen sie die Beweglichkeit der Wirbelsäule.
Betrachtet man die Wirbelsäule von der Seite, so fällt auf, dass der Hals-, Brust- und Lendenwirbelbereich unterschiedlich geformt ist. In der Gesamtheit kann man vom Hals bis zum Steißbein eine *„doppelt S-förmige" Krümmung* der Wirbelsäule erkennen. Diese spezielle Form federt Stöße und Erschütterungen beim Gehen ab.

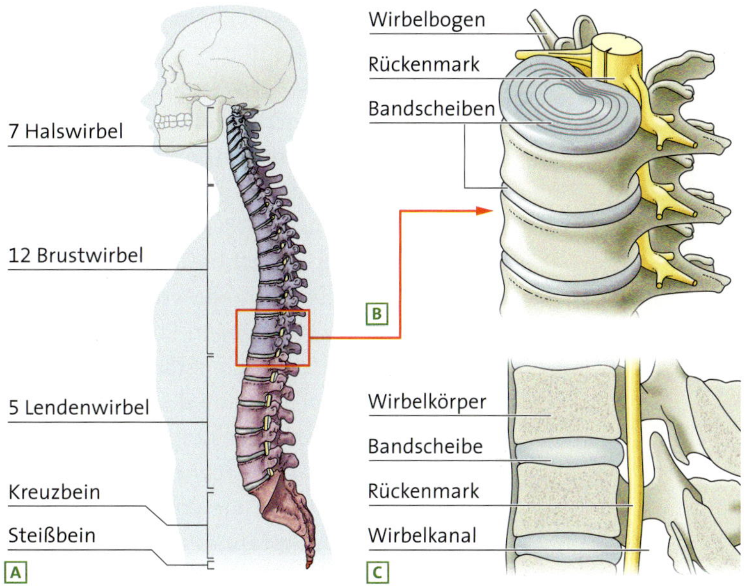

03 Bau der Wirbelsäule: **A** Wirbelsäule, **B** Ausschnitt aus der Brustwirbelsäule, **C** Längsschnitt

BAU EINES KNOCHENS · Im Mutterleib sind beim heranwachsenden Embryo die Knochen zunächst noch sehr elastisch. Mit der Zeit werden sie immer mehr in feste Knochen umgewandelt. Bei Röhrenknochen findet man bis zum Erwachsenenalter im Bereich der Knochenenden **Wachstumszonen.** Wenn auch diese verknöchert sind, wachsen die Knochen nicht mehr weiter in die Länge. Während des gesamten Lebens werden aber ständig alte Knochenzellen abgebaut und durch neue ersetzt. Die äußerste Schicht eines Röhrenknochens, die **Knochenhaut,** ist gut durchblutet. Sie schützt den Knochen, und ihre Blutgefäße versorgen die darunterliegende **Knochenrinde** und das Innere des Knochens mit Nährstoffen und Sauerstoff.
Die Knochenrinde ist mit stabilen Strukturen wie beispielsweise den **Knochenröhrchen** durchsetzt. Die Enden eines Röhrenknochens sind mit stark vernetzten Bälkchen ausgefüllt. Diese **Knochenbälkchen** bilden ein Gerüst und geben dem Knochen eine große Stabilität, die den Röhrenknochen sehr belastbar macht. Die Zwischenräume der Knochenbälkchen sind mit rotem **Knochenmark** ausgefüllt, das für die Bildung von Blutzellen wichtig ist. Der zwischen den Knochenenden liegende Teil, der Knochenschaft, umschließt die Markhöhle. Sie ist mit Knochenmark gefüllt. Ein Knochen besteht also nicht aus toter Substanz, sondern aus mehreren lebenden Geweben. Er stellt ein Organ dar.

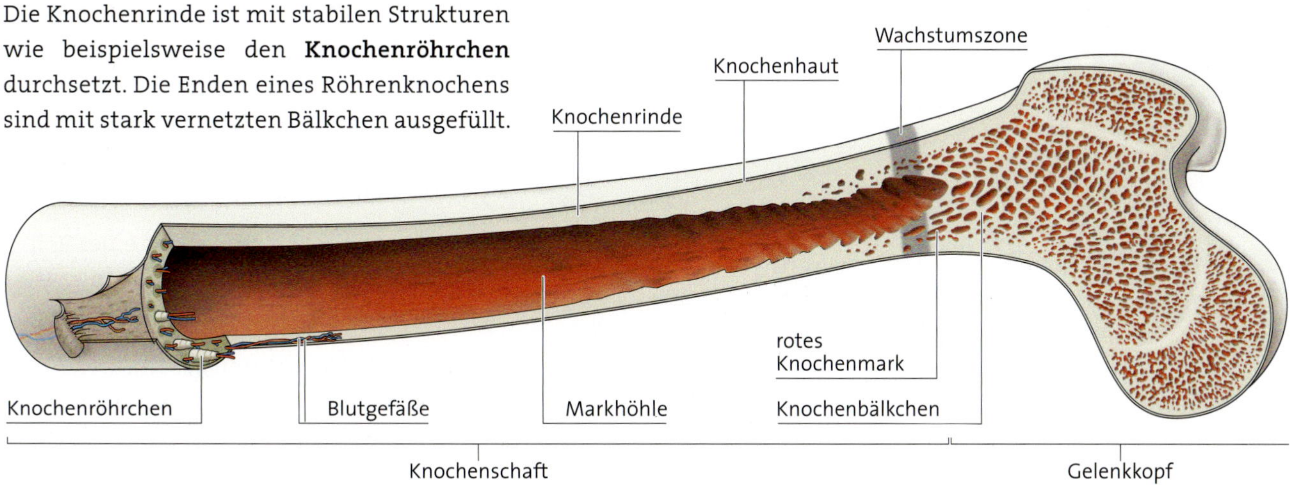

04 Bau eines Röhrenknochens

GELENKE · Für die Beweglichkeit des Körpers ist es wichtig, dass die stabilen Knochen gegeneinander bewegt werden können. Dies wird dadurch erreicht, dass Knochen über **Gelenke** miteinander verbunden sind. Das Kniegelenk ist das größte Gelenk des menschlichen Körpers. Eine äußere, elastische Schicht, die **Gelenkkapsel,** umschließt das Gelenk. In ihr sind *Schleimbeutel* und *Fettkörper* eingewachsen, die das Knie gegen Stöße schützen. Der *Oberschenkelknochen* endet mit einem abgerundeten Knochenende, dem **Gelenkkopf.** Der ebenfalls in der Gelenkkapsel gegenüberliegende *Unterschenkelknochen* hat ein pfannenförmiges Ende, die **Gelenkpfanne.** Gelenkkopf und Gelenkpfanne passen genau aufeinander. Sie sind jeweils mit einer elastischen Substanz, dem **Gelenkknorpel,** überzogen. Dieser wirkt wie ein Stoßdämpfer, wenn die beiden Knochenenden aufeinandergedrückt werden. Zwischen den beiden Knorpelschichten befindet sich eine Flüssigkeit, die als **Gelenkschmiere** dient und eine reibungslose Bewegung der Knochen gegeneinander unterstützt. Ohne Gelenkschmiere und Gelenkknorpel würden starke Schmerzen auftreten, weil sich die Knochenenden gegeneinanderreiben würden. Wie bei einer Tür erlaubt auch das Knie nur die Bewegung in zwei Richtungen, nach vorne und nach hinten. Solche Gelenke werden daher als **Scharniergelenke** bezeichnet.

Die Verbindung vom Unterschenkelknochen zum Oberschenkelmuskel stellt die **Kniesehne** her, die die Kraft für eine Bewegung überträgt. In die Kniesehne ist die knöcherne **Kniescheibe** eingewachsen, die für ein kraftvolles Bewegen des Beines notwendig ist. Stabilisiert wird das Kniegelenk im Inneren durch mehrere von außen nicht sichtbare *Bänder* und *Knorpelscheiben.* Dadurch wird eine hohe Stabilität und Belastbarkeit des Kniegelenks erreicht. Im menschlichen Körper findet man etwa 100 Gelenke, die nach Struktur und Funktion unterschiedliche Bewegungsmöglichkeiten zulassen.

Beim Breakdance wird der Körper durch Sprünge und außergewöhnliche Bewegungen großen Belastungen ausgesetzt. Der Körper hält sie aus, weil das Skelett eine hohe Stabilität gewährleistet, aber dennoch in der Lage ist, Stöße abzufedern. Die Bewegungen sind vor allem durch die vielen verschiedenen Gelenke möglich. Dadurch können beim Tanzen beeindruckende Körperhaltungen erreicht werden, ohne die Stabilität des Körpers zu verlieren.

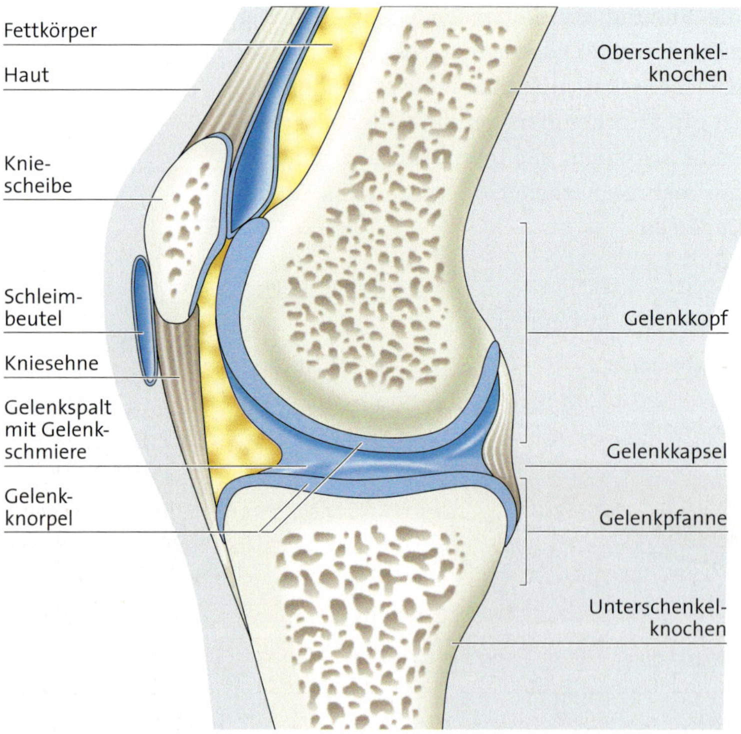

05 Bau eines Kniegelenks

1 Beschreibe den Bau der Wirbelsäule!

2 Erkläre am Beispiel des Baus eines Röhrenknochens den Zusammenhang zwischen Struktur und Funktion!

3 Ordne den Strukturen des Kniegelenks folgende Funktionen zu: „schützt das Gelenk", „ hält Stöße ab", „verringert Reibung"!

Material A ▸ Knochenbestandteile

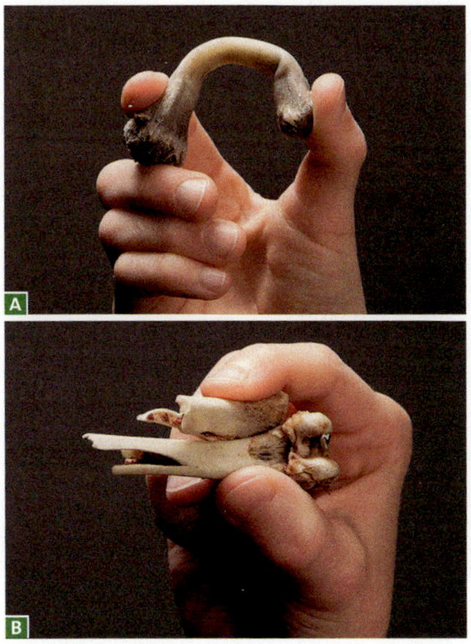

Knochen bestehen zu etwa 25 Prozent aus Wasser, etwa 25 Prozent aus Proteinen und Fetten und knapp über die Hälfte aus der Grundsubstanz mit verschiedenen Mineralien. Die Grundsubstanz besteht hauptsächlich aus elastischem Knorpel, der mit zunehmendem Alter immer stärker verknöchert. Deshalb sind Kinderknochen etwas weicher als die Knochen von Erwachsenen. Das wichtigste Mineral eines Knochens ist das Kalzium, das zu großen Teilen in Form von Kalziumkarbonat im Knochen vorkommt und ihm seine Festigkeit gibt. Wird ein Knochen längere Zeit in Salzsäure gelegt, so wird er biegsam wie Gummi und kann mit einem Messer leicht geschnitten werden. Wird ein Knochen mit einer heißen Flamme mehrere Minuten lang ausgeglüht, so wird er spröde und kann leicht brechen.

A1 Stelle die Bestandteile eines Knochens in einem Kreisdiagramm dar!

A2 Stelle Vermutungen an, wie sich die Zusammensetzung der Knochenbestandteile ändert, wenn ein Knochen in Salzsäure gelegt oder wenn er ausgeglüht wird!

Material B ▸ Ausgewählte Gelenktypen

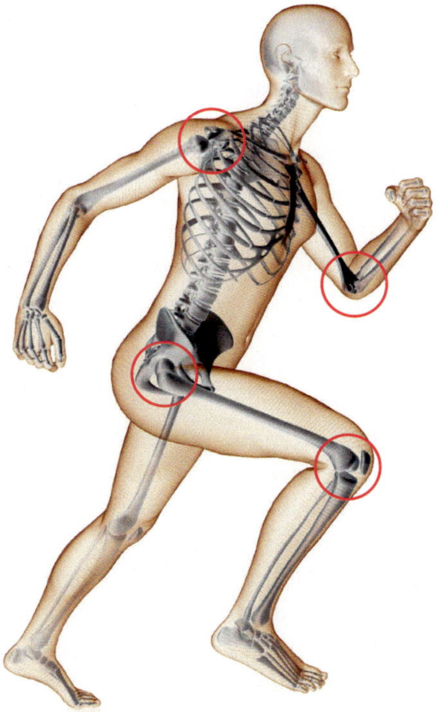

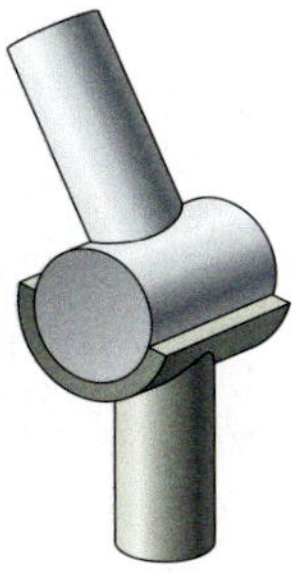

Scharniergelenk

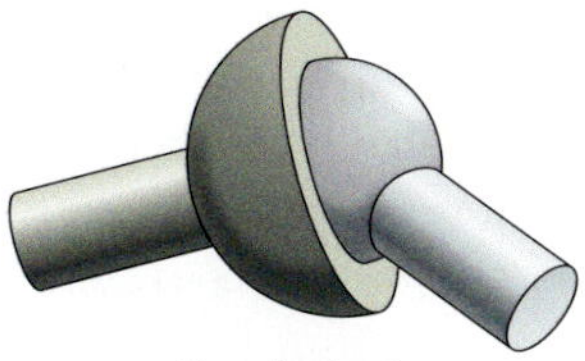

Kugelgelenk

Nicht alle Gelenke sind gleich. Sie unterscheiden sich in ihren Möglichkeiten, Knochen gegeneinander zu bewegen. Je nach Struktur und Funktion bieten sie unterschiedliche Bewegungsrichtungen und Stabilität. Das Sattelgelenk beim Daumen ermöglicht zum Beispiel eine begrenzte Drehbewegung in alle Richtungen.

B1 Beschreibe, welche Bewegungsmöglichkeiten die gekennzeichneten Gelenke zulassen und ordne das jeweilige Gelenk einem Gelenktyp zu!

01 Jonglieren

Muskeln

Beim Jonglieren werden im schnellen Wechsel mehrere Gegenstände in die Luft geworfen und wieder aufgefangen. Die Arme müssen hierzu abwechselnd angewinkelt und wieder gestreckt werden. Wie werden diese Bewegungen ermöglicht?

MUSKELN · Im menschlichen Körper befinden sich über 600 Muskeln. Mehr als 400 setzen an Knochen an. Man bezeichnet sie daher als **Skelettmuskulatur.** Ohne diese *Muskulatur* wäre ein Mensch nicht in der Lage, sich selbstständig zu bewegen.

BAU EINES SKELETTMUSKELS · Alle Skelettmuskeln unseres Körpers sind trotz unterschiedlicher Größe ähnlich gebaut. Ein Skelettmuskel ist über **Sehnen** an Knochen befestigt. Eine Sehne ist eine reißfeste und elastische Verbindung zwischen einem Knochen und einem Muskel. Sie geht aus einer festen Haut hervor, die den gesamten Muskel umhüllt und ihn in seiner Form hält. Sie wird als **Muskelhaut** bezeichnet. Das Innere eines Skelettmuskels setzt sich, wie bei einem Tau, aus vielen einzelnen, parallel verlaufenden Strukturen, den **Muskelfaserbündeln,** zusammen. Diese liegen in einem Gewebe, dem **Bindegewebe.** Es ist mit Blutgefäßen und Nerven durchzogen. Der Muskel wird über die Blutgefäße mit Sauerstoff und Nährstoffen versorgt. Ein Muskelfaserbündel besteht wiederum aus mehreren länglichen Strukturen, den **Muskelfasern.**

FUNKTION EINES SKELETTMUSKELS · Eine Muskelfaser kann sich zusammenziehen. Sie benötigt dazu Energie, die der Stoffwechsel bereitstellt. Wenn dies bei vielen Muskelfasern gleichzeitig geschieht, zieht sich der gesamte Muskel zusammen, verkürzt sich und wird dadurch dicker. Er ist dann *kontrahiert.* Über eine Sehne wird die dadurch erzeugte Kraft vom Muskel auf einen Knochen übertragen. Infolgedessen bewegt sich der Knochen. Die Richtung der Bewegung ist abhängig vom Gelenk. Muskeln können Knochen also nur ziehen, nicht drücken.

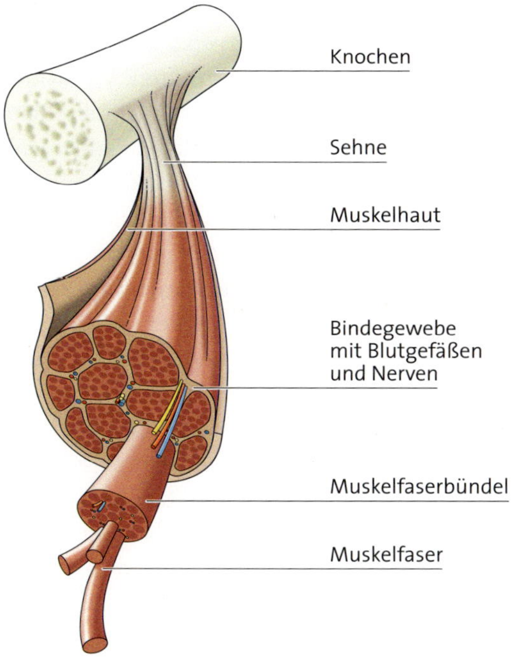

02 Bau eines Skelettmuskels

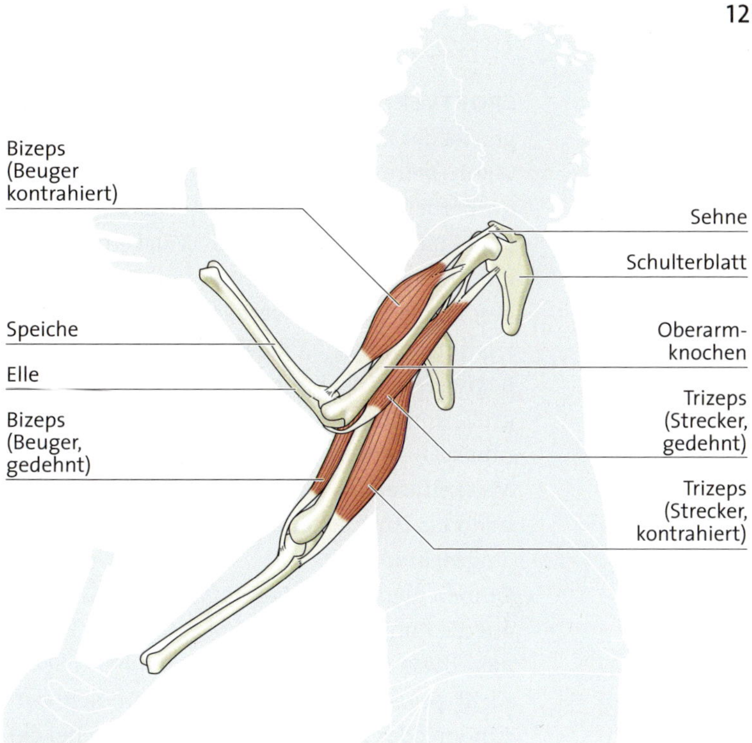

03 Gegenspielerprinzip

GEGENSPIELERPRINZIP · Beim Jonglieren müssen die Arme im schnellen Wechsel angewinkelt und wieder gestreckt werden. Um diese Bewegungen zu ermöglichen, ist in jedem Arm ein Zusammenspiel von wenigstens zwei Muskeln notwendig. Zieht sich der große Oberarmmuskel, der *Bizeps,* zusammen, so wird der Unterarm am Ellenbogengelenk gegen den Oberarm angewinkelt. Weil dieser Muskel den Arm beugt, wird er **Beuger** genannt. Da sich ein Muskel aus eigener Kraft nur zusammenziehen, nicht aber wieder dehnen kann, ist ein weiterer Muskel erforderlich. In diesem Fall ist das der *Trizeps* an der Unterseite des Oberarms. Er wird als **Strecker** bezeichnet, weil sich bei seiner Kontraktion der Unterarm senkt, sodass sich der Arm streckt. Durch die Kontraktion des Streckers wird der Beuger *gedehnt* und dadurch lang und dünn gezogen. Um den Strecker wieder zu dehnen, muss sich der Beuger zusammenziehen. Beuger und Strecker bewegen den Unterarm in entgegengesetzte Richtung. Man spricht deshalb auch vom **Gegenspielerprinzip.**

ANDERE MUSKELN · Auch für die Funktion einiger innerer Organe, der *Eingeweide,* sind Muskeln wichtig. So benötigen beispielsweise der Magen und der Darm Muskeln. Diese **Eingeweidemuskeln** arbeiten nur langsam und sind nicht bewusst durch unseren Willen steuerbar.

Der **Herzmuskel** ist ein spezieller Muskel mit einem besonderen Aufbau. Er ist ebenfalls nicht dem Willen unterworfen, sondern arbeitet selbstständig. Herzmuskel und Eingeweidemuskeln werden deshalb auch als *unwillkürliche Muskulatur* bezeichnet.

Skelettmuskeln hingegen können durch den Willen direkt beeinflusst und somit gesteuert werden. Man bezeichnet diese Muskulatur deshalb auch als *willkürliche Muskulatur.*

1 Beschreibe den Bau eines Skelettmuskels von innen nach außen!

2 Erkläre die Funktionen der Oberarmmuskeln beim Jonglieren!

SPORTVERLETZUNGEN · Bei allen Bewegungen ist der Körper Belastungen ausgesetzt. Vor allem beim Sport werden ganz bestimmte Körperbereiche stärker belastet als bei normalen körperlichen Tätigkeiten. Muskeln können auf eine stärkere Belastung vorbereitet werden. Durch Training werden sie aufgebaut und leistungsfähiger. Ist die Belastung im Training oder bei der Ausübung einer Sportart jedoch zu groß, können Muskelfasern innerhalb eines Muskels reißen. Man spricht von einem **Muskelfaserriss.** Die Funktion des Muskels ist dann bis zur Ausheilung der Verletzung stark eingeschränkt.
Sehnen übertragen die Kraft von den Muskeln auf die Knochen. Auch hier besteht die Gefahr, dass diese zu hohen Belastungen beim Sport nicht gewachsen sind. Sie können sich entzünden oder sogar reißen. Das ist auch bei der stärksten Sehne des menschlichen Körpers, der *Achillessehne,* möglich. Diese Endsehne der Wadenmuskeln setzt am Fersenbein an und bewegt den Fuß beim Gehen. Bei Lauf- und Sprungsportarten wird sie besonders stark belastet und kann sogar reißen. Nach einem **Achillessehnenriss** kann man mit dem betroffenen Fuß nicht mehr laufen. Wenn die Knochen eines Gelenks zu stark in eine Richtung belastet werden, für die das Gelenk nicht ausgerichtet ist, kann der Gelenkkopf aus der Gelenkpfanne springen. Das Gelenk ist dann „ausgekugelt". Rutscht der Gelenkkopf zurück, spricht man von einer **Verstauchung.** Bleibt das Gelenk ausgekugelt, handelt es sich um eine **Verrenkung.** Die Gelenkkapsel und -bänder stützen und schützen ein Gelenk, wie beispielsweise das Knie- oder Sprunggelenk. Wird die Belastung beim Sport zu groß, können die Bänder sich dehnen und reißen schließlich. Ein solcher **Bänderriss** ist wie viele Sportverletzungen oft sehr schmerzhaft. Wenn auch das umliegende Gewebe verletzt wird, kann es durch den Eintritt von Blut zu *Schwellungen* kommen. Dadurch entstehen oft weitere Beschwerden, die behandelt werden müssen.

2 Beschreibe die Ursachen von zwei verschiedenen Sportverletzungen!

05 Sportverletzungen

VERSUCH A ▸ Mikroskopie von Skelettmuskulatur

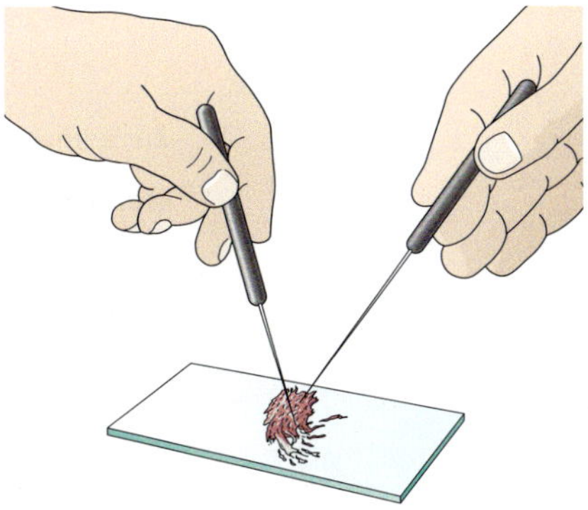

Die Muskelfasern eines Skelettmuskels entstehen in der Embryonalentwicklung durch die Verschmelzung vieler einzelner Muskelzellen. Im Inneren der Muskelfaser befinden sich die Eiweiße, die kontrahieren können. Sie bilden winzige Fäserchen in denen die Eiweiße sehr regelmäßig angeordnet sind.

Material:
Mikroskop, Pinzette, 2 Präpariernadeln, Petrischale, 2 Objektträger, 2 Deckgläschen, dünne Scheiben rohen, geräucherten Schinkens, Pipetten, 0,9%ige Natriumchlorid-Lösung, 2%ige Essigsäure-Lösung

Durchführung:
Zerzupfe in der Petrischale mit der Pinzette und den Präpariernadeln ein Stück der Schinkenscheibe in winzige, faserige Stücke. Durch Abschaben werden diese noch kleiner. Übertrage die kleinsten Stücke in einen Tropfen der Natriumchlorid-Lösung auf den Objektträger und decke mit dem Deckgläschen ab. Kontrolliere mit dem Mikroskop ab und zu, ob einzelne Muskelfasern schon zu sehen sind. Wenn nicht muss weitergezupft werden. Auf den zweiten Objektträger werden die Stücke in die Essigsäure-Lösung eingebettet. Dadurch werden Zellkerne besser sichtbar. Mikroskopiere beide Präparate.

A1 Skizziere einen Teil einer mikroskopierten Muskelfaser!

A2 Zähle die beobachteten Zellkerne in einem Stück Muskelfaser. Begründe ihre Anzahl!

A3 Begründe, warum die Skelettmuskulatur auch quergestreifte Muskulatur genannt wird!

Material B ▸ Verletzungen vorbeugen

A

B

C

Beim Sport kann man sich leicht verletzen. Um dies zu verhindern, gibt es verschiedene Vorbeugemaßnahmen.

B1 Beschreibe die Vorbeugemaßnahmen, die vor, während und nach sportlichen Aktivitäten ausgeführt werden können!

B2 Erkläre die Bedeutung der jeweiligen Vorbeugemaßnahme! Stelle hierbei auch jeweils einen Zusammenhang zu einer Gefährdung des Körpers her!

ORGANSYSTEME IM ÜBERBLICK

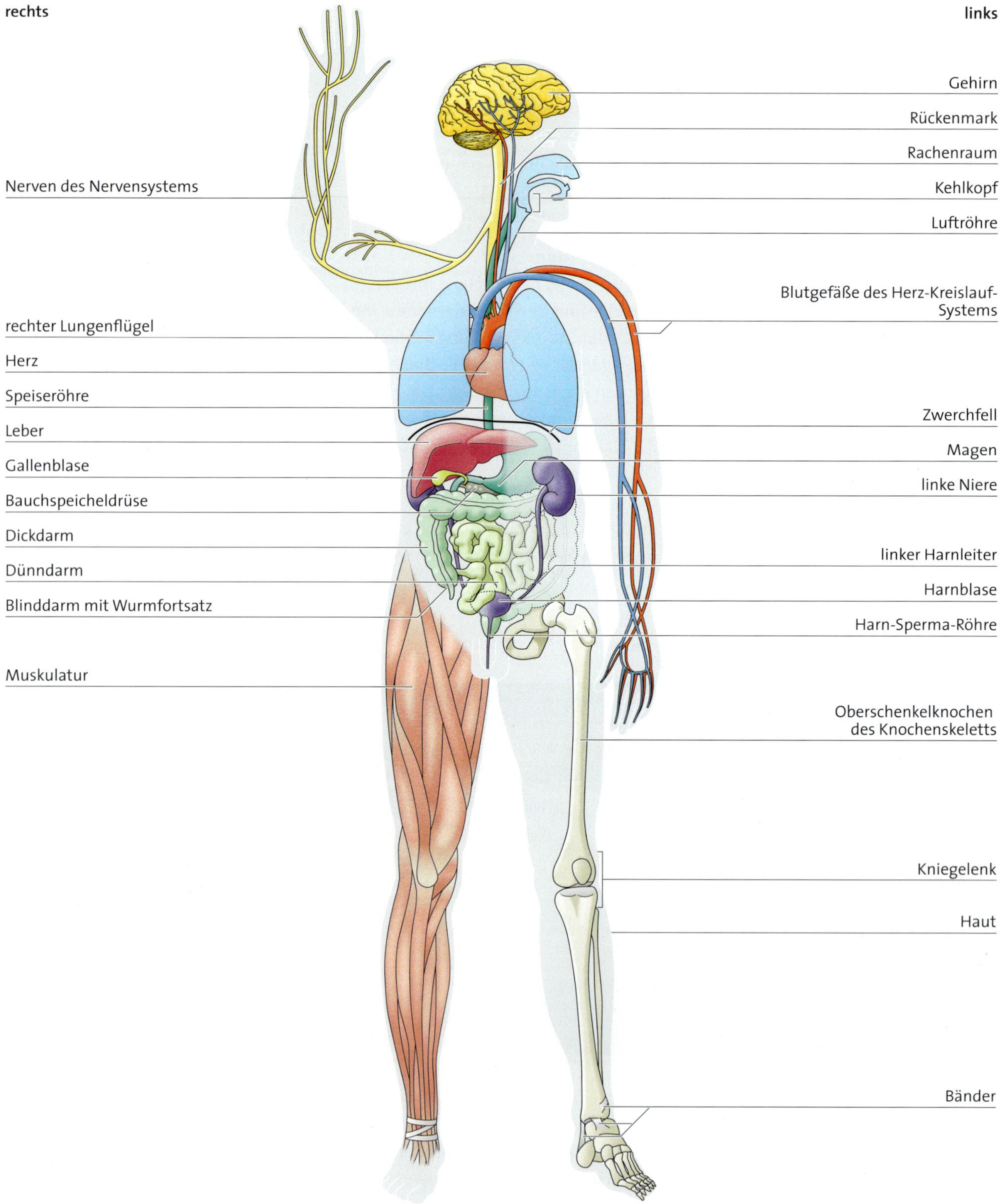

STECKBRIEF

Herz-Kreislauf-System

Organe und Bestandteile: *Herz, Blut, Arterien, Venen, Kapillaren*

Funktion: *Transport von Wärme, Bestandteilen der Immunabwehr und Stoffen, wie zum Beispiel Sauerstoff, Kohlenstoffdioxid, Nährstoffe, Abfallstoffe, Hormone*

Daten: *Blutmenge: 5–7 l; Herzschläge pro Tag: etwa 100 000; Pumpleistung des Herzens pro Tag: etwa 7000 l Blut; Durchmesser der Aorta: etwa 2 cm; Länge der Aorta: etwa 40 cm; Anzahl der Kapillaren: etwa 5 Milliarden; Gesamtfläche der Kapillaren: etwa 300 Quadratmeter; Durchmesser einer Kapillare: etwa 0,008 mm*

STECKBRIEF

Atmungssystem

Organe und Bestandteile: *Mund, Nase, Rachen, Luftröhre, Bronchien, Lunge, Zwerchfell*

Funktion: *Aufnahme von Sauerstoff und Abgabe von Kohlenstoffdioxid; enge Zusammenarbeit mit dem Herz-Kreislauf-System*

Daten: *Länge der Luftröhre: 10–12 cm; Luftmenge, die bei einem Atemzug eingeatmet wird: etwa 0,5 l; Luftmenge, die täglich durch die Lunge strömt: etwa 15 000 l; Sauerstoffverbrauch bei einem ruhenden Erwachsenen: etwa 250 ml pro Minute; davon Verbrauch durch das Gehirn: etwa 50 ml; Durchblutung der Lunge pro Minute: etwa 6 l*

STECKBRIEF

Verdauungssystem

Organe und Bestandteile: *Mund, Kehlkopf, Speiseröhre, Magen, Leber, Gallenblase, Bauchspeicheldrüse, Dünndarm, Dickdarm*

Funktion: *Abbau der Nahrung in Nährstoffe; Aufnahme von Nährstoffen, Wasser, Mineralstoffen und Vitaminen ins Blut; Ausscheidung von Abfallstoffen*

Daten: *Speichelabgabe pro Tag: 0,5–1,5 l; Länge der Speiseröhre: etwa 25 cm; Länge des Dünndarms: etwa 5 m; Fassungsvermögen des Magens: etwa 1,5 l; Verweildauer der Nahrung im Magen: etwa 4 Stunden; Überleben ohne Nahrung: etwa 40 Tage; Überleben ohne Wasser: 3–6 Tage*

STECKBRIEF

Ausscheidungssystem

Organe und Bestandteile: *Nieren, Harnleiter, Harnblase, Harn-Sperma-Röhre*

Funktion: *Ausfiltern von Abfallprodukten oder überflüssigen Substanzen, die aufgenommen wurden oder in Vorgängen des Stoffwechsels entstanden sind; Regulation des Gehalts von Wasser und Mineralstoffen im Körper*

Daten: *Durchschnittstemperatur der Nieren: etwa 41 °C; täglicher Blutdurchfluss durch die Nieren: etwa 1500 l; Fassungsvermögen der Harnblase: etwa 1 l; Einsetzen des Harndrangs: zwischen 250 und 500 ml; Harnmenge eines Jugendlichen pro Tag: etwa 500 ml*

STECKBRIEF

Nervensystem

Organe und Bestandteile: *Gehirn, Rückenmark, Nerven*

Funktion: *Zusammenarbeit mit Hormonsystem und Sinnesorganen; dadurch Aufnahme, Weiterleitung und Verarbeitung von Informationen; Steuerung und Koordination der Lebensvorgänge*

Daten: *Gesamtlänge aller Nervenfasern ohne die des Gehirns: etwa 480 000 km; Geschwindigkeit der Informationsweiterleitung: etwa 120 m pro Sekunde; Gesamtzahl der Nervenzellen: etwa 130 Milliarden; täglicher Verlust von Nervenzellen: 50 000–100 000*

STECKBRIEF

Bewegungs- und Stützsystem

Organe und Bestandteile: *Knochen, Muskeln, Gelenke, Bänder, Sehnen*

Funktion: *Stabilisierung und Formgebung des Körpers; Ermöglichung von Bewegung; Bildung von Blutzellen im roten Knochenmark einiger Knochen*

Daten: *Anzahl der Knochen: etwa 210; Masse aller Knochen: etwa 10 kg; Knochenbestandteile: etwa 25 % Wasser, etwa 25 % Proteine und Fette, etwa 50 % Grundsubstanz mit verschiedenen Mineralstoffen; Anzahl der Muskeln: etwa 600; Masse aller Muskeln: 25–30 % der Körpermasse*

A ▸ Ernährung und Verdauung

Nährstoffe: Kohlenhydrate, Fette und Eiweiße sind Nährstoffe, die über die Nahrung aufgenommen werden. Sie stellen Baustoffe für Wachstum und Entwicklung bereit und liefern lebensnotwendige Energie.

Kohlenhydrate: Sie sind wichtige Energieträger für den Körper. Die kleinsten Bausteine der Kohlenhydrate werden als Einfachzucker bezeichnet, zum Beispiel Traubenzucker. Zwei verbundene Traubenzuckerbausteine bilden Malzzucker, ein Zweifachzucker. Bis zu viele Tausend miteinander verbundene Traubenzuckerbausteine bilden den Vielfachzucker Stärke.

Fette: Sie liefern Energie und dienen als Energiespeicher. Fette sind aus einem Glycerin und drei Fettsäuren zusammengesetzt.

Eiweiße: Sie sind die wichtigsten Baustoffe des Körpers. Eiweiße bestehen aus einzelnen Bausteinen, die als Aminosäuren bezeichnet werden.

Grundumsatz: Energieumsatz innerhalb von 24 Stunden und bei völliger Ruhe. Die umgesetzte Energiemenge wird für die Erzeugung von Körperwärme und die Aufrechterhaltung der Organfunktionen gebraucht.

Leistungsumsatz: Zusätzlicher Energieumsatz, wenn der Körper Arbeit verrichtet.

Gesamtumsatz: Die Summe von Grund- und Leistungsumsatz.

Ausgewogene Ernährung: Zusammenstellung von Lebensmitteln, die den täglichen Bedarf an allen Stoffen und Energie decken.

Verdauung: Die Spaltung der großen Nährstoffmoleküle in ihre kleinsten Bausteine mithilfe von Enzymen. Diese Stoffe können über die Dünndarmzotten vom Körper aufgenommen werden.

Enzyme: Eiweißstoffe, die innerhalb und außerhalb von Zellen biochemische Reaktionen beschleunigen. Sie arbeiten nach dem Schlüssel-Schloss-Prinzip.

B ▸ Das Atmungssystem

Atembewegung: Die Vergrößerung des Lungenvolumens durch das Zusammenziehen der Zwischenrippenmuskulatur und der Muskulatur des Zwerchfells führt zum Einatmen. Das Erschlaffen der Muskulatur lässt die Luft wieder aus der Lunge strömen.

Gasaustausch: Er erfolgt zwischen den Lungenbläschen und den sie umgebenden Kapillaren. Dabei wird Kohlenstoffdioxid aus dem Blut abgegeben und Sauerstoff von den roten Blutkörperchen aufgenommen.

C ▸ Haut

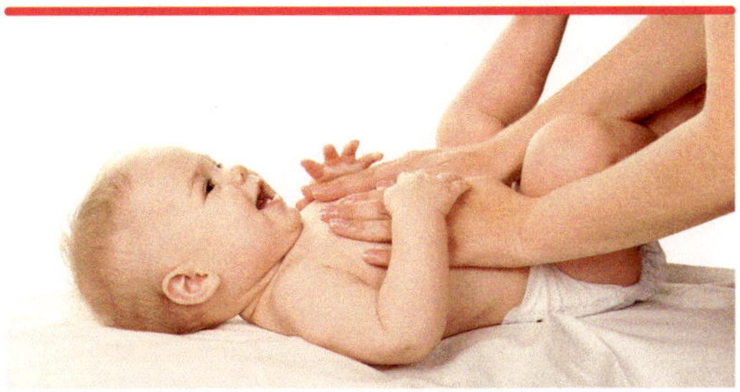

Oberhaut: Sie wird aus der Hornschicht und der darunter liegenden Bildungsschicht gebildet.

Lederhaut: In dieser zweiten Schicht aus festem Bindegewebe befinden sich Blutgefäße, Schweißdrüsen, Talgdrüsen und verschiedene Sinneszellen.

Unterhaut: Diese dritte Schicht besteht vor allem aus Fettgewebe.

Rezeptoren: Es sind Sinneszellen, die in der Haut Druck, Schmerz und Temperatur wahrnehmen können.

D ▸ Niere

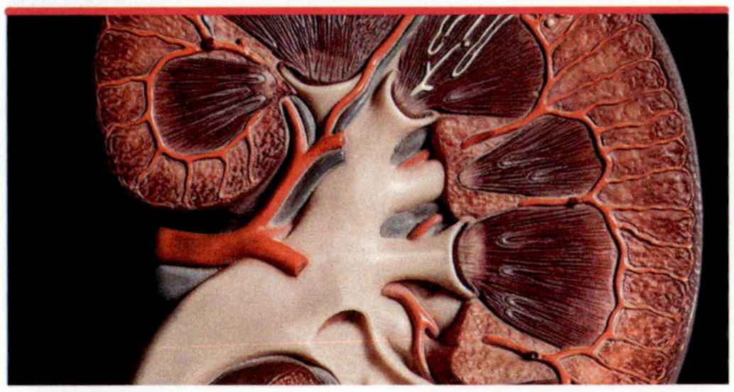

Niere: Die beiden Organe befinden sind im Lendenbereich beiderseits der Wirbelsäule. Eine Niere besteht aus der Nierenrinde, die das Nierenmark umschließt. Im Inneren der Niere befindet sich das Nierenbecken, von dem der Harnleiter abzweigt. Beide Harnleiter münden in die Harnblase, von der die Harnröhre abgeht. Die Nieren reinigen das Blut von Stoffwechselendprodukten, die über den Harn ausgeschieden werden.

Filtration: Wasser und darin gelöste Stoffe werden aus den Kapillaren in die Nierenkörperchen gepresst. Es entsteht Primärharn.

Dialyse: Das Blut wird mithilfe der Blutwäsche gereinigt.

Transplantation: Übertragung eines Organs von einem Spender in einen Empfänger.

E ▸ Das Stütz- und Bewegungssystem

Skelett: Dieses innere Knochengerüst setzt sich aus unterschiedlichen Knochen zusammen. Es dient als Stütze und gibt dem Körper bei Bewegungen Stabilität.

Wirbelsäule: Sie ist das zentrale Element des Skeletts und besteht aus den Wirbeln und dazwischenliegenden Bandscheiben.

Gelenk: Die bewegliche Verbindung zwischen Knochen wird als Gelenk bezeichnet.

Muskeln: Sie sind Organe, die sich zusammenziehen können und somit im Zusammenspiel mit dem Skelett die Bewegung ermöglichen. Für die Funktion vieler innerer Organe sind auch Muskeln wichtig.

Gegenspielerprinzip: Ein zusammengezogener Muskel kann sich nicht wieder allein dehnen. Dafür ist ein Gegenmuskel notwendig. Muskel und Gegenspieler stehen miteinander in Wechselwirkung.

Wahlpflicht-bereiche

1 **Ernährung und Persönlichkeit** **132**

2 **Fitness und Gesundheit** **136**

3 **Mikroben und ihre Bedeutung** **140**

In diesem Kapitel beschäftigst du dich mit

- Gesundheitsgefährdungen durch ungesunde und unausgewogene Ernährung. Du lernst, welche lebensbedrohenden Folgen Essstörungen haben können.
- Möglichkeiten, wie man durch Aktivsein ein gesundheitsbewusstes Leben führen kann.
- Mikroben. Du lernst Lebewesen kennen, die nur aus einer Zelle bestehen, und erfährst, wie sie es dennoch schaffen, alle an Lebewesen gestellten Anforderungen zu erfüllen.

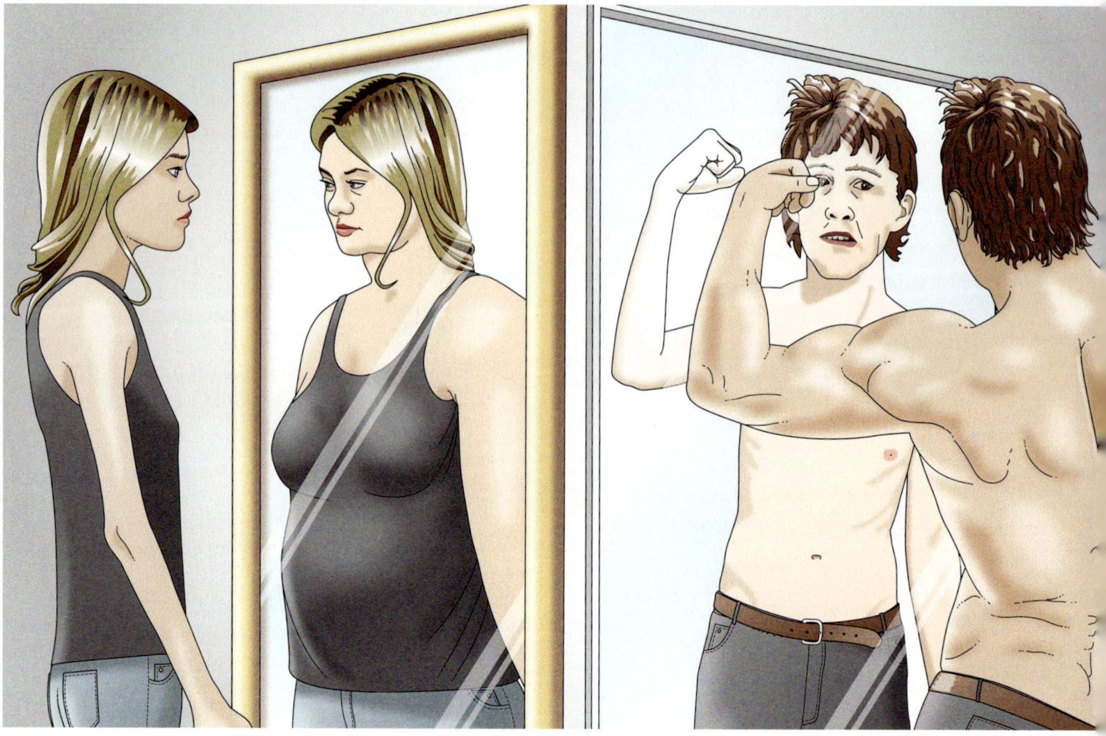

01 Gestörte Körperwahrnehmung

Essstörungen

Die eigene Wahrnehmung kann täuschen, vor allem wenn sie sehr stark von Befürchtungen oder Wünschen bestimmt wird. Eine falsche Wahrnehmung des eigenen Körpers kann zu Essstörungen führen. Was sind Essstörungen?

ESSSTÖRUNGEN · Natürlicherweise signalisiert uns unser Körper durch Hunger und Appetit, wie viel und was wir essen sollen. Wenn wir genügend gegessen haben, stellt sich ein Sättigungsgefühl ein. Diese natürlichen Signale sind allerdings durch Essgewohnheiten überdeckt, zum Beispiel wenn wir regelmäßig drei Mahlzeiten täglich zu uns nehmen. Seelische Belastungen können das natürliche Hunger- oder Sättigungsgefühl unterdrücken. Bestimmen über längere Zeit Gefühle – wie zum Beispiel die Angst, zu dick zu werden, der dringende Wunsch nach einem perfekten Körper oder Frust – unser Essverhalten, kann es zu dauerhaften und krank machenden Gewohnheiten, zu **Essstörungen,** kommen. Essstörungen sind seelische Erkrankungen, bei denen das Essverhalten nicht mehr den tatsächlichen körperlichen Bedürfnissen entspricht. Sie können sehr schwere bis lebensbedrohende Folgen haben.

MAGERSUCHT · Das weibliche Schönheitsideal in unserer Gesellschaft verkörpern sehr schlanke Topmodels. Vor allem Mädchen im Alter zwischen 13 und 18 Jahren, also in einem Lebensabschnitt, in dem sich der Körper rasch entwickelt, orientieren sich häufig ausschließlich an diesem Schönheitsideal. Um ihm zu entsprechen, vermeiden viele Mädchen eine Gewichtszunahme durch Diäten und verstärkte sportliche Aktivitäten. Wenn eine ständige Gewichtskontrolle und die Kontrolle der Ernährung in den Lebensmittelpunkt treten, besteht die Gefahr, an einer Essstörung zu erkranken. Weitere Auslöser dafür stellen seelische Probleme dar. Typisch für diese Erkrankung sind die Bedürfnisse, perfekt zu sein und die vollkommene Kontrolle über den eigenen Körper zu haben. Dies verleiht ein Gefühl der Selbstständigkeit und stärkt scheinbar das Selbstwertgefühl. Schon geringe Gewichtszunahmen lösen panische Ängste aus und führen dazu, dass noch weniger gegessen wird. Da schließlich der Körper immer stärker abmagert, nennt man diese Essstörung **Magersucht** oder Anorexia nervosa, was nervlich bedingte Appetitlosigkeit bedeutet. Über 90 Prozent aller Magersüchtigen sind weiblich. Aber auch bei Männern tritt Magersucht auf. Folgen des starken Untergewichts sind neben Muskel- und Kreislaufschwäche auch Haarausfall und Störungen des Hormonhaushalts. Bei Frauen bleibt die monatliche Regelblutung aus. Da sich Magersüchtige auch in einem extrem abgemagerten Zustand noch als zu dick empfinden und deshalb noch weniger essen, können sie nur mit ärztlicher und psychologischer Hilfe den Teufelskreis durchbrechen, der zu weiterer Abmagerung und erneuter Fehlwahrnehmung führt. 5 bis 13 Prozent der an Magersucht Erkrankten sterben daran.

MUSKELSUCHT · Auch immer mehr junge Männer orientieren sich an Schönheitsidealen. Das männliche Schönheitsideal besteht vor allem in einem muskulösen Körper mit Waschbrettbauch. Um diesem Ideal zu entsprechen, betreiben einige Männer in Fitnessstudios Kraftsport. Zusätzlich fördern sie durch Diäten mit besonders hohen Protein- und geringen Fettanteilen ihren Muskelaufbau. Trotzdem empfinden sie häufig ihren Körper immer noch als zu wenig muskulös. Mit übertriebenen sportlichen Aktivitäten und häufig auch der Einnahme von hormonhaltigen Medikamenten, die den Muskelaufbau fördern, versuchen sie, dieser falschen Körperwahrnehmung entgegenzuwirken. Wie bei der Magersucht kann sich dadurch ein Teufelskreis einstellen, der zu einer immer stärkeren Kontrolle der Ernährung und schließlich zu einer Essstörung führt. Da hier der Wunsch nach immer kräftigeren Muskeln maßgebend ist, spricht man von **Muskelsucht** oder Biggerexie. Als Folgen dieser Sucht stellen sich Gefühlsschwankungen, Depressionen und hormonelle Störungen ein. Die krankhafte Sorge um das eigene Aussehen führt zu sozialer Isolation. Die Einnahme von Medikamenten kann Akne, hohen Blutdruck und Impotenz bewirken.

02 Heutige Schönheitsideale: **A** bei Frauen, **B** bei Männern

ESSSUCHT · Wir essen nicht nur, um uns zu ernähren, sondern pflegen dabei auch unsere sozialen Beziehungen, wie zum Beispiel beim gemeinsamen Essen in der Familie. Außerdem ist Essen mit Gefühlen verbunden. Man kann sich zum Beispiel mit Essen verwöhnen und auch Stress abbauen. Wenn dauerhaft nicht mehr aufgrund des Hungergefühls, sondern vor allem zum Ausgleich von Stress, unangenehmen Gefühlen oder seelischen Problemen gegessen wird, kann man an **Esssucht** erkranken. Esssucht ist durch Heißhungerattacken gekennzeichnet, die mehrmals täglich auftreten können. Pro Anfall können dabei bis zu 60 000 Kilojoule aufgenommen werden. Häufig werden aus Angst, dick zu werden, diese riesigen Nahrungsmengen durch Erbrechen oder Abführmittel wieder aus dem Körper

03 Szenische Darstellung der Esssucht

$$BMI = \frac{\text{Körpermasse in Kilogramm}}{(\text{Körpergröße in Meter})^2}$$

entfernt. Man spricht dann von **Ess-Brech-Sucht** oder Bulimie. Bulimie bedeutet übersetzt Stierhunger. Bulimiekranke haben in der Regel ein normales Gewicht, und ihr Essverhalten erscheint in der Öffentlichkeit auch als normal. Essanfälle finden heimlich statt und sind mit anschließenden Schuldgefühlen verbunden. Körperliche Folgen sind Kreislauf- und Verdauungsstörungen sowie Schädigungen der Magenschleimhaut und der Speiseröhre. Um aus dem Teufelskreis einer Bulimie herauszufinden, ist neben einem normalen Essverhalten wie bei allen Essstörungen vor allem die Lösung der seelischen Probleme erforderlich.

Mit etwa ein- bis zweimal wöchentlich stattfindenden Essattacken ist eine weitere Form der Esssucht verbunden, bei der große Mengen an Nahrungsmitteln regelrecht verschlungen werden. Diese Esssucht bezeichnet man als **Binge Eating.** Auch beim Binge Eating dient das Essen als Ersatz für seelische Bedürfnisse. Das Sättigungsgefühl wird dabei weit überschritten, und es kommt zu Übelkeit und Bauchschmerzen. Im Unterschied zur Bulimie werden aber keine Maßnahmen zur Gewichtsregulierung ergriffen, sodass es langfristig zu einer Gewichtszunahme kommt.

englisch binge = schlingen

FETTLEIBIGKEIT · Ob man Normalgewicht, Untergewicht oder Übergewicht hat, kann man mithilfe des Körpermassenanzeigers, des **Body-Mass-Index,** abgekürzt **BMI,** beurteilen. Erwachsene mit einem BMI zwischen 18 und 25 haben ein normales Gewicht. Kleinere BMI-Werte zeigen Untergewicht, größere Übergewicht an. Bei BMI-Werten von 30 und darüber spricht man von **Fettleibigkeit** oder Adipositas. Für Kinder und Jugendliche gelten etwas andere Werte. Fettleibigkeit kann verschiedene Ursachen haben, zum Beispiel erbliche Faktoren, Krankheiten, falsche Ernährung und Bewegungsmangel. Wenn jemand zunimmt, weil er ständig aus Einsamkeit oder anderen Gefühlen weiterisst, obwohl er schon satt ist, leidet er an einer Essstörung. Im Unterschied zur Esssucht essen Menschen mit einer solchen Essstörung ständig zu große Mengen über den ganzen Tag verteilt. Die körperlichen Folgen können Bluthochdruck, Diabetes und Wirbelsäulenprobleme sein. Schuldgefühle wegen des Übergewichts können zu Depressionen führen, die wiederum Anlass geben, sich mit Essen zu trösten. Es entsteht ein Teufelskreis, der auch durch Diäten meistens nicht durchbrochen werden kann.

In Spezialkliniken können Menschen mit Essstörungen ein normales Essverhalten wieder erlernen.

1 Erläutere den Begriff Essstörung!

Material A ▸ Essstörungen

A1 Beschreibe die Szenen der Abbildungen A und B und benenne die jeweils dargestellte Essstörung!

A2 Nenne mögliche Ursachen und Folgen dieser beiden Essstörungen!

A3 Stelle die Teufelskreise der beiden Essstörungen in Form eines kreisförmigen Fließschemas dar!

Material B ▸ Body-Mass-Index

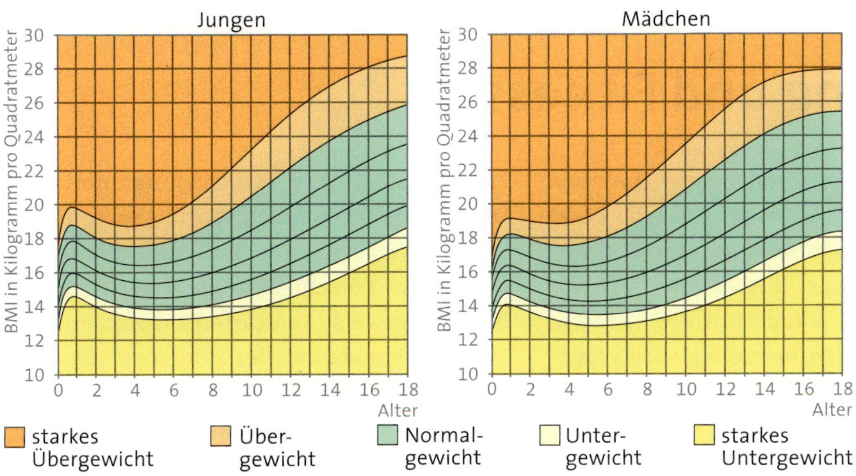

Den Body-Mass-Index, BMI, errechnet man aus dem Körpermasse in Kilogramm geteilt durch das Quadrat der Körpergröße in Meter.

B1 Nenne mithilfe der beiden Diagramme die unteren und oberen BMI-Werte für das Normalgewicht eines neun- und vierzehnjährigen Jungen und Mädchens!

B2 Berechne deinen eigenen BMI-Wert und bewerte deine Körpermasse!

Material C ▸ Fettleibigkeit

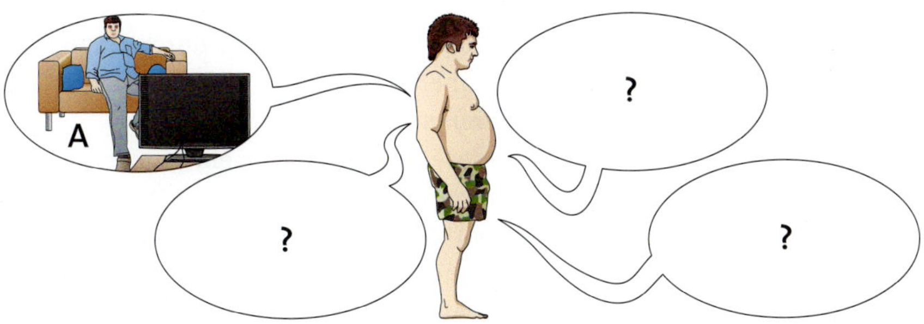

C1 Beschreibe die mit A gekennzeichnete Ursache für Fettleibigkeit! Nenne noch drei weitere Ursachen!

C2 Vergleiche die Fettleibigkeit mit der Bulimie!

01 Geburtstagsfeier

Bewegung und Fitness

Zusätzlich zu den großen und kleineren Geschenken wird vielen Menschen an erster Stelle zum Geburtstag aus gutem Grund Gesundheit gewünscht. Gesundheit ist die Grundlage, um die alltäglichen, aber vor allem auch die besonderen, herausragenden Situationen des Lebens gut zu bewältigen. Ist man nun gesund, weil man sich nicht krank fühlt, oder gehört noch mehr dazu?

BEWEGUNG UND FITNESS · Um wirklich gesund zu sein und es zu bleiben, braucht jeder Mensch eine positive Einstellung, Selbstvertrauen in sein Handeln und in seine Verhaltensweisen. Niemand kann darauf hoffen, dass sich sein Leben gegenwärtig und in der Zukunft von allein regelt. Man muss das Leben selbst aktiv steuern und beeinflussen.

Einen wichtigen Aspekt stellt dabei die sportliche Bewegung dar.

Es muss auf keinen Fall Leistungssport sein. Die Wahl der geeigneten Sportart sollte auf die eigenen Möglichkeiten abgestimmt sein. Also sollte man verschiedene Bewegungsformen beziehungsweise Sportarten ausprobieren.

Macht es Freude und der- oder diejenige fühlt sich fit beim Ausdauersport? Dann bietet das Laufen oder das Fahrradfahren gute Möglichkeiten. Diese Sportarten können regelmäßig und mit der richtigen Bekleidung zu jeder Jahreszeit ausgeführt werden. Das Kreislaufsystem wird fit und das Immunsystem wird gestärkt. Man ist abgehärtet. Es ist aber darauf zu achten, dass die Strecken durch einen Park oder einen Wald und nicht entlang stark befahrener Straßen führen.

Sind diese Sportarten dem einen oder anderen zu langweilig? Dann könnte die Wahl auf eine Ballsportart fallen, in der viele Gleichaltrige aufeinander treffen. Auch dazu muss man nicht unbedingt einem Verein beitreten.

Es gibt an vielen Stellen in Städten und Gemeinden Ballspielanlagen, die genutzt werden dürfen.
Vielleicht braucht der oder die Suchende aber die Regelmäßigkeit, an bestimmten Tagen und zu festgelegten Zeiten Sport zu treiben. Dann bieten Sportvereine eine große Auswahl abwechslungsreicher und spannender Sportarten an. So kann vielleicht Kickboxen oder Ringen infrage kommen. Oder sollten lieber Sport und Musik in Einklang kommen? Dann wäre ein tänzerischer Kurs, wie zum Beispiel Hip-Hop genau das Richtige. Natürlich könnte auch das Turnen oder die Sportakrobatik gewählt werden. Die Freude an der kraftvollen Bewegung, die Erstellung eigener Choreografien und die passende Untermalung mit Musik stehen hier im Mittelpunkt.
Wie sieht es mit Kraftsport, um Muskeln schnell aufzubauen, aus? Nein, der Stütz- und Bewegungsapparat eines jungen Menschen ist bis mindestens zum 18. Lebensjahr noch nicht voll entwickelt. Dies könnte zu schweren Schäden am Skelett, insbesondere der Gelenke führen.
Man sollte verschiedene Sportarten über einen längeren Zeitraum ausprobieren. Dann erst kann eine gute und optimale Entscheidung für eine Sportart getroffen werden. Dabei wird man wahrscheinlich erfahren, dass die Alltäglichkeiten des Lebens entspannter, ausgeglichener und selbstbewusster bewältigt werden können. Der Mensch ist gesund und fit.

ABHÄRTUNG · Trotz regelmäßiger sportlicher Freizeitaktivitäten kann es natürlich passieren, dass das Immunsystem bestimmte Krankheitserreger nicht abwehren kann. Schnupfen, Husten und allgemeine Schlappheit sind meist die Folgen. Dann sollten mehr Ruhephasen eingeplant werden. Unser Immunsystem kann aber immer durch abwechslungsreiches, vitaminhaltiges Essen unterstützt werden. Auch Wechselduschen tragen zur Abhärtung bei.

02 Jugendliche beim Fußball spielen

03 Jugendliche beim Ringen

04 Jugendliche beim Hip-Hop tanzen

05 Jugendliche beim Chillen

Material A ▸ Hip-Hop

A1 Nenne gesundheitsfördernde Auswirkungen der Sportart Hip-Hop auf den Körper!

A2 Erkläre die positiven Effekte der Sportart Hip-Hop-Tanz an zwei Beispielen!

A3 Nenne weitere Sportarten, die förderlich für die Gesundheit sind! Begründe deine Aussagen!

Material B ▸ Zeitmanagement

	So	Mo	Di	Mi	Do	Fr	Sa
Schule	Klassen-arbeit Englisch am Diens-tag – Lernen!	Vortrag Bio Thema: Stress	Klassen-arbeit in Englisch		Test in Mathe	Abgabe Bild – Kunst	
Freizeit			15–17 Uhr Klavier	16–18 Uhr Fußball	Meer-schwein-chenkäfig säubern	18 Uhr Kino-besuch mit Laura	11 Uhr Punkt-spiel Fußball
Familie	Besuch von Paten-tante	16 Uhr Augen-arzt					16 Uhr Geburts-tagsfeier Oma

Manchmal ist es unausweichlich, unter Zeitdruck, Leistungsdruck oder Gefühlsregungen unterschiedlicher Ausprägung zu stehen. Dann erlebt man Stress. Es ist wichtig, mit dem Stress umzugehen und ihn nicht dauerhaft werden zu lassen.

B1 Erstelle einen eigenen Wochenplan! Nutze dazu die Tabelle! Trage alle Aktivitäten ein!

B2 Werte deinen Wochenplan bezüglich körperlicher und geistiger Belastungs- und Entspannungsphasen aus!

B3 Ziehe geeignete Schlussfolgerungen für dich!

B4 Beschreibe Erholungsmöglichkeiten von einem stressigen Tag!

Material C ▸ Alltagssituationen

C1 Beurteile die dargestellten Situationen!

C2 Überlege dir zwei weitere mögliche Situationen, die Konflikte in sich bergen können! Fertige dazu eine Skizze an!

C3 Diskutiere mit deinen Mitschülern und Freunden über Lösungsmöglichkeiten der dargestellten Konflikte!

C4 Wie gehst du mit Konflikten um? Notiere deine Gedanken!

Material D ▸ Glücksgefühle

A

B

C

D

Glücksgefühle sind für jeden Menschen wichtig. Die Glückwünsche zum Geburtstag zeigen dies. Familie und Freunde unterstützen und begleiten dich. Sie fangen dich bei Problemen auf. Aber auch andere soziale Netzwerke stehen dir zur Verfügung. Du lebst jedoch in der realen Welt. Es ist wichtig, dass man in seiner Freizeit auch Aktivitäten verfolgt, die Spaß machen und Glücksgefühle erzeugen.

D1 Beschreibe die Abbildungen A bis D!

D2 Vergleiche diese Aktivitäten mit deiner eigenen Freizeitgestaltung!

D3 Beschreibe Situationen, in denen du glücklich bist!

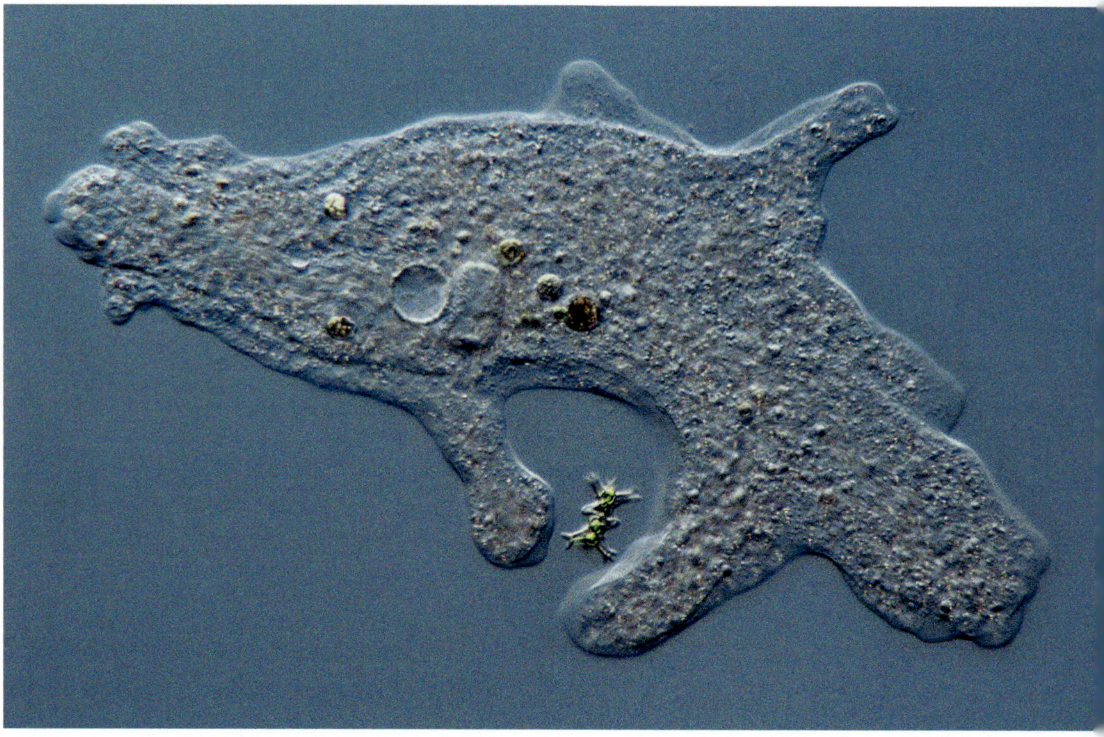

01 Amöbe beim Fressen einer Zieralge

Mikroben

Fortbewegung, Nahrungsaufnahme und Verdauung erfolgen bei vielzelligen Lebewesen arbeitsteilig mithilfe verschiedener Organe und zahlreicher spezialisierter Zellen. Bei Einzellern leistet dies eine einzige Zelle. Wie ist das möglich?

WECHSELTIERCHEN · In Tümpeln kann man auf faulenden Pflanzenteilen winzige Schleimklümpchen finden, die mit bloßem Auge gerade noch sichtbar sind. Dabei handelt es sich um etwa 0,5 Millimeter große Lebewesen, die aus einer einzigen, unregelmäßig geformten Zelle mit einem großen Zellkern bestehen. Diese Lebewesen werden als **Amöben** bezeichnet. Weil die Zelle ständig ihre Gestalt wechselt, nennt man sie auch **Wechseltierchen.** Amöben und alle anderen Lebewesen, die nur aus einer Zelle bestehen, bezeichnet man als *Einzeller.* Eine Amöbe kann an jeder beliebigen Stelle das von der Zellmembran umgebene Grundplasma ausstülpen. Dadurch entstehen sogenannte *Scheinfüßchen.* An einer anderen Stelle werden diese eingeschmolzen, indem Grundplasma ins Zellinnere zurückfließt. Durch das Ausstülpen und Einschmelzen von Scheinfüßchen können sich Amöben kriechend fortbewegen.

Trifft eine Amöbe auf ein Nahrungsteilchen, umfließt sie es mit ihrer Zelle und schließt es damit in ein *Nahrungsbläschen* ein. Dieses wandert im Grundplasma umher. Dabei findet der Abbau der Nahrung durch Verdauung statt. Die Nährstoffe werden durch die Membran des Bläschens ins Grundplasma aufgenommen. Unverdauliche Reste bleiben im Bläschen und werden an den Rand der Zelle transportiert. Dort verschmilzt die Membran des Bläschens mit der Zellmembran und die Abfallstoffe gelangen nach außen. Neben zahlreichen Nahrungsbläschen besitzt eine Amöbe noch ein größeres Bläschen, das rhythmisch schrumpft und anschwillt. Dieses *pulsierende Bläschen* pumpt ständig in die Zelle eindringendes Wasser wieder nach außen.

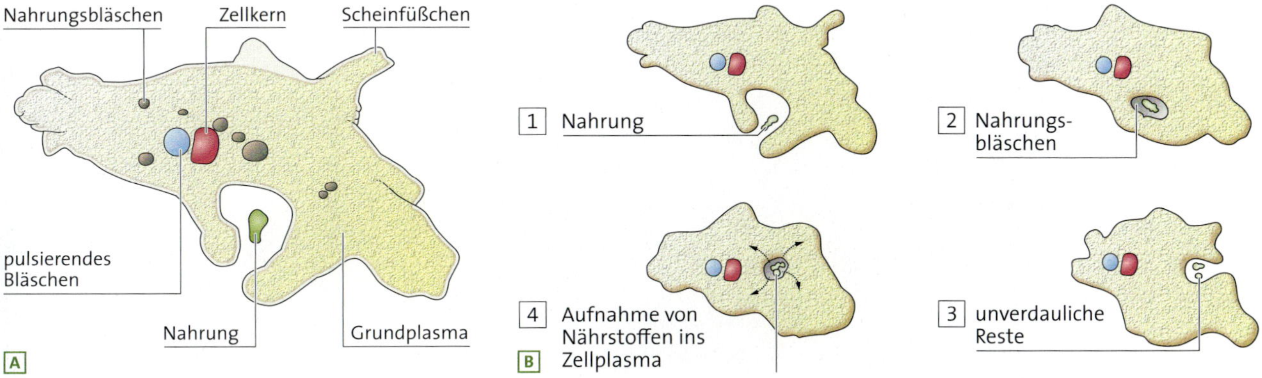

02 Amöbe: **A** Bau, **B** Nahrungsaufnahme

PANTOFFELTIERCHEN · In Proben von fauligem Wasser fallen beim Mikroskopieren schnell umherschwimmende Einzeller auf. Sie sind etwa 0,3 Millimeter lang und haben eine gleichbleibende Form, die an Pantoffeln erinnert. Man nennt sie **Pantoffeltierchen.**

Ihre rasche Fortbewegung erfolgt durch ständig schlagende, haarähnliche *Wimpern,* mit denen die Zelloberfläche dicht besetzt ist. Beim Schwimmen dreht sich das Pantoffeltierchen schraubenförmig um seine Längsachse. Stößt es auf ein Hindernis, ändert es schlagartig seine Bewegungsrichtung. Im Unterschied zur Amöbe kann das Pantoffeltierchen nur an einer bestimmten Stelle der Zelle, dem *Zellmund,* Nahrung aufnehmen. Der Zellmund ist eine trichterförmige Einstülpung der Zellmembran. Davor befindet sich ein dicht mit Wimpern besetzter Bereich, das *Mundfeld.* Durch das Schlagen dieser Wimpern werden Nahrungspartikel in den Zellmund gestrudelt und an dessen Ende als Nahrungsbläschen aufgenommen. Wie bei der Amöbe durchwandern diese die Zelle. Unverdauliche Reste werden aber nur an einer bestimmten Stelle, dem *Zellafter,* ausgeschieden. Pantoffeltierchen haben einen großen Zellkern und zwei *pulsierende Bläschen,* die sich in rhythmischem Wechsel füllen und entleeren. Unter der Zellmembran liegen zahlreiche spitze *Eiweißnadeln,* die bei Berührung blitzschnell ausgeschleudert werden und zur Verteidigung dienen.

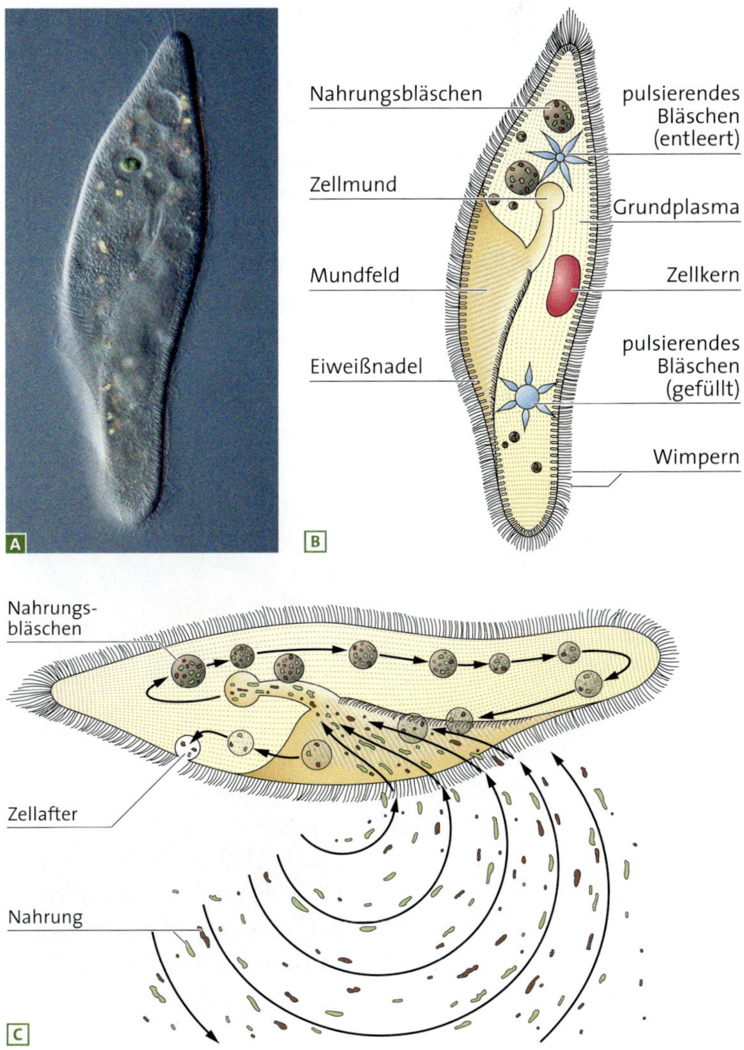

03 Pantoffeltierchen: **A** mikroskopische Aufnahme, **B** Schema, **C** Nahrungsaufnahme

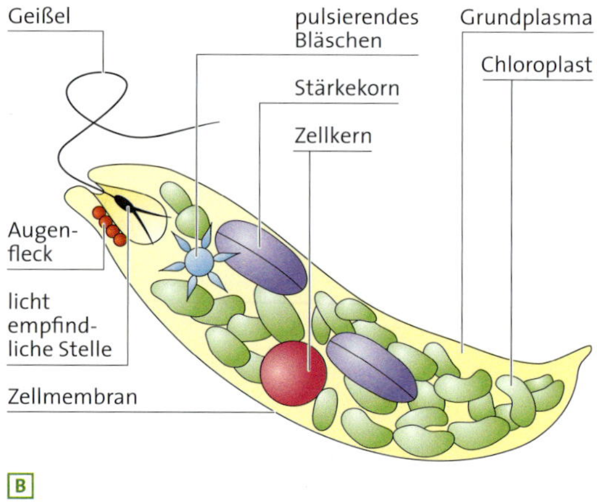

04 Augentierchen: **A** mikroskopische Aufnahme, **B** Bau

AUGENTIERCHEN · In nährstoffreichen Gewässern leben häufig grün gefärbte Einzeller, die nur etwa 0,05 Millimeter lang sind. Sie haben einen spindelförmigen Zellkörper. Wie Pantoffeltierchen schwimmen sie schraubenförmig durch das Wasser. Eine lange, fadenförmige Geißel am Vorderende zieht sie mit propellerartig kreisenden Bewegungen nach vorn. Bei genauerer Betrachtung erkennt man seitlich der Ansatzstelle der Geißel einen roten Fleck, den *Augenfleck*. Ihm verdanken diese Einzeller ihren Namen: **Augentierchen.** Mithilfe des Augenflecks und einer lichtempfindlichen Stelle können sie die Richtung des einfallenden Lichtes feststellen. Augentierchen besitzen *Chloroplasten* und können daher durch Fotosynthese selber Nährstoffe herstellen. Bei Lichtmangel sind sie aber auch in der Lage, Nahrung aus der Umgebung aufzunehmen. Außerdem haben sie einen *Zellkern* und ein *pulsierendes Bläschen*.

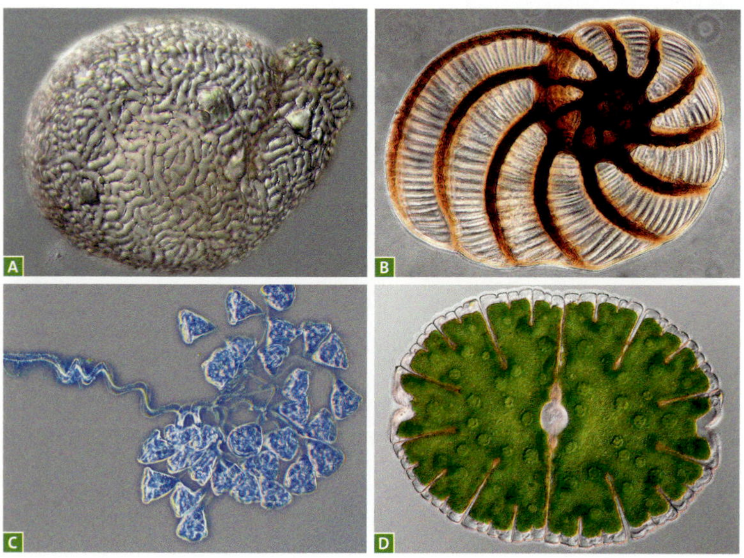

05 Formenvielfalt: **A** Schalenamöbe, **B** Kammerling, **C** Glockentierchen, **D** Zieralge

VERMEHRUNG UND VIELFALT · Wenn eine Amöbe eine bestimmte Größe erreicht hat, teilt sich zunächst der Zellkern. Danach folgt die Teilung des Plasmas. Aus der Mutterzelle entstehen zwei gleiche, halb so große Tochterzellen, die später heranwachsen. Verschlechtern sich die Lebensbedingungen, bildet die Amöbe eine dicke Kapsel aus. So kann sie als *Dauerform* Austrocknung und Nahrungsmangel überstehen. Auch andere Einzeller vermehren sich durch Zellteilung, Pantoffeltierchen durch Quer- und Augentierchen durch Längsteilung.

Einzeller weisen eine große Formenvielfalt auf. Sie kommen im Wasser, in feuchten Böden oder im Körper von Tieren vor. *Schalenamöben* besitzen Schutzgehäuse aus Kieselsäure, *Kammerlinge* Skelette aus Kalk. *Glockentierchen* sind mit den Pantoffeltierchen verwandt. Ihre Zellkörper haben lange Stiele, die auf Wasserpflanzen befestigt sind. *Zieralgen* sind Einzeller mit spiegelbildlichen Zellhälften.

IM BLICKPUNKT EVOLUTION

Vom Einzeller zum Vielzeller

Vor etwa zwei Milliarden Jahren entstanden Einzeller mit einem Zellkern, die ersten mehrzelligen Lebewesen vor etwa einer Milliarde Jahren. Wie sich aus Einzellern im Laufe der Evolution Vielzeller entwickelt haben könnten, lässt sich modellhaft an heute in Tümpeln lebenden Grünalgen nachvollziehen.

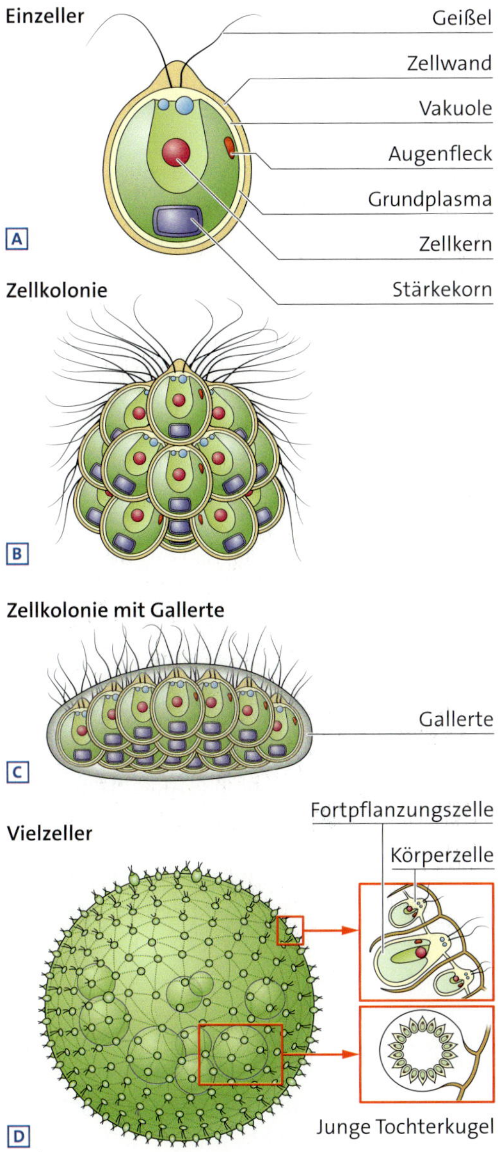

03 Modell einer Entwicklungsreihe:
A Hüllen-Geißelalge, **B** Wirbelnder Tannenzapfen, **C** Mosaikgrünalge, **D** Wimperkugel

Die **Hüllen-Geißelalge,** *Chlamydomonas,* ist ein **Einzeller.** Mithilfe ihrer beiden Geißeln und ihres Augenflecks kann sie sich zum Licht hin bewegen. Die Fortpflanzung erfolgt ungeschlechtlich durch Längsteilung.

Beim **Wirbelnden Tannenzapfen,** *Spondylomorum,* sind 16 Zellen des *Chlamydomonas*-Typs mit ihren Zellwänden verklebt und bilden eine **Zellkolonie.** Durch ungeschlechtliche Fortpflanzung entstehen aus jeder Zelle 16 Tochterzellen, die eine neue Zellkolonie bilden.

Auch die **Mosaikgrünalge,** *Gonium,* besteht aus 16 Zellen des *Chlamydomonas*-Typs und vermehrt sich wie der Wirbelnde Tannenzapfen. Hier sind die Zellen aber durch eine Gallerthülle noch enger zu einer Kolonie verbunden. Die Bildung solcher Zellkolonien aus Einzellern war in der Evolution vermutlich der erste Schritt zur Entstehung von Vielzellern.

Die **Wimperkugel,** *Volvox,* besteht aus 200 bis 20 000 deutlich kleineren Zellen des *Chlamydomonas*-Typs. Neben den Körperzellen gibt es spezielle Fortpflanzungszellen. Sie können sowohl Geschlechtszellen bilden als auch auf ungeschlechtlichem Weg Tochterkugeln, die ins Innere der Mutterkugel abgeschnürt werden. Diese werden später freigesetzt, wenn die Mutterkugel aufreißt und stirbt. Da die Wimperkugel im Unterschied zum Wirbelnden Tannenzapfen und zur Mosaikgrünalge zwei Zelltypen besitzt, ist sie ein **Vielzeller.**

Auch im Laufe der Evolution könnten aus Zellkolonien durch die Ausbildung verschiedener Zelltypen mit unterschiedlichen Aufgaben vielzellige Lebewesen entstanden sein.

Material A ▸ Amöbe

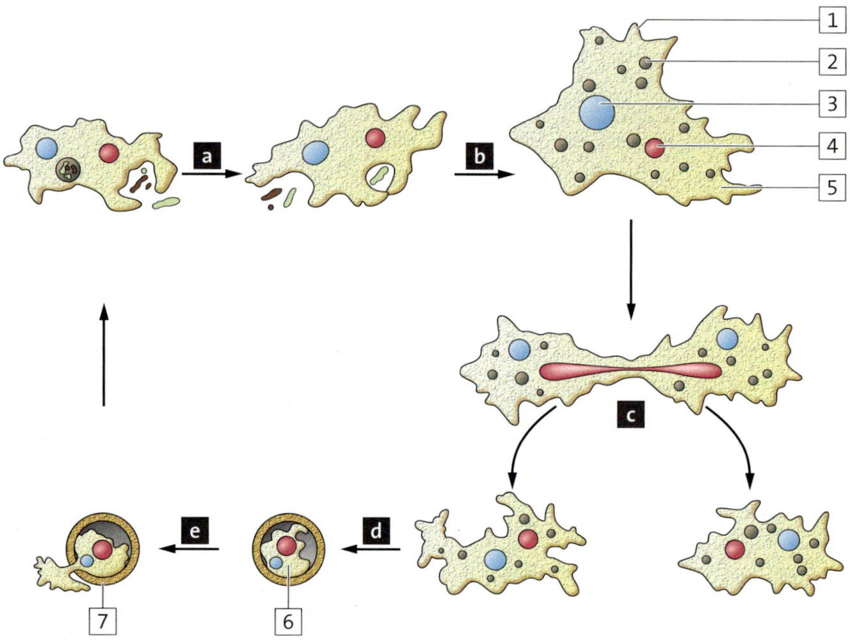

A1 Benenne die mit Zahlen gekennzeichneten Bereiche!

A2 Beschreibe die mit Buchstaben gekennzeichneten Vorgänge!

A3 Nenne Ursachen für die Vorgänge c, d und e!

A4 Nimm Stellung zu der Aussage: „Amöben sterben, wenn sie alt sind"!

A5 Erläutere, wie es die Amöbe schafft, Nahrung aufzunehmen, ohne dass die Zellmembran aufreißt und Grundplasma ausfließt!

Material B ▸ Augentierchen

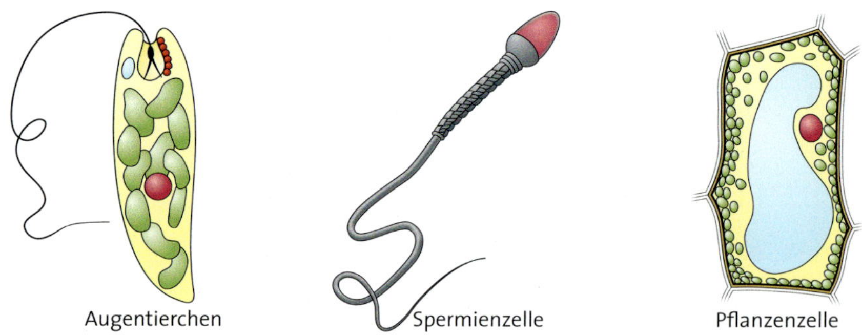

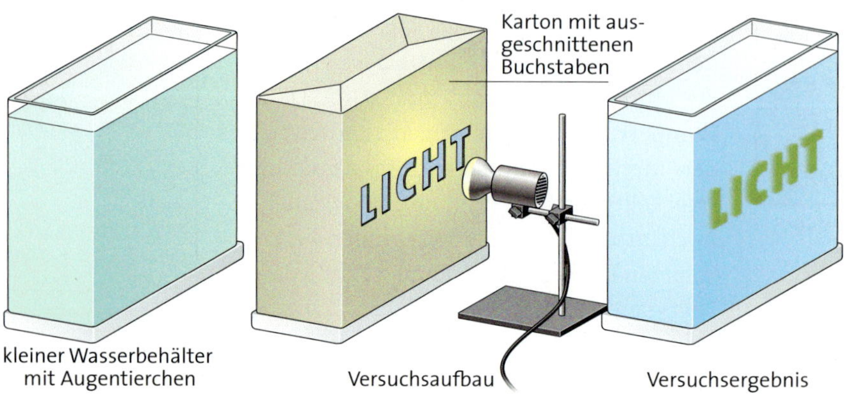

B1 Vergleiche das Augentierchen zuerst mit einer Pflanzenzelle und dann mit einer Spermienzelle! Nenne jeweils Gemeinsamkeiten und Unterschiede!

B2 Begründe aufgrund der Ergebnisse von B1, ob das Augentierchen zu den Tieren oder Pflanzen gehört!

B3 Beschreibe den Versuchsaufbau und formuliere eine Frage, die mit diesem Versuch geklärt werden kann!

B4 Formuliere mindestens zwei Schlussfolgerungen, die aus dem Versuchsergebnis gezogen werden können!

B5 Begründe, weshalb das Augentierchen ein Lebewesen ist!

VERSUCH C ▸ Heuaufguss

Material:
Becherglas (1000 ml), großes Uhrglas, Heu, Wasser (bevorzugt aus einem Tümpel oder See), Mikroskop, Objektträger, Deckgläschen, Pipette

Durchführung:
Gib eine kleine Menge Heu in das Becherglas und gieße anschließend 400 Milliliter Wasser in das Gefäß. Decke das Becherglas mit dem Uhrglas ab und lasse den Ansatz etwa eine Woche an einem warmen, schattigen Ort stehen. Gib mithilfe einer Pipette einen Tropfen Wasser von der Oberfläche des Heuaufgusses auf den Objektträger. Lege vorsichtig ein Deckgläschen auf den Tropfen und mikroskopiere dein Präparat bei starker Vergrößerung.

C1 Skizziere die Einzeller, die du beobachten kannst, und bestimme sie mithilfe der Abbildung!

C2 Ordne die Einzeller nach tierischen und pflanzlichen Organismen. Begründe deine Zuordnung!

C3 Beschreibe die verschiedenen Fortbewegungsarten der Einzeller in deiner Probe!

C4 Zähle, wie viele Einzeller der verschiedenen Arten sich in deinem Präparat befinden! Ermittle das prozentuale Verhältnis zwischen ihnen!

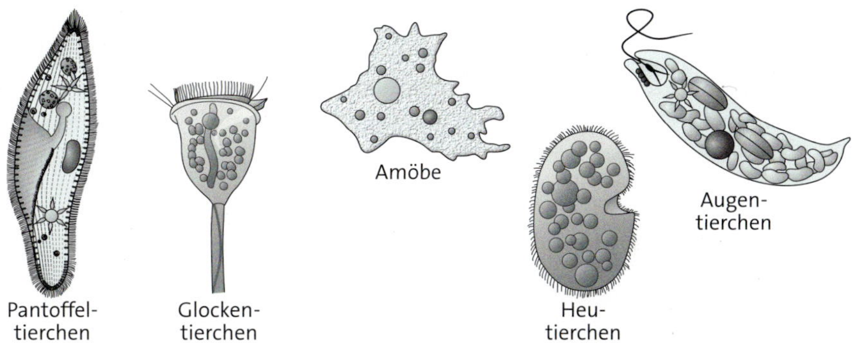

VERSUCH D ▸ Backhefe

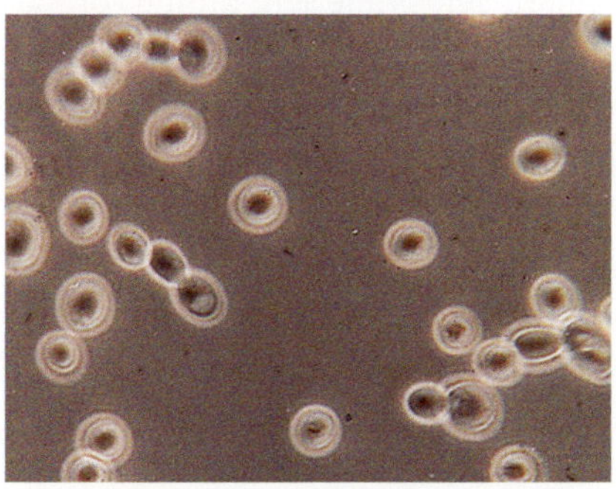

Die Backhefe ist ein einzelliger Pilz, der zur Herstellung verschiedener Lebensmittel genutzt wird.

Material:
Hefe, Zucker, Spatel, Becherglas (50 ml), Mikroskop, Objektträger, Deckgläschen, Pipette

Durchführung:
Gib zwei Spatelspitzen Backhefe sowie zwei Spatelspitzen Zucker in das Becherglas und gieße anschließend 10 ml Wasser hinzu. Verrühre den Ansatz mit dem Spatel und pipettiere einen Tropfen auf einen Objektträger. Lege ein Deckgläschen vorsichtig auf den Tropfen und mikroskopiere das Präparat.

D1 Beschreibe deine Beobachtung!

D2 Stelle eine Vermutung darüber an, warum dem Ansatz Zucker zugesetzt wurde!

D3 Informiere dich im Internet, wie Hefe industriell genutzt wird! Ergänze dabei folgende Tabelle! Erstelle anschließend ein Poster zur industriellen Nutzung von Hefe!

Herstellung von...	Jährlicher Verbrauch in Deutschland an Hefe in 1000 t
...	...

AUFGABEN RICHTIG VERSTEHEN – AUFGABEN LÖSEN

Aufgaben sind ein wichtiger Bestandteil des Biologieunterrichts und unterstützen auf vielfältige Weise das Lernen. Um Aufgaben lösen zu können, müssen sie richtig verstanden werden. Hierbei ist es wichtig, verschiedene Typen von Aufgaben unterscheiden zu können. Das Verb der Aufgabenstellung gibt dir die Anweisung, welche Form der Aufgabenbearbeitung gefordert ist. Im Folgenden findest du zu den Verben jeweils eine kurze Erklärung und eine Beispielaufgabe mit Lösung.

NENNEN · Hier sollen bestimmte Begriffe ohne Erläuterungen aufgezählt oder eine Abbildung beschriftet werden.

- **Beispielaufgabe:** Nenne die Verdauungsorgane!
- **Lösung:** Mundhöhle, Speiseröhre, Magen, Dünndarm, Dickdarm

BESCHREIBEN · Hier sollen bestimmte Strukturen, Sachverhalte oder Zusammenhänge mit eigenen Worten wiedergegeben werden.

- **Beispielaufgabe**: Beschreibe den Bau der Innenwand des Dünndarms!
- **Lösung**: Die Innenwand des Dünndarms ist in Falten gelegt. Aus diesen Dünndarmfalten ragen viele kleine Ausstülpungen nach innen in den Darm hinein, die Darmzotten. Die Zellen der Darmzotten tragen an der zum Darminnenraum gerichteten Seite viele sehr dünne Fortsätze, die man Mikrovilli nennt.

ERKLÄREN · Hier sollen die Ursachen und Zusammenhänge zu einem bestimmten Sachverhalt verständlich gemacht werden.

- **Beispielaufgabe**: Erkläre die Funktion der Oberflächenvergrößerung der Dünndarminnenwand bei der Nährstoffaufnahme ins Blut!
- **Lösung**: Um in die Blutbahn übertreten zu können, müssen die Nährstoffe Kontakt mit der Innenwand des Dünndarms bekommen. Diese ist durch die Dünndarmfalten, die Darmzotten und die Mikrovilli stark vergrößert. Durch diese riesige Oberfläche kommen sehr viele Nährstoffe zur gleichen Zeit mit der Darmwand in Kontakt und können in den Kapillaren der Darmwand in das Blut übertreten.

ERLÄUTERN · Hier soll ein Sachverhalt zusätzlich zur Erklärung mit weiteren Informationen und verschiedenen Beispielen veranschaulicht und verständlich gemacht werden.

- **Beispielaufgabe**: Erläutere das Prinzip der Oberflächenvergrößerung am Beispiel des Verdauungssystems!
- **Lösung**: Um in die Blutbahn übertreten zu können, müssen die Nährstoffe Kontakt mit der Innenwand des Dünndarms bekommen.
  Die Innenwand des Dünndarms liegt in Falten. Aus diesen Dünndarmfalten ragen viele kleine Ausstülpungen, die Darmzotten, nach innen in den Darm. Die Zellen der Darmzotten tragen an der zum Darminnenraum gerichteten Seite viele sehr dünne Fortsätze, die Mikrovilli. Durch diesen Bau der Darminnenwand ist ihre Oberfläche stark vergrößert und entspricht ungefähr der Fläche eines Tennisplatzes. Man spricht vom Prinzip der Oberflächenvergrößerung. Durch diese riesige Oberfläche kommen sehr viele Nährstoffe zur gleichen Zeit mit der Darmwand in Kontakt und können in den Kapillaren der Darmwand in das Blut übertreten. Die Struktur der Darminnenwand ist geeignet für die Funktion der Nährstoffaufnahme ins Blut. Dies ist somit ein Beispiel für das Erschließungsfeld Struktur und Funktion.

VERGLEICHEN · Hier sollen Gemeinsamkeiten und Unterschiede von Merkmalen, den Vergleichskriterien, festgestellt werden. Vergleiche kann man gut in einer Tabelle darstellen.

- **Beispielaufgabe**: Vergleiche Bau und Funktion der Innenwand von Dünndarm und Lunge!

- **Lösung**:

Kriterium	Dünndarm	Lunge
Strukturen der Innenwand	Darmfalten, Darmzotten, Mikrovilli	Bronchiolen, Lungenbläschen
Größe der Oberfläche	sehr groß	sehr groß
Funktion	Aufnahme von Nährstoffen	Gasaustausch

DEUTEN · Hier sollen bestimmte Sachverhalte in einen Zusammenhang gebracht werden, mit dessen Hilfe man sie erklären kann.

- **Beispielaufgabe**: Zwei Reagenzgläser werden mit Stärkelösung gefüllt, die mit etwas Iod-Kaliumiodid-Lösung blau angefärbt wird. In das zweite Reagenzglas wird etwas Speichel hinzugefügt. Anschließend kann man beobachten, dass sich die Lösung im zweiten Reagenzglas gelblich verfärbt, während sie im ersten Reagenzglas blau bleibt. Deute die Beobachtungen bei dem Versuch!

- **Lösung**: Die blaue Färbung im ersten Reagenzglas zeigt an, dass nach wie vor Stärke vorhanden ist. Daraus, dass die blaue Färbung im zweiten Reagenzglas verschwunden ist, kann man schließen, dass die Stärke hier nicht mehr vorhanden ist. Da in dieses Reagenzglas Speichel dazugegeben wurde, kann man schlussfolgern, dass Stoffe im Speichel die Stärke zersetzt haben.

EINE VERMUTUNG ODER HYPOTHESE AUFSTELLEN · Hier soll zu einer bestimmten Frage eine begründete Vermutung als Antwort formuliert werden. Die Vermutung beruht auf bereits bekannten Sachinformationen. Eine Vermutung wird auch als Hypothese bezeichnet.

Beispielaufgabe: Stelle eine Vermutung auf, warum die innere Oberfläche der Lunge eines Kammmolchs viel kleiner ist als die einer Maus!

- **Lösung**: Mäuse atmen nur über Lungen. Der gesamte Gasaustausch muss also über die innere Oberfläche der Mauslunge erfolgen. Der Kammmolch verbringt viel Zeit im Wasser und seine Haut ist immer feucht. Vielleicht hat der Kammmolch neben der Lungenatmung noch eine andere Möglichkeit der Atmung, zum Beispiel über die Haut. Da ein großer Teil des Gasaustauschs also über die Haut und nicht über die Lunge stattfindet, braucht er dafür keine so große Oberfläche in der Lunge wie die Maus.

BEURTEILEN · Hier soll zu einem bestimmten Sachverhalt ein selbstständiges Urteil abgegeben und sachlich begründet werden.

- **Beispielaufgabe**: Felix isst vor einer Klassenarbeit schnell noch ein Stück Traubenzucker, damit sein Gehirn genug Energie zum Denken hat. Sein Freund Max isst lieber noch ein Brötchen. Beurteile das Verhalten der beiden!

- **Lösung**: Traubenzucker ist ein Einfachzucker. Er muss nicht weiter bei der Verdauung zerlegt werden, damit er ins Blut aufgenommen werden kann. Das Brötchen besteht zu einem großen Teil aus dem Vielfachzucker Stärke. Diese kann nicht direkt ins Blut aufgenommen werden, sondern muss erst in ihre kleinsten Bausteine, die Einfachzucker, zerlegt werden. Da die beiden Freunde für die Klassenarbeit sofort Energie für ihr Gehirn benötigen, ist das Verhalten von Felix besser. Der Traubenzucker gelangt schneller ins Blut und steht dem Gehirn schneller für die Energiegewinnung zur Verfügung.

A

ABO-System *72*
Abhärtung *137*
Abstoßungsreaktion *114*
Akne *110*
aktive Immunisierung *69*
Algenblüte *37*
Allergene *73*
Allergien *73*
Allergietest *73*
Aminosäuren *79*
Amöben *140*
Amylase *90*
Analogisieren *107*
Ansteckung *38*
Antibiotika *38*
Antigen-Antikörper-Reaktion *72*
Antigene *66, 72*
Antikörper *66, 72*
Aorta *54, 58*
Arbeiten mit Modellen *106 f.*
Arterien *58*
Arterienpumpe *60*
Arteriosklerose *62*
Atembewegungen *101*
- Bauchatmung 101
- Brustatmung 101

Atmung *100 ff.*
Atmungsorgane *100*
- Bronchien 100
- Kehlkopf 100
- Luftröhre 100
- Lunge 101
- Nasenschleimhaut 100
- Rachen 100
- Zwerchfell 101

Atmungssystem *100 ff., 127*
Atome *26*
ATP *30*
Augenfleck *142*
Augentierchen *142*
Ausdauersport *136*
ausgewogene Ernährung *86*
Ausscheidung *112*
Ausscheidungsorgan Haut *108 f.*
Ausscheidungssystem *127*
autotroph *29, 37*

B

Bakterien *36 ff.*
- Bau 39
- Formen 39
- Vermehrung 39
- Vorkommen 36

Bakterienzelle *39*
Ballaststoffe *80*
Bänderriss *124*
Bandscheiben *119*
Bauchatmung *101*
Bauchspeichel *88*
Baustoffe *28, 79, 85*
Bazillen *39*
Behandlung *44*
BEHRING, Emil von *70*
Berührungssinneszellen *109*
Bestandteile des Blutes *50*
Betriebsstoffe *85*
Beuger *123*
Bewegung *136 ff.*
Bewegungs- und Stützsystem *118 ff., 127*
Bindegewebe *122*
Binge Eating *134*
Biosphäre *27*
Biuretprobe *83*
Blende *12*
Blut *50 ff.*
Blut, Bestandteile *50 ff.*
- Blutplasma 50
- rote Blutzellen 50
- weiße Blutzellen 51
- Blutplättchen 52

Blutausstrich *51*
Blutdruck *60*
Bluterkrankheit *53*
Blutfarbstoff *50*
Blutgefäße *58*
Blutgerinnung *52*
Blutgruppen *72*
Blutgruppenbestimmung *72*
Blutkreislauf *58 ff.*
- doppelter 59
- geschlossener 59

Blutplasma *50*
Blutplättchen *52*
Blutserum *52*
Blutspende *53*
BMI *134*
Bodenbakterien *36*
Body-Mass-Index *134*
Bronchien *100*
Bronchiolen *102*
Brustatmung *101*

C

chemische Energie *29 f.*
Chlamydomonas *143*
Chloroplasten *14, 28, 142*
Cyanobakterien *37*

D

Darmzotten *89*
Deckgläschen *12*
Destruenten *29, 36*
Dialyse *114 f.*
Dialysegerät *114*
Diastole *56*
Dickdarm *99*
doppelter Blutkreislauf *59*
Drucksinneszellen *109*
Dünndarm *88*
Dünndarmfalten *89*
Dünndarmsaft *88*

E

Ebene (Erschließungsfeld) *26 f.*
Eigenschutzzeit *110*
Einatmen *101*
Einfachzucker *78*
Eingeweidemuskeln *123*
Einzeller *140*
Eiter *65*
Eiweiße *79, 94 f.*
Eiweißnadeln *141*
Empfängerorganismus *114*
Endharn *113*
Energie *30, 82*
Energiebedarf *82*
Energieerhaltungssatz *30*
Entscheidungslösung *115*
Enzyme *90*
Enzymwirkung *90*
Epidemie *44*
Erbinformation *22*
Erbsubstanz *22, 42*
Ernährung *28 ff., 36 f.*
- chemische Energie 29 f.
- Photosynthese 28
- Zellatmung 29

Ernährung *78 ff.*
Ernährungspyramide *86*
Ernährungsweise *29, 36 f.*
- autotroph 29, 36
- heterotroph 29

Erschließungsfelder *26 f., 30 f.,*
- Ebene 26 f.
- Stoff und Energie 30 f.

Erstinfektion *68*
Ess-Brech-Sucht *134*
essenzielle Aminosäuren *95*
Essigsäurebakterien *37*
Essstörungen *132 ff.*
Esssucht *133*

F

Färbung eines mikroskopischen Präparats von Tierzellen *19*
Fäulnisbakterien *37*
Fehling-Probe *81*
Fette *79, 96*
Fettfleckprobe *82*
Fettgewebe *79*
Fettleibigkeit *134*
Fettsäuren *79, 96*
Fibrin *52*
Fibrinfäden *52*
Fieber *65*
Filtration *113*
Fitness *136 ff.*
Flimmerhärchen *100*
Flüssigkeitshaushalt *80*
Fotosynthese *28*
Fresszellen *65*
Funktionsmodelle *107*

G

Galle *96*
Gallenblase *96*
Gasaustausch *100 ff.*
Gedächtniszellen *68*
Gegenspielerprinzip *123*
Geißel *39*
Gelenke *118 ff.*
Gelenkkapsel *120*
Gelenkknorpel *120*
Gelenkkopf *120*
Gelenkpfanne *120*
Gelenkschmiere *120*
Genesung *44*
Gesamtumsatz *82*
geschlossener Blutkreislauf *59*
gesunde Ernährung *82 f.*
Gesunderhaltung *103*
Gesundheit *136 ff.*
Gewebe *24, 26*
Glockentierchen *142*
Glukose *78*
Glycerin *79, 96*
Gonium *143*
Grundplasma *15, 20*
Grundumsatz *82*

H

Hämoglobin *50*
Harnleiter *112*
Haut *108 ff.*
- Ausscheidungsorgan 108 f.
- Bau 108
- Krankheiten 110
- Sinnesorgan 109

Hautkrankheiten *110*
Hautkrebs *110*
Heilimpfung *70*
Heilserum *70*
Herstellung eines mikroskopischen Präparats von Pflanzenzellen *18*
Herz *54 ff.*
- Aufgaben 55
- Bau 54
- Funktion 56

Herz-Kreislauf-Erkrankungen *62 f.*
- Arteriosklerose 62
- Herzinfarkt 63
- Krampfadern 62
- Schlaganfall 63

Herz-Kreislauf-System *50 ff., 127*
Herzinfarkt *63*
Herzkammern *54*
Herzklappen *54*
Herzkranzgefäße *55*
Herzmuskel *123*
Herzscheidewand *54*
Herzschlag *55*
Herzstillstand *55*
Herztöne *56*
heterotroph *29, 36*
Heuschnupfen *73*
Hirnhautentzündung *39*
Hohlmuskel *54*
Hohlvene *59*
- obere 59
- untere 59

HOOKE, Robert *8*
Hüllen-Geißelalge *143*

I

immun *69*
Immunabwehr *64 ff.*
- spezifische 66
- unspezifische 65

Immunisierung *68 ff.*
- aktive Immunisierung 69
- Immunität 68
- passive Immunisierung 70

Immunität *44, 68*
Immunsystem *65, 115, 136*
Immunzellen *65, 68*
Impfbuch *71*
impfen *69*
Impfstoffe *69*
Infektion *38, 43 f.*
Influenza *44 f.*
Inhaltsstoffe *78 ff.*
- Ballaststoffe 80
- Eiweiße 79
- Fette 79
- Kohlenhydrate 78
- Mineralstoffe 80
- Vitamine 80

Inkubationszeit *38, 43*
Iod-Kaliumiodid-Lösung *82*

J

Joule *82*

K

Kalorien *82*
Kammerlinge *142*
Kapillaren *58*
Kehlkopf *100*
Kernteilung *22*
Kieselsäure *142*
Killerzellen *66*
Kilojoule *82*
Kniescheibe *120*
Kniesehne *120*
Knochen *118 ff.*
Knochenbälkchen *119*
Knochenhaut *119*
Knochenmark *119*
Knochenrinde *119*
Knochenröhrchen *119*
Knöllchenbakterien *36*
KOCH, Robert *38*
Kohlenhydrate *78*
Kohlenstoffdioxid *28*
Kokken *39*
Konsumenten *29*
Kontaktinfektion *43*
Körperkreislauf *55, 59*
Kraftsport *137*
Krampfadern *62*
Krankheitserreger *42*

L

LANDSTEINER, Karl *72*
Lederhaut *108*
LEEUWENHOEK, Antoni van *8*
Leistungsumsatz *82*
Lichtenergie *28*
Lichtschutzfaktor *110*
Lipasen *96*
Lipide *96*
Luftröhre *100*
Lunge *100 ff.*
Lungenarterie *54*
Lungenarterie *59*
Lungenbläschen *102*
Lungenkapillaren *102*
Lungenkreislauf *55, 59*
Lymphe *65*
Lymphgefäßsystem *65*
Lymphknoten *65*

M

Magen *94*
Magensäure *64*
Magenwand *94*
Magersucht *132*
Maltose *78*
Malzzucker *78*
Masern *43*
Massentierhaltung *86*
Melanin *108, 110*
Melanom *110*
Methoden
- Arbeiten mit Modellen 106 f.
- Färbung eines mikroskopischen Präparats von Tierzellen 19
- Herstellung eines mikroskopischen Präparats von Pflanzenzellen 18
- Mikroskopieren und Zeichnen 12 f.
- Erstellen eines Protokolls 92 f.

Methylenblau *19*
Mikroben *140 ff.*
- Augentierchen 142
- Pantoffeltierchen 141
- Wechseltierchen 140

Mikroskop *8, 12*
Mikroskop, Bau *12*
- Blende 12
- Fuß 12
- Mikroskopleuchte 12
- Objektiv 12
- Objektivrevolver 12
- Objekttisch 12
- Okular 12
- Stativ 12
- Triebrad 12
- Tubus 12

Mikroskopfuß *12*

Mikroskopieren und Zeichnen *12 f.*
Mikroskopleuchte *12*
Mikrovilli *89*
Milchsäurebakterien *37*
Mineralstoffe *80*
Mitochondrien *15, 20*
Modellkritik *107*
Moleküle *26*
Mosaikgrünalge *143*
Mumps *43*
Mund *88*
Mundfeld *141*
Mundschleimhautzelle *19 f.*
Muskelfaserbündel *122*
Muskelfasern *122*
Muskelfaserriss *124*
Muskelhaut *122*
Muskeln *122 f.*
Muskelpumpe *60*
Muskelsucht *133*

N

Nährstoffbedarf *83*
Nährstoffe *78*
Nahrungsbläschen *140*
Nasenschleimhaut *100*
Nephron *113*
Nervensystem *127*
Niere *112 ff.*
Nierenarterie *112*
Nierenbecken *112*
Nierenbeckenentzündung *113*
Nierenerkrankungen *113*
Nierenkanälchen *113*
Nierenkörperchen *113*
Nierenmark *112*
Nierenrinde *112*
Nierenvene *112*
Nierenversagen *114*
Nikotin *103*
Normalgewicht *134*

O

obere Hohlvene *59*
Oberflächenvergrößerung *89*
Oberhaut *108*
Objektiv *12*
Objektivrevolver *12*
Objekttisch *12*
Objektträger *12*
Ökosystem *27*
Okular *12*
Organ *24, 26*
Organisationsebenen *24, 26*
- Gewebe 24, 26
- Organ 24, 26
- Organsystem 24, 26
- Organismus 24, 26
- Zelle 24, 26

Organismus *24, 26*
Organspende *115*
Organsystem *24, 26*
Organtransplantation *114 f.*

P

Pandemie *44*
Pantoffeltierchen *141*
passive Immunisierung *70*
PASTEUR, Louis *38*
Pepsin *94*
Pest *40*
Pflanzenzelle *9, 14 f., 18*
Pfortader *59*
Population *26*
Primärharn *113*
Produzenten *29*
Proteasen *94*
Proteinfortsätze *42*
Proteinhülle *42*
Protokoll *92 f.*
Puls *60*
pulsierende Bläschen *140 f.*

R

Rachen *100*
Rauchen *103*
Röhrenknochen *119*
rote Blutzellen *50*
rotes Knochenmark *51*
Rückenmark *118*
Rücktransport *113*

S

Salzsäure *94*
Sammelröhrchen *113*
Säureschutzmantel *64*
Schädel *118*
Scharlach *40*
Scharniergelenk *120*
Scheinfüßchen *140*
Schlaganfall *63*
SCHLEIDEN, Matthias Jacob *9*
Schleimhäute *64*
Schlüssel-Schloss-Prinzip *90*
Schorf *52*
Schutzbarriere *64*
SCHWANN, Theodor *9*
Schwefelbakterien *41*
Schweiß *108*
Schweißdrüsen *108*
Segelklappen *54*
Sinnesorgan Haut *109*
Skelett *118*
Skelettmuskel *60, 122*
Sonnenbrand *110*
Spanische Grippe *44*
Speichel *88*
spezifische Immunabwehr *66*
Spirillen *39*
Spirochaeten *39*
Sport *137*
Sportverletzungen *124*
Spurenelemente *80*
Stärke *78*
Stativ *12*
Steißbein *118*
Stoff und Energie *30 f.*
Stoffaustausch *15, 60*
Stoffe *30*
Strecker *123*
Strukturmodelle *107*
Stütz- und Bewegungssystem *118 ff., 127*
Sudan-III-Lösung *82*
Symptome *38*
Syphilis *39*
System *24, 26*
Systole *56*

T

Tabak *103*
Talgdrüsen *109*
Taschenklappen *54*
Tastsinneszellen *109*
Temperaturregulation *109*
Tetanus *38*
Thrombose *62*
Tierzelle *9, 19 f.*
Tollwut *43*
Transplantation *114*
Traubenzucker *28*
Triebrad *12*
Tripper *40*
Tröpfcheninfektion *38, 43*
Tuberkulose *39*
Tubus *12*

U

Überdauerungsform *39*
Übergewicht *134*
unspezifische Immunabwehr *65*
untere Hohlvene *59*
Untergewicht *134*
Unterhaut *108*
Ursprungszelle *23*
UV-Strahlung *110*

V

Vakuole *14*
Vakuolenmembran *15*
Venen *59*
Venenklappen *60*
Verdauung *78 ff.*
- von Eiweißen 94 f.
- von Fetten 96
- von Kohlenhydraten 88 ff.

Verdauungssäfte *89*
Verdauungssystem *127*
Vermehrung *39, 42, 142*
Verrenkung *124*
Verschleppung *44*
Verstauchung *124*
Vibrationssinneszellen *109*
Vielfalt *142*
Vielzeller *143*
Viren, Bau *42*

- Erbsubstanz 42
- Proteinfortsätze 42
- Proteinhülle 42

Viren, Vermehrung *42*
Viruserkrankung *43 f.*
Virusgrippe *45*
Vitamine *80*
Volvox *143*
Vorhof *54*

W

Wachstum *22*
Wachstumszonen *119*
Wasser *28*
Wasser- und Mineralstoffhaushalt *113*
Wasserpest *14*
Wechseltierchen *140*
Wechselwirkung *31*
weiße Blutzellen *51*
Wimperkugel *143*
Wimpern *141*
Wirbel *118*
Wirbelbogen *118*
Wirbelkörper *118*
Wirbelnder Tannenzapfen *143*
Wirbelsäule *118*
Wirtszelle *42*
Wunde *52*
Wundverschluss *52*

Z

Zellatmung *29*
Zellbestandteile *14, 26*

- Chloroplasten 14, 28
- Grundplasma 15, 20
- Mitochondrien 15, 20
- Vakuole 14
- Vakuolenmembran 15
- Zellkern 14, 20
- Zellmembran 15, 20
- Zellwand 14

Zellbiologie *8*
Zelle *8, 24, 26*

- Bakterienzelle 39
- Pflanzenzelle 9, 14 f., 18
- Tierzelle 9, 19 f.

Zellkern *14, 20*
Zellkolonie *143*
Zellmembran *15, 20*
Zellteilung *22, 39*
Zelltheorie *9*
Zellwachstum *23*
Zellwand *14*
Zentralnervensystem *118*
Zersetzer *36*
Zieralgen *142*
Zweifachzucker *78*
Zweitinfektion *68*
Zwerchfell *101*
Zwiebelschuppenhaut *18*
Zwölffingerdarm *88, 96*

BILDQUELLENVERZEICHNIS

Titel: Agentur Focus/Gerd Guenther/SPL **Vorsatz. ob. li:** Corbis/(c) Frans Lanting **Vorsatz. re. unt.:** Okapia/NAS/David M. Phillips **Vorsatz. re. ob.:** Corbis/ (c) Frans Lanting **Vorsatz. re. unt.:** Shutterstock/Darren Baker **Vorsatz. li. ob.:**Shutterstock/savageultralight **3. li.:** mauritius images/Science Photos Library **3. re.:** Shutterstock/wavebreakmedia **4. li.:** mauritius images/ Science Photos Library **4. re.:** Shutterstock/ Kamil Macniak **5. li.:** Shutterstock/ Dmitry Lobanov **7. re.:** mauritius images/Science Photos Library **8.01:** Agentur Focus/SPL / Dr David Furness, Keele University **9.02D:** akg-images/IAM **9.03B:** Corbis/Dr. James Richardson/Visuals Unlimited **9.02C:** interfoto/Science Museum/SSPL **9.03A:** mauritius images /Science Source **9.02E:** mauritius images /Science Source **9.02F:** Okapia/Germany/Manfred & Christina Kage **9.02A:** picture alliance **9.02B:** picture alliance /Mary Evans Picture Library **10.04 unten:** Corbis **10.04 mit.:** mauritius images/Photo Researchers **10.04 ob.:** Wissenschaftliche Bildagentur Karly **11. Vers. B-B, 12 04B:** Okapia **11. Vers. B-A:** Shutterstock/Bildagentur Zoonar **12.01:** euromex, Arnhem **14.01B:** Okapia **14.01A:** E. Schütte **16. Mat. A li. ob.:** Meisert, A., Hannover **16. Mat A li. unt.:** Meisert, A., Hannover **16. Mat. A re. ob.:** Meisert, A., Hannover **16. Mat. A re. unt.:** Meisert, A., Hannover **16. Mat. B:** Minkus, Volker **17. Mat. D-B:** Getty Images **17. Mat. C-A:** Meisert, A., Hannover **17. Mat. C-B:** Meisert, A., Hannover **17. Mat. C-C:** Meisert, A., Hannover **17. Mat. D-C:** Theuerkauf, H., Gotha **19.01:** Corbis/Carolina Biological/Visuals Unlimited **20.1:** Corbis/ Carolina Biological/Visuals Unlimited **21. Mat. A-B:** Okapia/Kage Mikrofotografie **21. Mat. A-A:** Okapia/Kage Mikrofotografie **22.01:** Minkus, Volker **23.02B:** Corbis/Carolina Biological/Visuals Unlimited **23.02C:** Okapia/Herve Conge/ISM **23.02A:** Okapia/Herve Conge/ISM **28.01:** panthermedia **36.01:** Fotolia **37.02B:** Corbis **37.02A:** Corbis/(c) David Scharf **37.02E:** laif/ ChinaFotoPress **37.02C:** mauritius images /Phototake **37.02D:** mauritius images /Science Source **38.03:** Your_Photo_Today **38.04B:** Cornelsen Schulverlage GmbH **39.05A:** Agentur Focus /eye of science **39.08:** Agentur Focus/ AMI IMAGES / SPL **39.06:** Agentur Focus/SPL / **39.07:** mauritius images/Alamy **41. Mat. D:** MARUM, Zentrum für Marine Umweltwissenschaften, Universität Bremen, Bremen **42.01B:** iStockphoto/Stacy Barnett **42.01A:** mauritius images/Photo Researchers **43. Steckbrief ob.:** iStockphoto/Stacy Barnett **43. Steckbrief unt.:** SciencePictures/KES/Kaempre **44.01:** Courtesy Everett Collection **50.01:** iStockphoto **51.04A:** Agentur Focus/eye of science / Oliver Meckes, Nicole Ottawa **51.03:** Okapia/NAS/Biophoto Associates **51.04B:** Okapia/NAS/Stem Jens/OKAPIA **52.05B:** Agentur Focus/SPL/SUSUMU NISHINAGA **52.05A:** Mauritius images/Alamy **53. Mat. C:** iStockphoto/ Brent Deuel **53. Mat. A:** mauritius images/Alamy **54.01:** Fotolia/Alexander Raths **54.02:** Fotolia/Sebastian Kaulitzki **58.01:** picture-alliance/Royal Press/ A. Nieboer **64.02:** Agentur Focus/SPL/ JUERGEN BERGER **64.01:** mauritius images /Stephanie Böhlhoff **65.04:** Okapia/Manfred P.Kage **67. Mat. A-A:** iStockphoto/Scott Cramer **67. Mat. A-C:** iStockphoto/Victor Melniciuc **67. Mat. A-D:** mauritius images/Alamy **67. Mat. A-B:** Shutterstock/ Kletr **68.01:** Agentur Focus/SPL **69.02:** iStockphoto **70.04:** iStockphoto/ lifeonwhite.com **71. Mat. B:** Gabriele Rupp **73.01 unt. mi. li.:** Agentur Focus/ Dr Klaus Boller/SPL / **73.01 unt. mi. re.:** Agentur Focus/Steve Gschmeissner / SPL **73.01 unt. re.:** Fotolia/seen **73.01 mi.:** Gabriele Rupp **73.01 ob.mi.:** iStockphoto **73.01 ob. li.:** iStockphoto/Kaan Ates **73.01 ob. re.:** mauritius images **73.01 ob. re.:** mauritius images/Image Source **73.01 ob. re.:** mauritius images/ imagebroker **73.01 unt. li.:** picture alliance **78.02:** Cornelsen Schulverlage GmbH **78.01:** mauritius images/ib **79.04:** Volker Minkus **79.03:** Volker Minkus **79.05:** Volker Minkus **80.06:** mauritius images/Foodfolio **84.01:** mauritius images/Alamy **87. Mat. B-B:** Fotolia/Rober Neumann **87. Mat. B-A:** iStockphoto/RedHelga **88.01:** Radweg-Reisen GmbH **94.01:** iStockphoto/Lilyana Vynogradovas **100.01:** iStockphoto/Jason Titzers **101.04:** Agentur Focus/ SPL/S. Gschmeissner **105. Mat. F:** Fotolia/Rumkugel **105. Mat. E-A:** InfraTec GmbH **105. Mat. E-B:** InfraTec GmbH **105. Mat. D-A:** Volker Minkus **105. Mat. D-B:** Volker Minkus **107.03:** Volker Minkus **108.01:** Shutterstock/ Vitalinka **110.01A:** 123RF/ Uros Zunic **110.01B:** Mauritius images/age **110.01C:** Mauritius images/Alamy **112.01B:** Okapia/Kage Mikrofotografie **112.01A:** Topic Media **114.01B:** mauritius images /Ypps **114.01A:** Shutterstock/ Tyler Olson **115.03:** mauritius images /Ypps **118.01:** imago/PanoramiC **121. Mat. A-A:** Volker Minkus **121. Mat. A-B:** Volker Minkus **122.01:** iStockphoto/Mads Abildgaards **124.05:** iStockphoto/F. Richter **125. Mat. B-A:** iStockphoto/Max Bolotnikov **125. Mat. B-B:** mauritius images **125. Mat. B-C:** picture-alliance /GES-Sportfoto/ Helge Prang **133.02B:** iStockphoto/Milan Zeremski **133.02A:** picture-alliance /dpa **134.03:** Getty Images/Bay Hippisley **136.01:** F1online **137.05:** Fotolia **137.02:** Fotolia/Members Of Male High **137.04:** Shutterstock/Kzenon **137.03:** Shutterstock/muzsy **138. Mat. A:** Shutterstock/ayakovlevcom **139. Mat. D-D:** Fotolia **139. Mat. D-B:** Fotolia **139. Mat. D-C:** Fotolia/2xsamara.com **139. Mat. D-A:** Shutterstock/LoloStock **140.01:** Corbis/Wim van Egmond/Visuals Unlimited **141.03A:** Corbis/Wim van Egmond/Visuals Unlimited **142.04A:** Corbis/Wim van Egmond/Visuals Unlimited **142.05A:** Okapia **142.05D:** Okapia **142.05C:** Okapia **142.05B:** Okapia **145. Ver. D:** Streble